Wilkens
Effizientes Nachhaltigkeitsmanagement

Betriebswirtschaftliche Forschung zur Unternehmensführung

Herausgegeben von Prof. Dr. Dr. h.c. Herbert Jacob (†),
Prof. Dr. Karl-Werner Hansmann, Prof. Dr. Manfred Layer,
Prof. Dr. Dieter Preßmar, Universität Hamburg
Prof. Dr. Kai-Ingo Voigt, Universität Erlangen-Nürnberg

Zuletzt erschienen:

Band 18 **Quantitative Entscheidungsunterlagen auf der Grundlage von Szenarien**
Von Dr. Reinhart Schultz

Band 19 **Zur Theorie der dynamischen Preispolitik**
Von Dr. Jörn W. Röper

Band 20 **Technischer Fortschritt und Technologiebewertung aus betriebswirtschaftlicher Sicht**
Von Prof. Dr. Peter Betge

Band 21 **Optimale Zeitpunkte für Preisänderungen**
Von Dr. Christoph Mura

Band 22 **Dauerhafte Güter**
Von Dr. Reinhard Wienke

Band 23 **Entscheidung unter Unsicherheit**
Von Dr. Richard Gottwald

Band 24 **Strategische Planung und Unsicherheit**
Von Prof. Dr. Kai-Ingo Voigt

Band 25 **Produktionsplanung und Belegung von Montageflächen**
Von Dr. Uwe Petersen

Band 26 **Kapazitätsorientierte Produktionssteuerung**
Von Dr. Kai Kleeberg

Band 27 **Planung des Designs flexibler Fertigungssysteme**
Von Dr. Ursula Dankert

Band 28 **Produktionsplanungs- und -steuerungssysteme**
Von Priv.-Doz. Dr. Wolf-Eckhard Kautz

Band 29 **Auslandsinvestitionsrechnung**
Von Dr. Jürgen Scholz

Band 30 **Unternehmenszusammenschlüsse**
Von Dr. Stephan Paprottka

Band 31 **Gewinnorientierte Planung der Produktqualität**
Von Dr. Peter Bielert

Band 32 **Künstliche neuronale Netze in Management-Informationssystemen**
Von Dr. Björn Alex

Band 33 **Produktionsplanung und -steuerung einer flexiblen Fertigung**
Von Dr. Michael Höck

Band 34 **Umweltorientierte Investitionsplanung**
Von Dr. Christian Friedemann

Band 35 **Strategien im Zeitwettbewerb**
Von Prof. Dr. Kai-Ingo Voigt

Band 36 **Ablaufplanung in der chemischen Industrie**
Von Dr. Martin Kießwetter

Fortsetzung am Buchende

Stefan Wilkens

Effizientes
Nachhaltigkeitsmanagement

Mit einem Geleitwort von Prof. Dr. Karl-Werner Hansmann

Deutscher Universitäts-Verlag

Bibliografische Information Der Deutschen Nationalbibliothek
Die Deutsche Nationalbibliothek verzeichnet diese Publikation in der
Deutschen Nationalbibliografie; detaillierte bibliografische Daten sind im Internet über
<http://dnb.d-nb.de> abrufbar.

Dissertation Universität Hamburg, 2007

1. Auflage Dezember 2007

Alle Rechte vorbehalten
© Deutscher Universitäts-Verlag | GWV Fachverlage GmbH, Wiesbaden 2007

Lektorat: Frauke Schindler / Dr. Tatjana Rollnik-Manke

Der Deutsche Universitäts-Verlag ist ein Unternehmen von Springer Science+Business Media.
www.duv.de

Das Werk einschließlich aller seiner Teile ist urheberrechtlich geschützt. Jede Verwertung außerhalb der engen Grenzen des Urheberrechtsgesetzes ist ohne Zustimmung des Verlags unzulässig und strafbar. Das gilt insbesondere für Vervielfältigungen, Übersetzungen, Mikroverfilmungen und die Einspeicherung und Verarbeitung in elektronischen Systemen.

Die Wiedergabe von Gebrauchsnamen, Handelsnamen, Warenbezeichnungen usw. in diesem Werk berechtigt auch ohne besondere Kennzeichnung nicht zu der Annahme, dass solche Namen im Sinne der Warenzeichen- und Markenschutz-Gesetzgebung als frei zu betrachten wären und daher von jedermann benutzt werden dürften.

Gedruckt auf säurefreiem und chlorfrei gebleichtem Papier.

Printed in Germany

ISBN 978-3-8350-0846-5

Geleitwort

Die gleichrangige Behandlung ökonomischer, ökologischer und sozialer Ziele im Management von Unternehmen, genannt Nachhaltige Entwicklung, hat sich in der Vergangenheit zunehmend als langfristige Daseinsvoraussetzung in der Betriebswirtschaft etabliert. Zwangsläufig gewinnt bei der Unternehmensführung das Problem des effizienten Einsatzes von ökologischen und sozialen Ressourcen zur Erzielung angemessener Renditen an Bedeutung.

In der betriebswirtschaftlichen Theorie ergeben sich daraus methodisch zwei Problemkreise: Erstens müssen Kausalzusammenhänge in einer integrativen Betrachtung ökologischer, sozialer und finanzieller Aspekte des Unternehmens identifiziert und quantifiziert werden. Zweitens greifen betriebswirtschaftliche Effizienzmodelle, die eine Inputgröße mit einer Outputgröße ins Verhältnis setzen, spätestens mit dem verallgemeinernden Übergang vom Umwelt- zum Nachhaltigkeitsmanagement zu kurz, da die Komplexität der Zusammenhänge unweigerlich Modelle mit multikriterieller Zielsetzung erfordert.

Der Verfasser greift diese beiden Problemkreise auf, indem er ein zweistufiges Verfahren entwickelt, das zunächst die Wirkungen ökologischer und sozialer Maßnahmen in den verschiedenen organisatorischen Funktionsebenen des Unternehmens auf dessen finanziellen Erfolg untersucht. Auf der Grundlage eines theoretisch fundierten Hypothesenmodells kann der Autor wesentliche Kausalzusammenhänge mit Hilfe der Partial-Least-Squares-Methode empirisch bestätigen.

Im zweiten Schritt überträgt der Verfasser die aus der Produktionstheorie stammende Data Envelopment Analysis zur Effizienzmessung auf das Nachhaltigkeitsmanagement. Diese Methode wird im Rahmen einer Benchmark-Untersuchung allen Anforderungen der simultanen Behandlung einer Vielzahl von ökologischen, sozialen und finanziellen Größen gerecht. Im Ergebnis gelingt es dem Autor, Ineffizienzen im unternehmerischen Handeln zu identifizieren, diese zu quantifizieren und durch Verweis auf Referenzunternehmen Hinweise auf mögliche Verbesserungen zu geben.

Die Ergebnisse der zwei Verfahrenschritte stehen nun keineswegs unverbunden nebeneinander. Vielmehr gelingt es dem Autor, durch eine verknüpfende Betrachtung die erhaltenen Resultate zu bekräftigen und weitere Erkenntnisse zu gewinnen. Die Arbeit zeichnet sich methodisch durch die innovative und anspruchsvolle Herangehensweise an die wichtige Problemstellung der Nachhaltigen Entwicklung von Unternehmen aus. Daneben liefert sie inhaltlich wertvolle Erkenntnisse zur Umsetzung umwelt- und sozialwirtschaftlicher Konzepte und gibt dem Management eine praktikable Methode zur Messung eines effizienten und gleichzeitig nachhaltigen Ressourceneinsatzes an die Hand. Die Ausführungen sind zudem sehr gut lesbar und erfreulich kompakt gehalten. Es würde mich freuen, wenn die Arbeit nicht nur unter Wissenschaftlern, sondern auch in der Praxis weite Verbreitung finden würde.

Prof. Dr. K.-W. Hansmann

Vorwort

Die vorliegende Arbeit entstand während meiner Tätigkeit als wissenschaftlicher Mitarbeiter am Institut für Industriebetriebslehre und Organisation an der Universität Hamburg und wurde im April 2007 an der Fakultät für Wirtschafts- und Sozialwissenschaften der Universität Hamburg als Dissertationsschrift angenommen. Bei der Umsetzung des Forschungsvorhabens haben mich zahlreiche Menschen begleitet und unterstützt. Ihnen möchte ich an dieser Stelle herzlich danken.

Besonders großer Dank gebührt meinem akademischen Lehrer, Herrn Prof. Dr. Karl-Werner Hansmann für seine vielen Anregungen, mit denen er zum Gelingen der Arbeit beigetragen hat. Hervorheben möchte ich die am Institut geschaffene Arbeitsatmosphäre und die wissenschaftliche Freiheit, die er mir innerhalb des Dissertationsprojekts gelassen hat. Ferner möchte ich mich bei Herr Prof. Dr. Lothar Streitferdt für die Übernahme des Zweitgutachtens und bei Frau Prof. Dr. Jetta Frost, die den Vorsitz der Prüfungskommission führte, bedanken.

Den Kollegen Dr. Nils Boysen, Prof. Dr. Günther Czeranowsky, Dipl.-Kfm. Malte Fliedner, Dipl.-Oec. Jana Guggenberger, Dr. Hans-Lüder Haas, Jun.-Prof. Dr. Claudia Höck, Dr. Michael Höck, Dipl.-Kffr. Nicole Richter, Dr. Christian Marc Ringle, Dipl.-Kffr. Alexa Florentine Spreen und Dr. Harald Strutz bin ich in vielerlei Hinsicht für die freundschaftliche Zusammenarbeit dankbar. Mein besonderer Dank gilt Dipl.-Kffr. Kristina Eis und Dörte Kesting für die mühevolle Durchsicht des Manuskripts und die wertvollen Gestaltungsanregungen.

Während der gesamten Promotionszeit waren meine Familie und meine Freunde stets ein starker Rückhalt für mich. Besonders meinen Eltern – Adelheid und Jürgen Wilkens – gilt tiefe Dankbarkeit für ihre immerwährende liebevolle Unterstützung. Ihnen widme ich diese Arbeit.

Stefan Wilkens

Inhaltsverzeichnis

Inhaltsverzeichnis... IX
Abbildungsverzeichnis...XIII
Tabellenverzeichnis..XV
Abkürzungsverzeichnis..XVII
1 Einführung.. 1
   1.1 Problemstellung..2
   1.2 Gang der Untersuchung..3
2 Grundlagen des Nachhaltigkeitsmanagements...5
   2.1 Begriffliche Grundlegung.. 5
   2.2 Dimensionen der Nachhaltigkeit... 7
      2.2.1 Die ökonomische Komponente... 8
      2.2.2 Die ökologische Komponente... 10
      2.2.3 Die soziale Komponente..12
   2.3 Nachhaltigkeit als integrativer Ansatz... 14
   2.4 Historische Entwicklung und rechtliche Verankerung............................. 15
   2.5 Unternehmen und nachhaltige Entwicklung..22
   2.6 Nachhaltigkeit in den Funktionsbereichen im Unternehmen.................. 23
      2.6.1 Nachhaltigkeit in Logistik und Einkauf...24
      2.6.2 Nachhaltigkeit in der Produktion... 25
      2.6.3 Nachhaltigkeit in der Absatzpolitik...27
         2.6.3.1 Bewusstsein für Nachhaltigkeit auf den Absatzmärkten.............28
         2.6.3.2 Nachhaltige Produktpolitik.. 30
         2.6.3.3 Nachhaltige Preispolitik.. 31
         2.6.3.4 Nachhaltige Kommunikationspolitik..32
         2.6.3.5 Nachhaltige Distributionspolitik.. 34
      2.6.4 Nachhaltigkeit im Personalbereich..34
      2.6.5 Nachhaltigkeit in der Organisation..36
         2.6.5.1 Anforderungen an eine nachhaltige Organisation..................... 37
         2.6.5.2 Formen der Nachhaltigkeitsorganisation................................... 38
      2.6.6 Nachhaltigkeit in Forschung und Entwicklung.............................. 40
      2.6.7 Nachhaltigkeit im Informationsmanagement.................................41
   2.7 Empirische Befunde zur Nachhaltigkeit in europäischen
       Aktienunternehmen.. 44
      2.7.1 Die untersuchten Unternehmen.. 44
      2.7.2 Der Fragebogen..47
      2.7.3 Nachhaltigkeitsmanagement in den Zielsystemen........................48
      2.7.4 Nachhaltigkeitsmanagement in den Kernfunktionen.....................50
         2.7.4.1 Nachhaltigkeitsmanagement in der Organisationsstruktur........ 52
         2.7.4.2 Nachhaltigkeitsmanagement in der Beschaffung...................... 53

2.7.4.3 Nachhaltigkeitsmanagement in der Produktion............................ 55
2.7.4.4 Nachhaltigkeitsmanagement im Marketing................................. 57
2.7.4.5 Nachhaltigkeitsmanagement in Forschung und Entwicklung......... 59
2.7.4.6 Nachhaltigkeitsmanagement im Personalbereich......................... 60
3 Messung des ökonomischen Erfolgs.. 63
3.1 Ziele und Anforderungen zur Messung des ökonomischen Erfolgs............. 63
3.2 Zielgruppen... 65
   3.2.1 Shareholder... 66
   3.2.2 Stakeholder... 67
3.3 Shareholder-Value-orientierte Messung des Unternehmenserfolgs.............. 69
   3.3.1 Gewinn... 69
   3.3.2 Cash Flow... 72
      3.3.2.1 Definition und Ermittlung des Cash Flow............................. 72
      3.3.2.2 Eignung.. 76
   3.3.3 Shareholder Value.. 77
      3.3.3.1 Definition und Berechnung des Shareholder Value................ 77
         3.3.3.1.1 Schätzung der freien Cash Flow.............................. 79
         3.3.3.1.2 Schätzung der Kapitalkosten.................................. 80
         3.3.3.1.3 Schätzung der Kapitalstruktur................................. 81
      3.3.3.2 Eignung.. 82
   3.3.4 ROI... 83
   3.3.5 CFROI... 85
   3.3.6 EVA und CVA.. 86
   3.3.7 Börsenwert.. 87
3.4 Auswahl der Erfolgsgrößen... 88
4 Beziehungen zwischen Nachhaltigkeitsmanagement und wirtschaftlichem Erfolg.. 91
4.1 Zielsetzung der Untersuchung von Interdependenzen.............................. 91
4.2 Bestehende Maße und Methoden... 92
   4.2.1 Environmental Shareholder Value... 92
   4.2.2 Sustainable Value Added... 95
   4.2.3 Sustainable Balanced Scorecard.. 98
4.3 Methodische Grundlagen zur Entwicklung eines Kausalmodells zur Bewertung von Nachhaltigkeitsmanagement... 100
   4.3.1 Ziel und Aufbau der Kausalanalyse... 101
   4.3.2 Der LISREL-Ansatz... 107
   4.3.3 Der PLS-Ansatz... 110
   4.3.4 Entwicklung eines Kausalmodells auf Basis der empirischen Erhebung.. 115
      4.3.4.1 Ableitung des Strukturmodells... 115

4.3.4.1.1 Die Beziehung zwischen ökologisch orientiertem Management und ökonomischem Erfolg............................115
4.3.4.1.2 Die Beziehung zwischen ökologisch und sozial orientiertem Management...119
4.3.4.1.3 Die Beziehung zwischen sozial orientiertem Management und ökonomischem Erfolg.....................................120
4.3.4.2 Ableitung der Messmodelle... 123
4.3.4.2.1 Ableitung des Messmodells für das Sozialmanagement........ 124
4.3.4.2.2 Ableitung des Messmodells für das Umweltmanagement...... 125
4.3.4.2.3 Ableitung des Messmodells für den ökonomischen Erfolg.....126
4.3.4.3 Schätzung und Beurteilung des Modells mit Hilfe des PLS-Ansatzes.. 128
4.3.4.4 Implikationen der Ergebnisse.. 133
4.3.4.5 Kritische Würdigung des Kausalmodells..............................134
5 Benchmarkanalyse der Effizienz des Nachhaltigkeitsmanagements........... 137
5.1 Grundlagen zum Benchmarking..137
5.1.1 Zielsetzung und Methodik des Benchmarking................... 137
5.1.2 Definition und Abgrenzung des Benchmarking................. 139
5.1.3 Benchmarking-Objekte... 143
5.1.4 Benchmarking-Subjekte und –Arten.................................. 145
5.1.5 Evaluation des Benchmarking... 149
5.1.6 Benchmarking im Nachhaltigkeitsmanagement................152
5.2 Benchmarking mit Hilfe der Data Envelopment Analysis...........153
5.2.1 Nachhaltigkeitseffizienz als Benchmarking-Objekt............ 153
5.2.1.1 Grundidee und Annahmen... 153
5.2.1.2 Grundlagen der Data Envolopment Analysis..................155
5.2.1.2.1 Das CCR-Modell... 156
5.2.1.2.1.1 Das inputorientierte CCR-Modell................................ 157
5.2.1.2.1.2 Das outputorientierte CCR-Modell.............................. 159
5.2.1.2.2 Das BCC-Modell.. 162
5.2.1.2.2.1 Das inputorientierte BCC-Modell.................................163
5.2.1.2.2.2 Das outputorientierte BCC-Modell.............................. 164
5.2.1.2.3 Das additive Modell... 165
5.2.1.2.3.1 Das additive Modell mit konstanten Skalenerträgen........ 166
5.2.1.2.3.2 Das additive Modell mit variablen Skalenerträgen...........166
5.2.1.3 Eigenschaften der DEA-Modelle....................................167
5.2.1.3.1 Einheiteninvarianz... 167
5.2.1.3.2 Translationsinvarianz..167
5.2.1.3.3 Daten in den DEA-Modellen... 171
5.2.1.4 Referenzmenge und Projektion...................................... 172

5.2.1.5 Herleitung eines Effizienzmodells für das Nachhaltigkeitsmanagement ... 174
    5.2.1.5.1 Skalenerträge ... 174
    5.2.1.5.2 Outputorientierung im Nachhaltigkeitsmanagement ... 176
    5.2.1.5.3 Die Datenlage des Modells ... 176
5.3 Analyse der empirischen Erhebung mit Hilfe der DEA ... 177
    5.3.1 Das Ineffizienzpostulat des Nachhaltigkeitsmanagements in der empirischen Betrachtung ... 177
    5.3.2 Darstellung der Ergebnisse der DEA ... 179
        5.3.2.1 Vorüberlegungen zur Struktur der Evaluation des Benchmarking ... 179
        5.3.2.2 Umwelt- und Sozialmanagement als Inputgrößen ... 180
        5.3.2.3 Nachhaltigkeitsmanagement in den Funktionsbereichen als Inputgrößen ... 183
        5.3.2.4 Kritische Würdigung der Benchmarking-Untersuchung ... 188
6 Schussbetrachtung und Ausblick ... 191
Anhang ... 195
Literaturverzeichnis ... 207

Abbildungsverzeichnis

Abbildung 1: Nachhaltigkeit als Integration von Ökonomie, Ökologie und Sozialem...6
Abbildung 2: Die vier Nachhaltigkeitsanforderungen und ihre Parameter..............8
Abbildung 3: Priorität des Umweltschutzes...30
Abbildung 4: Funktional-additive Verankerung des Nachhaltigkeitsmanagements...39
Abbildung 5: Integration von Nachhaltigkeitsmanagement....................................40
Abbildung 6: Übersicht Nachhaltigkeit im Zielsystem...49
Abbildung 7: Nachhaltigkeit in wichtigen Funktionsbereichen...............................51
Abbildung 8: Nachhaltigkeit in der Organisationsstruktur......................................53
Abbildung 9: Nachhaltigkeit in der Beschaffung...55
Abbildung 10: Nachhaltigkeit in der Produktion..56
Abbildung 11: Nachhaltigkeit im Marketing..58
Abbildung 12: Nachhaltigkeit in Forschung und Entwicklung................................59
Abbildung 13: Nachhaltigkeit im Personalmanagement..60
Abbildung 14: Einzellagen und Gesamtlagen..64
Abbildung 15: Das Stakeholder-Konzept...67
Abbildung 16: Der Unternehmenswert gemäß DCF-Verfahren..............................79
Abbildung 17: Das Shareholder Value Netzwerk..93
Abbildung 18: Sustainable Value Added..97
Abbildung 19: Balanced Scorecard..99
Abbildung 20: Pfaddarstellung einer Kausalbeziehung..102
Abbildung 21: Indirekte Kausalstrukturen...102
Abbildung 22: Pfaddarstellung reflektiver Konstrukte..104
Abbildung 23: Vollständiges Kausalmodell...105
Abbildung 24: Vorgehensweise im Rahmen einer Kausalanalyse........................106
Abbildung 25: Die drei Modi der Messmodelle des PLS-Ansatzes.......................111
Abbildung 26: Verbindungen der latenten Variablen...115
Abbildung 27: Werttreiber-Modell zur Beurteilung von Umweltschutzmaßnahmen...117
Abbildung 28: Strukturmodell mit Kausalbeziehungen..123
Abbildung 29: Das Messmodell für das Sozialmanagement................................125
Abbildung 30: Messmodell des Umweltmanagements..126
Abbildung 31: Messmodell des ökonomischen Erfolgs.......................................127
Abbildung 32: Das gesamte Kausalmodell...128
Abbildung 33: Schätzung des Kausalmodells..129
Abbildung 34: Modifikation des Grundmodells...132
Abbildung 35: Benchmarking-Tableau...140
Abbildung 36: Subjekte des Benchmarking im Überblick...................................145

Abbildung 37: Zusammenhang zwischen Produktivität und Anzahl potenzieller Kunden...151
Abbildung 38: Grundidee der DEA..155
Abbildung 39: CCR-Modell...162
Abbildung 40: BCC-Modell...163
Abbildung 41: CCR-Modell ist nicht translationsinvariant.................................. 169
Abbildung 42: Das Effizienzmaß im BCC-Modell..170
Abbildung 43: Konstante vs. Variable Skalenerträge...175
Abbildung 44: Vergleich DJSI World – DJGI...178

Tabellenverzeichnis

Tabelle 1: Entwicklungsstufen der Nachhaltigkeit bis zum Brundtland-Bericht.........17
Tabelle 2: Überblick der teilnehmenden Unternehmen..46
Tabelle 3: Die Ermittlung des Cash Flow..73
Tabelle 4: Entwicklung des ROI im Projektzeitraum.. 85
Tabelle 5: Finanzwirtschaftliche Bewertung..90
Tabelle 6: Typische Analyseinhalte von Benchmarking-Objekten................... 144
Tabelle 7: Mögliche Stärken und Schwächen verschiedener Benchmarking-
Arten...148
Tabelle 8: Eigenschaften der DEA-Modellvarianten...172
Tabelle 9: Ergebnisse der Benchmark-Analyse nach Nachhaltigkeits-
dimensionen...181
Tabelle 10: Ineffizienzen im dimensional aufgebauten Modell..............................182
Tabelle 11: Ergebnisse der DEA im funktionsorientierten Modell..........................184
Tabelle 12: Ineffizienzen im funktional aufgebauten Modell................................. 185
Tabelle 13: Vergleich der Ergebnisse der DEA-Ansätze.. 187

Abkürzungs- und Symbolverzeichnis

ADD	additives DEA-Modell
AVE	durchschnittlich erfasste Varianz
B	Koeffizientenmatrix für die Kausalbeziehungen zwischen zwei endogenen latenten Variablen
BCC	DEA-Modell mit variablen Skalenerträgen
BCC-I	inputorientiertes BCC-Modell
BCC-O	outputorientiertes BCC-Modell
β	Schätzparameter im Kausalmodell
BMBF	Bundesministerium für Bildung und Forschung
BRD	Bundesrepublik Deutschland
BSC	Balanced Scorecard
bzw.	beziehungsweise
CAPM	Capital Asset Pricing Modell
CCR	DEA-Modell mit konstanten Skalenerträgen
CCR-I	inputorientiertes CCR-Modell
CCR-O	outputorientiertes CCR-Modell
CE	Cash Earnings
CFROI	Cash Flow Return on Investment
CO_2	Kohlenstoffdioxid
CSD	Commission on Sustainable Development
CVA	Cash Value Added
DCF	Discounted Cash Flow
DEA	Data Envelopment Analysis
dEK	durchschnittlicher Wert des Eigenkapitals
δ	Störvariable der exogenen Variablen im Kausalmodell
DJGI	Dow Jones Global Index
DJSI World	Dow Jones Sustainable Index World
dGK	durchschnittlicher Wert des Gesamtkapitals
DVFA/SG	Deutsche Vereinigung für Finanzanalyse und Anlageberatung / Schmalenbach Gesellschaft – Deutsche Gesellschaft für Betriebswirtschaft
E	Quadrierter Fehler für geschätzte Werte
e	Einheitsvekor
EBIT	Gewinn vor Zinsen und Steuern
EE	Entscheidungseinheit
EIA	Environmental Impact Added
EK	Marktwert des Eigenkapital
EMAS	Environmental Management and Audit Scheme

ε	Störvariable von endogenen Variablen im Kausalmodell
	beliebig kleine Zahl im Rahmen der DEA
ESV	Environmental Shareholder Value
Γ	Koeffizientenmatrix für die Kausalbeziehungen zwischen exogenen und endogenen latenten Variablen
η	Endogene Variable im Kausalmodell
et al.	und andere
etc.	et cetera
EU	Europäische Union
EVA	Economic Value Added
f.	folgende
f²	Effektstärke
FCF	Free Cash Flow
F & E	Forschung und Entwicklung
ff.	fortfolgende
FK	Marktwert des Fremdkapitals
γ	Schätzparameter im Kausalmodell
GK	Gesamtkapital
h bzw. f	Input-Output Quotient
HGB	Handelsgesetzbuch
i_{EK}	Kosten des Eigenkapitals
i_{FK}	Kosten des Fremdkapitals
IFOK	Institut für Organisationskommunikation
IFRS	International Financial Reporting Standard
ISO	International Organization for Standardization
Kap.	Kapitel
K_{opp}	Opportunitätskosten
KVP	Kontinuierlicher Verbesserungsprozess
kWh	Kilowattstunde
λ	Ladung manifester Variable
LISREL	Kovarianzstrukturanalyse
LKW	Lastkraftwagen
Mio.	Millionen
NGO	Nicht-Regierungs-Organisation
NOA	Betriebsnotwendiges Vermögen
O	Durchschnittswert der Schätzung
PIMS	Profit Impact of Market Strategies
φ	Schätzparameter im Kausalmodell
PLS	Partial Least Squares-Methode
ρ	Maß für interne Konsistenz eines Kausalmodells

1 Einführung

Nachhaltige Entwicklung bezeichnet in der Betriebswirtschaftslehre die gleichrangige Behandlung von ökonomischen, ökologischen und sozialen Ziel-setzungen. Alle drei bilden für sich Problemkreise, die die Gesellschaft vor Herausforderungen stellt, denen sich niemand entziehen kann, da sie für das Fortbestehen gegenwärtiger Strukturen existenziell sind.

Die Volkswirtschaften hoch entwickelter Industrieländer haben zwar gelernt, Schwächephasen des Konjunkturzyklus zu bewältigen. Aber aktuelle globale Verschiebungen, wie etwa das massive Wirtschaftswachstum einiger ostasiatischer Staaten, die zunehmende Internationalisierung der Konzerne oder die Öffnung der ehemals kommunistischen Staaten, bergen erhebliche ökonomische Risiken, bei denen traditionelle Konzepte von allen Beteiligten über nationale Grenzen hinweg überdacht werden müssen. Sonst werden vor allem die armen Länder, die Schwachen einer Gesellschaft oder instabile Volkswirtschaften unter der unkontrollierten Entwicklung zu leiden haben.

An wirtschaftliche Fehlentwicklungen schließen sich soziale Problemfelder an, die wiederum ökonomische Strukturen beeinflussen. Das Gehaltsgefälle beispielsweise zwischen Westeuropa, Osteuropa und Ostasien bedroht in den europäischen Industrieländern ganze Bevölkerungsschichten, die langfristig keine Aufgabe in der Wertschöpfungskette der Volkswirtschaften mehr finden werden. Im Hinblick auf eine hohe nationale Verschuldung in vielen Ländern wird sich auf die Dauer keine Staatskasse eine Massenarbeitslosigkeit oder eine Subventionierung von Billiglohnsektoren leisten können.

Was ökonomisch und sozial evident ist, trifft auch für die natürliche Umwelt zu. Es herrscht kein Zweifel daran, dass die ungehemmte Ausnutzung der ökologischen Ressourcen wesentliche klimatische Veränderungen hervorruft. Die wachsende Anzahl von Naturkatastrophen der letzten Jahre sind Anzeichen, dass die durch Emissionen induzierten Treibhauseffekte erste Wirkungen zeigen. Die Verantwortung für den Erhalt der ökologischen Prozesse und der genetischen Vielfalt tragen in zunehmendem Maße auch die wirtschaftlichen Akteure, da die globalen Probleme von den herrschenden, vorwiegend nationalen, politischen Strukturen kaum gelöst werden können. Die zentrale Herausforderung, die sich daraus für die Umwelt- und Entwicklungspolitik ergibt, ist, einen neuen Typ von Management herauszubilden,[1] dessen Maxime sein muss, dass man ausschließlich von den Zinsen des ökonomischen, ökologischen und sozialen „Kapitalstocks" leben soll. Die Generationengerechtigkeit als Wesen der Nachhaltigkeit ist damit mehr als eine ökologische Notwendigkeit, in der nur so viele Bäume gefällt werden dürfen wie auch wieder nachwachsen können. Sustainable Development ist auch nicht nur eine ökonomische Einsicht, in der ausschließlich die Wertsteigerung des Unternehmens mit einer intelligenten Steuerung des Ressourcenmanagements zu langfristigem Erhalt der ökonomischen Existenz führt. Vielmehr ist es ein zivilisatorischer Entwurf verantwortlichen Handelns, der in sämtliche Lebensbereiche des Menschen hineinreicht.

1.1 Problemstellung

Das Konzept der "Nachhaltigen Entwicklung" wurde im „Brundtland-Bericht"[2], den Welt-Klima-Konferenzen der Vereinten Nationen, beginnend mit der „Rio-Konferenz" 1992, und dem „Kyoto-Protokoll"[3] global-politisch etabliert. Die entwickelten Programme konnten sich im Wesentlichen aber nur darauf beschränken, Ideen und Leitbilder zu formulieren, die zwar wichtige Meilensteine für die weltweite Manifestierung des Nachhaltigkeitsgedankens sind, aber zunächst einmal nicht mehr als Willensbekundungen auf politischer Ebene sind.

Auf volkswirtschaftlicher Ebene erfolgte eine Konkretisierung der Nachhaltigen Entwicklung mit der Agenda 21[4], dort allerdings sehr vage, und dem Kyoto-Protokoll, wo die ökonomischen Akteure mit qualitativen und quantitativen Zielformulierungen in die Pflicht genommen werden sollten. Es muss aber befürchtet werden, dass die gesteckten Ziele nicht erreicht werden können, da wichtige Industriestaaten im Nachhinein Vorbehalte gegen die Vereinbarungen deutlich gemacht haben. So haben beispielsweise die USA, Australien und Kroatien das Kyoto-Protokoll zwar unterschrieben, beabsichtigen aber weiterhin nicht, es zu ratifizieren. Der aktuelle Entwicklungsstand bei der vereinbarten Reduzierung der Treibhausgase lässt erhebliche Zweifel an der Realisierbarkeit der ehrgeizigen Vorgaben zu.

---

[1] Vgl. Hauff (2002), S. 3.

[2] World Commission on Environment and Development (1987)

[3] Vgl. United Nations (1997).

[4] Vgl. United Nations (1992).

Die gebremste Umsetzung des Nachhaltigkeitsgedankens zeigt, dass es notwendig ist, die Grundideen tiefer in die Gesellschaft, insbesondere in das betriebswirtschaftliche Denken und Handeln, zu integrieren. Dies ist aber bislang kaum gelungen. Sicherlich gibt es umfangreiche Ansätze, mit denen das Umweltmanagement in Theorie und Praxis eingegangen ist. Auch werden Unternehmen als komplexe soziale Gebilde verstanden, deren Struktur gepflegt und erhalten werden muss. Dennoch funktioniert die Führung von Unternehmen weiterhin nach rein ökonomischen Prinzipien, die das natürliche und soziale Umfeld nur als begrenzende Randbedingung betrachtet.

Um die Idee der Nachhaltigkeit aber in betriebswirtschaftliches Denken zu übertragen, müssen Konzepte entwickelt werden, die ökonomische, ökologische und soziale Belange gleichwertig einbeziehen. Es muss geklärt werden, wo Synergien zu erzielen sind, in denen ökologische oder soziale Bestrebungen auch zu wirtschaftlichem Erfolg führen. Zu identifizierende Zielkonflikte müssen dahingehend untersucht werden, wie sie auszubalancieren sind. Letztlich geht es darum zu ermitteln, wie knappe natürliche und soziale Ressourcen gewinnbringend und effizient, eingesetzt werden können.

Nun sind die gesellschaftlichen, ökologischen und wirtschaftlichen Bedingungen, in denen Unternehmen agieren, sehr unterschiedlich. Es kann in einer allgemeingültigen Abhandlung also nicht darum gehen, Rezepte zu formulieren, nach denen unternehmerisches Handeln effizienter gestaltet werden kann. Vielmehr müssen Konzepte und Instrumente bereitgestellt werden, die individualisierte Analysen ermöglichen, die wiederum zu konkreten Handlungsempfehlungen führen, mit denen die ökonomischen, ökologischen und sozialen Interessen unter der Maßgabe der Effizienz vereinbart werden können.

1.2 Gang der Untersuchung

Nach den einleitenden Bemerkungen dieses ersten Kapitels, die die Notwendigkeit einer betriebswirtschaftlichen Effizienzbetrachtung und mit dem Gang der Untersuchung die Struktur der Arbeit erläutern, werden im folgenden zweiten Kapitel die Grundlagen zum Nachhaltigkeitsmanagement gelegt. Neben einer definitorischen Abgrenzung zeigt der historische Abriss der Entwicklungsstufen von Nachhaltigkeit den Prozess der Annäherung an das heutige Verständnis von Nachhaltigkeit auf.

Einen Schwerpunkt dieser Darstellung bildet die Entwicklung, in der von der politischen Ebene ausgehend Visionen und Zielformulierungen über die volkswirtschaftliche bis hin zur betriebswirtschaftlichen Ebene operationalisiert wurden. Im Verlauf dieses Kapitels wird dann aufgezeigt, wie Nachhaltigkeitsmanagement die traditionellen betrieblichen Funktionen beeinflusst. Die Schwerpunktkapitel dieser Arbeit werden von den Ergebnissen der durchgeführten empirischen Untersuchung begleitet. Im Anschluss wird dargestellt, inwieweit die Konzepte der Nachhaltigkeit bereits in die Funktionsbereiche der Betriebe eingegangen sind.

Nach der Darstellung der ökologischen und sozialen Komponenten von Nachhaltigkeit, ist das Kapitel drei dem Auffinden einer für diesen Zusammenhang geeigneten Messung des finanziellen Erfolgs von Unternehmen gewidmet. Es zeigt sich dabei, dass eine Shareholder Value Orientierung hier geeignet ist. Da die Erhebung des Shareholder Value aber sehr viel Spielraum lässt, der mit subjektiven Annahmen der Prognose von erfolgsrelevanten Größen Möglichkeiten zur Manipulation bietet, werden im Weiteren Kennzahlen identifiziert und voneinander abgegrenzt, die den Anforderungen einer Shareholder Value Orientierung möglichst nahe kommen. Im Rahmen der empirischen Untersuchung werden schließlich nachhaltig erwirtschaftbare Eigen- und Gesamtkapitalrenditen erhoben.

Die Zusammenhänge zwischen Ökonomie, Ökologie und Sozialem bestimmt die innere Struktur von Kapitel vier. Zunächst werden dabei bestehende Methoden skizziert und hinsichtlich ihrer Eignung zum Erkennen von Wirkungszusammenhängen analysiert. Die Ableitung eines eigenen Kausalmodells, dessen Validierung dann mit Hilfe der Partial-Least-Square Methode geschieht, bildet den Schwerpunkt dieses Kapitels.

Die Bestätigung der positiven Wirkungszusammenhänge von Sozial- und Umweltmanagement auf den ökonomischen Erfolg liefert eine notwendige Voraussetzung für die in Kapitel fünf folgende Benchmarking-Analyse mit Hilfe der Data Envelopment Analysis. Dort werden das unternehmerische Engagement im Nachhaltigkeitsmanagement in Form von Inputgrößen und finanzielle Erfolgsgrößen als Outputgrößen aufgefasst und in Effizienzmodellen verarbeitet. Identifizierte Ineffizienzen und Handlungsempfehlungen für die untersuchten Unternehmen sind die wesentlichen Ergebnisse dieser Untersuchung.

Nach kurzen zusammenfassenden Erläuterungen zeigt die Schlussbetrachtung die Grenzen der vorliegenden Arbeit auf und liefert somit Anregungen für weitere Untersuchungen.

2 Grundlagen des Nachhaltigkeitsmanagements

Bei einer Abhandlung über Nachhaltigkeit ist es eine wesentliche Aufgabe der Vielfältigkeit des Nachhaltigkeitsbegriffs gerecht zu werden. Die definitorischen Grundlagen in Kapitel 2.1 zeigen dazu zunächst auf, wie weit sich die Bedeutung von Nachhaltigkeit erstreckt. In Anlehnung an den Begriff Umweltmanagement wird hier auch ein Verständnis für das in betriebswirtschaftlicher Hinsicht wesentliche "Nachhaltigkeitsmanagement" geschaffen. Den drei Dimensionen der Nachhaltigkeit und deren Integration ist das Kapitel 2.2 gewidmet. Im Anschluss folgt ein kurzer historischer Abriss über die Entwicklungsgeschichte und die rechtliche Verankerung des Nachhaltigkeitsgedankens. Im Hinblick auf die im Rahmen dieser Arbeit durchgeführte Untersuchung auf betrieblicher Ebene werden schließlich die Unternehmen als wichtige Akteure in das Konzept einer nachhaltigen Entwicklung eingebunden.

2.1 Begriffliche Grundlegung

Seinen Ursprung hat der Begriff Nachhaltigkeit schon im Mittelalter. Bereits im 13. Jahrhundert wurden Bestimmungen zur Regulierung des Holzeinschlags erlassen, nach denen nur die Menge und Art an Holz geschlagen werden durfte, die auch wieder nachwuchs.[6] Aufgegriffen wurde der Begriff im so genannten Brundtland-Bericht "Our Common Future".[7] In dessen englischer Originalfassung wurde der Begriff "Sustainable Development" bzw. "Sustainability" geprägt.[8] Dort findet sich auch eine Erläuterung für das entwickelte Leitbild der "Nachhaltigen Entwicklung", die den forstwirtschaftlichen Ursprung verallgemeinert: "Nachhaltige Entwicklung ist die Entwicklung, die die Bedürfnisse der Gegenwart befriedigt, ohne zu riskieren, dass künftige Generationen ihre eigenen Bedürfnisse nicht befriedigen können." [9] Dieses Begriffsverständnis ist Ausgangspunkt eines konzeptionellen Ansatzes zur Lösung globaler, sozialer und ökologischer Probleme, deren enge Verknüpfung wesentlicher Bestandteil nachhaltiger Ansätze ist. In diesem Zusammenhang wurde

---

[6] Vgl. Nutzinger (1995), S. 207.

[7] Vgl. World Commission on Environment and Development (1987).

[8] In der deutschen Übersetzung des Brundtland-Berichts wurde die Übersetzung "Dauerhafte Entwicklung" gewählt. Als gängigste Übersetzung hat sich jedoch "Nachhaltige Entwicklung" oder "Nachhaltigkeit" durchgesetzt.

[9] World Commission on Enviroment and Development (1987), S. 25.

auch das so genannte "magische Dreieck der Nachhaltigkeit", das ökonomische, ökologische und soziale Ziele miteinander verbinden soll, entwickelt:[10]

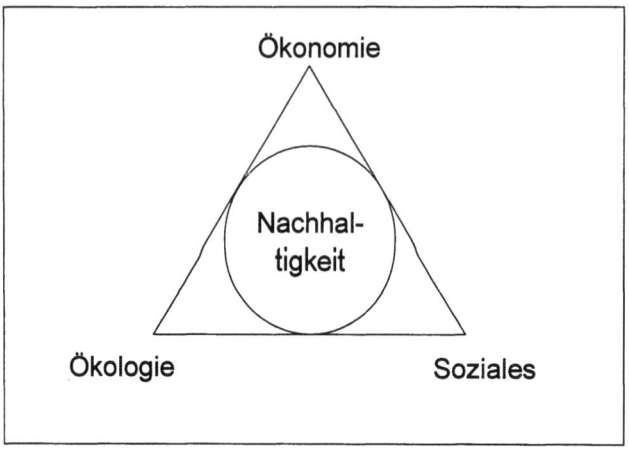

Abbildung 1: Nachhaltigkeit als Integration von Ökonomie, Ökologie und Sozialem
Quelle: Eigene Darstellung in Anlehnung an IFOK (1997), S. 39.

In dieser Arbeit werden die Termini "Nachhaltigkeit", "Nachhaltige Entwicklung" und "Sustainable Development" synonym verwendet und bezeichnen den generationengerechten Umgang mit den natürlichen und gesellschaftlichen Ressourcen, aus dem das Erfordernis der gleichzeitigen Beachtung ökonomischer, sozialer und ökologischer Ziele hervorgeht.[11] Der gängigen Literatur folgend wird auch in dieser Arbeit zwischen starker und schwacher Nachhaltigkeit unterschieden.[12] Dabei bezeichnet die schwache Variante die Vorstellung, dass sich verschiedene Ressourcen kompensieren können. In diesem Fall kann der Verbrauch einer ökologischen oder sozialen Ressource durch eine andere ausgeglichen werden. Dies ist bei der starken Nachhaltigkeit nicht möglich. Die Sinnhaftigkeit der einen oder anderen Variante hängt zweifelsohne von den betroffenen Aspekten der Nachhaltigkeit ab. So ist beispielsweise die Mitarbeiterzufriedenheit in gewissem Maße durch Entlohnung kompensierbar. Dem Verbrauch von lebenswichtigen natürlichen Ressourcen sind aber viel engere Toleranzgrenzen gesteckt.

---

[10] Vgl. Enquete-Kommission „Schutz des Menschen und der Umwelt" (1994), S. 54.

[11] Vgl. Hansmann (2006), S. 167.

[12] Vgl. Figge / Hahn (2002), S. 6.

In der Betriebswirtschaftslehre hat sich der Begriff "Umweltmanagement" durchgesetzt, der alle auf die natürliche Umwelt bezogenen Aspekte der Unternehmensführung umfasst.[13] In diesem Zusammenhang sei darauf hingewiesen, dass der Begriff „Umwelt" häufig in verschiedene Dimensionen kategorisiert wird.[14] Pümpin (1980, S. 26f.) und Aaker (1989, S.114ff.) unterscheiden beispielsweise zwischen ökologischen, technologischen, wirtschaftlichen, demographischen, kulturellen, politischen und rechtlichen Dimensionen der Umwelt. In dieser Arbeit ist der Begriff „Umwelt", sofern er ohne einen spezifizierenden Zusatz verwendet wird, ausschließlich auf die Ökologie bezogen.

Da die Nachhaltigkeitsidee die Problemkreise der natürlichen und sozialen Umwelt sehr eng miteinander verknüpft, werden in den vorliegenden Ausführungen analog zum Umweltmanagement auch die Begriffe "Sozialmanagement", das alle auf die gesellschaftliche Umwelt bezogenen Aspekte der Unternehmensführung beinhaltet, und "Nachhaltigkeitsmanagement" als umfassender Ansatz verwendet.

2.2 Dimensionen der Nachhaltigkeit

Für Unternehmen, die eine nachhaltige Wirtschaftsweise anstreben, existieren derzeit noch keine allgemeingültigen oder gesetzlich vorgeschriebenen Anforderungen.[15] Da aber aus dem Ziel einer nachhaltigen Entwicklung die simultane Berücksichtigung bzw. die Integration der drei Dimensionen Ökonomie, Ökologie und Soziales hervorgeht, ergeben sich für das betriebliche Nachhaltigkeitsmanagement vier Nachhaltigkeitsanforderungen, die es zu erfüllen gilt: Die ökologische, die soziale, die ökonomische sowie die Integrationsanforderung. Die Abbildung zwei gibt einen Überblick über diese Nachhaltigkeitsanforderungen mit ihren jeweiligen Parametern, die im Weiteren näher erläutert werden.

---

[13] Vgl. Dyckhoff (2000), S. 1.
[14] Vgl. Janisch (1993), S. 23.
[15] Vgl. Mathieu (2002), S. 47f.

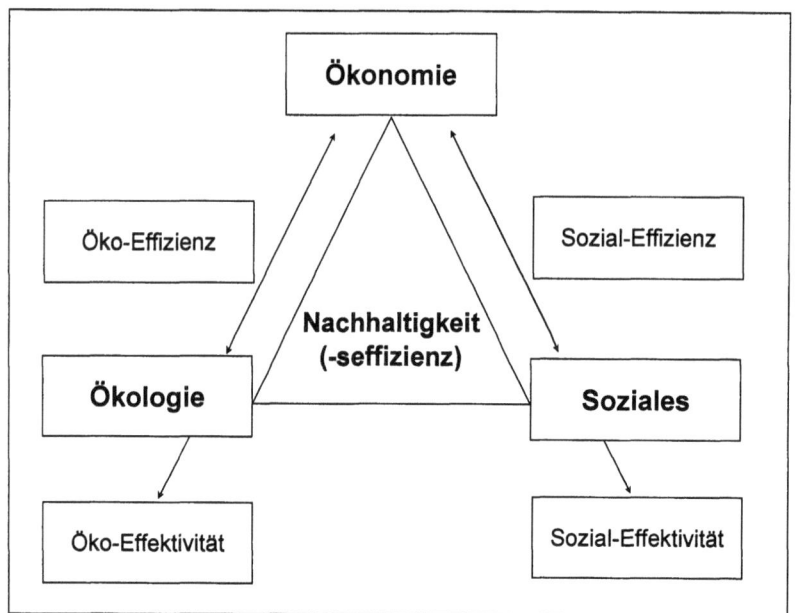

Abbildung 2: Die vier Nachhaltigkeitsanforderungen und ihre Parameter
Quelle: Eigene Darstellung in Anlehnung an Schaltegger et al. (2002), S. 6.

2.2.1 Die ökonomische Komponente

Inhalt der ökonomischen Nachhaltigkeitsanforderung ist die langfristige Existenzsicherung des Unternehmens sowie die Erhaltung der Wettbewerbsfähigkeit unter Berücksichtigung ökologischer und sozialer Faktoren.[16] In dieser Komponente hat sich der Grundsatz nachhaltiger Entwicklung, dass nur höchstens so viel aus dem Betriebsvermögen entnommen werden darf, wie an Rendite erwirtschaftet wurde, weitgehend als ökonomisches Prinzip durchgesetzt. Während bei der klassischen ökonomischen Betrachtung ausschließlich monetäre Ziele wie Unternehmenswertsteigerung, Rentabilität, Wachstum, Marktanteil etc. im Vordergrund stehen, ergibt sich für die ökonomische Nachhaltigkeitsanforderung eine neue Kernaufgabe: Die ökonomische Gestaltung des Sozial- und Umweltmanagements.

Anspruch der ökonomischen Anforderung ist stets eine Effizienzsteigerung, d.h. eine Optimierung des Verhältnisses zwischen erwünschten und unerwünschten Wirkun-

---

[16] Vgl. Hüttner (2001), S.47 und Küker (2003), S. 31.

gen und Einflussgrößen. Neben der traditionellen ökonomischen Effizienz, die auf finanziellen Erfolgsgrößen basiert, sind im Kontext unternehmerischer Nachhaltigkeit insbesondere zwei Effizienz-Formen relevant: Die Öko-Effizienz (ökonomisch-ökologische Effizienz) und die Sozial-Effizienz (ökonomisch-soziale Effizienz).

Folgende Definition der Öko-Effizienz bietet sich an:

„Öko-Effizienz ist definiert als das Verhältnis zwischen einer ökonomischen, monetären und einer physikalischen (ökologischen) Größe."[17]

Während die ökonomische Determinante als Wertschöpfung in das Verhältnis einfließt, kommt die ökologische Größe mit Hilfe der Öko-Effizienz-Analyse als Schadschöpfung oder „ökologischer Schaden"[18] zum Ausdruck. Die Schadschöpfung bildet die Summe aller direkt und indirekt verursachten Umweltwirkungen des Unternehmens.

Bekannte Beispiele für die Öko-Effizienz sind

emmittiertes CO2 [t] / Wertschöpfung [€] oder

verbrauchte Energie [kWh] / Wertsöpfung [€].

Analog zur Öko-Effizienz stellt sich die Sozial-Effizienz als das Verhältnis von Wertschöpfung zur sozialen Schadschöpfung dar. Die soziale Schadschöpfung (sozialer Schaden) ist die Gesamtheit der negativen sozialen Auswirkungen des Unternehmens. Der soziale Schaden entspricht dabei der Summe aller negativen sozialen Auswirkungen, die von einem Produkt, Prozess oder einer Aktivität ausgehen.[19]

Beispiele für Sozial-Effizienz sind

Krankheitszeit [Tage] / Wertschöpfung [€] oder

Personalunfälle [Anzahl] / Wertschöpfung [€].

---

[17] Schaltegger et al. (2002), S. 9.
[18] Schaltegger / Dyllick (2002), S. 33.
[19] Vgl. Schaltegger et al. (2002), S. 9.
[21] Vgl. Schaltegger / Dyllick (2002), S. 7.

Im Gegensatz zu der Forderung nach absoluten Verbesserungen bei der Öko-Effektivität (ökologische Nachhaltigkeitsanforderung) bzw. bei der Sozial-Effektivität (soziale Nachhaltigkeitsanforderung) geht es bei der Öko- und Sozial-Effizienz (ökonomische Nachhaltigkeitsanforderung) um das Verhältnis von Wertschöpfung zu Schadschöpfung. Die ökologische bzw. soziale Dimension wird also mit der ökonomischen Dimension verknüpft.

Da die Öko- bzw. Sozialeffizienzmaße zunächst einmal dem Umwelt- bzw. Sozialmanagement zuzuordnen sind, wird in dieser Arbeit dem integrativen Charakter von Sustainable Development Rechnung getragen, indem der Begriff "Nachhaltigkeitseffizienz" als Element des Nachhaltigkeitsmanagements mit folgender Definition eingeführt wird:

Nachhaltigkeitseffizienz ist definiert als das Verhältnis zwischen ökonomischer Größen auf der einen Seite und ökologischen und sozialen Größen auf der anderen Seite.

Wesentliches Charakteristikum dieses Begriffs ist neben der inhaltlichen Einbindung aller Aspekte der Nachhaltigkeit, dass die Beschränkung auf je einen Wert im Zähler und im Nenner aufgegeben wird, was aufgrund der Vielschichtigkeit des Nachhaltigkeitsbegriffes auch kaum zu rechtfertigen wäre. Trotz der damit einhergehenden offensichtlichen Probleme bei der Dimensionierung wird sich in Kapitel 5 zeigen, dass dieses Effizienzmaß auch quantitativ praktikabel ist.

2.2.2 Die ökologische Komponente

Unternehmen gelten als Hauptverursacher von Umweltproblemen. Sie sind durch die hohe Umweltbelastung gefordert, das absolute Ausmaß der Umweltwirkungen ihrer Produktionsprozesse, Produkte, Dienstleistungen etc. zu verringern beziehungsweise zu begrenzen.[21] Im Mittelpunkt der ökologischen Anforderung steht stets die Frage, wie es Unternehmen gelingen kann, die durch ihre wirtschaftlichen Aktivitäten verursachte Umweltverschmutzung zu reduzieren.[22] Die Produktverantwortung der Unternehmen erstreckt sich über den gesamten Produktlebenszyklus von der Entwicklung bis zur Elimination.[23] Ziel der ökologischen Dimension ist die Optimierung des gesamten Zyklus mit Hilfe einer Bewertung der Umweltwirkungen

---

[22] Vgl. Schaltegger / Dyllick (2002), S. 33.

[23] Vgl. Mathieu (2002), S. 46.

nach globalen Problemfeldern.[24] Um dies zu gewährleisten, sind sowohl Input- als auch unerwünschte Outputgrößen bei der Leistungserbringung zu reduzieren. Inputseitig sollte ein möglichst geringer Ressourcenverzehr angestrebt werden, wobei hier zwischen erneuerbaren und nicht erneuerbaren Ressourcen differenziert wird. Im Umgang mit erneuerbaren Ressourcen gilt das Nachhaltigkeitsprinzip, diese nur in dem Umfang einzusetzen, in dem auch eine Regeneration möglich ist.[25] Dem Verbrauch von nicht-erneuerbaren Ressourcen - einem der Hauptproblemfelder der ökologischen Dimension - kann das Unternehmen durch verschiedene Maßnahmen entgegenwirken. Beispielsweise können durch den Einsatz besserer Explorations- und Fördertechniken die natürlichen Ressourcen effektiver genutzt werden. Weitere Möglichkeiten bieten sich in der Entwicklung alternativ einsetzbarer Ressourcen sowie in der verstärkten Nutzung von Substituten (z.B. Eisen statt Kupfer).[26] Bezüglich des unerwünschten Outputs bei der Leistungserstellung ist die Absorptionskapazität der natürlichen Umwelt zu beachten. Darüber hinaus gehende Einträge in die Umwelt gefährden die Bedürfnisbefriedigung zukünftiger Generationen,[27] was nicht im Sinne des Nachhaltigkeitsprinzips sein kann.

Ein Erfolgskriterium zur Beurteilung, wie gut ein Unternehmen die ökologische Nachhaltigkeitsforderung erfüllt, ist die ökologische Effektivität (Öko-Effektivität). Schaltegger et al. (2002, S. 7) definieren diese wie folgt:

„Die Öko-Effektivität misst den Grad der absoluten Umweltverträglichkeit, das heißt wie gut das angestrebte Ziel der Minimierung von Umwelteinwirkungen erreicht wurde."

Allerdings verläuft die Messung der Öko-Effektivität in einigen Bereichen nicht immer einwandfrei. Messprobleme können auftreten, wenn beispielsweise die Öko-Effektivität einer Umweltschutzmaßnahme von einzelnen Gruppen unterschiedlich beurteilt wird:

„Ein Sondermüllofen kann zum Beispiel einerseits als eine sehr (öko-)effektive Umweltschutzmaßnahme erachtet werden [...], da toxische Substanzen zu inerter

---

[24] Vgl. Bieker et al. (2001), S. 22.

[25] Vgl. Küker (2003), S. 31.

[26] Vgl. Cansier (1996), S. 71.

[27] Vgl. Küker (2003), S. 31.

Schlacke transformiert werden. Andererseits kann er auch als ökologisch ineffektiv eingeschätzt werden, da durch den Betrieb des Ofens Sondermüll produzierende Produktionsverfahren weiterhin angewendet werden und das Entstehen von Sondermüll nicht an der Quelle verhindert wird."[28] In anderen Bereichen hingegen lässt sich die Öko-Effektivität weniger problematisch ermitteln. Ein Beispiel stellt die Berechnung der Verringerung des CO_2-Ausstoßes aus einem konkreten Produktionsprozess dar.[29]

Unternehmenskonzepte, die zu einer Minimierung der unerwünschten Umweltwirkungen beitragen, erfüllen die ökologische Nachhaltigkeitsanforderung und können die Öko-Effektivität verbessern. In der Literatur werden aber vielfach Zielkonflikte zwischen den ökonomischen und ökologischen Dimensionen identifiziert:

„Kostenmanagement muss sich also zum einen in komplementärem Verhältnis zur ökonomischen Sichtweise dem Schutz und der langfristigen Erhaltung der natürlichen Ressourcen im Sinne einer Kreislaufwirtschaft widmen und zum anderen einer kostenminimalen Realisierung jener umweltpolitischen Ziele, die in Konkurrenz zu ökonomischen Zielen stehen."[30]

2.2.3 Die soziale Komponente

Als sozial eingeflochtene Institutionen sind Unternehmen auf gesellschaftliche Akzeptanz angewiesen. Unter dem Stichwort „Corporate Citizenship" wird insbesondere Großunternehmen, die schnell zu Institutionen öffentlichen Interesses aufsteigen, zunehmend soziale Verantwortung abverlangt. Corporate Citizenship umfasst die sozialen Leistungen des Unternehmens. Diese spiegeln sich u.a. wider in der Verantwortlichkeit gegenüber der Gesellschaft, einem respektvollen Umgang mit Mitarbeitern und guten Beziehungen zu den Stakeholdern.[31] Die Relevanz für Unterneh-

---

[28] Vgl. Schaltegger et al. (2002), S. 7.

[29] Vgl. Schaltegger et al. (2002), S. 7.

[30] Beuermann / Fassbender-Wynands (2003), S. 323.

[31] Unter dem Begriff „Stakeholder" fasst man alle Interessengruppen, die vom Unternehmen beeinflusst werden. Beispiele sind Mitarbeiter, Nachbarn der Produktionsbetriebe, Gläubiger und auch die Eigentümer. Vgl. Hardtke / Prehn (2001), S. 145.

men zur Übernahme gesellschaftlich-sozialer Verantwortung lässt sich beispielhaft an folgenden Trends festmachen:[32]

- steigende Anforderungen und Erwartungen der Stakeholder
- steigendes Interesse der Kunden
- steigendes Interesse und erhöhter Druck der Investoren
- steigender Druck aus der Öffentlichkeit zu Transparenz und Informationsfreilegung
- Zunahme freiwilliger Vereinbarungen von Unternehmen (Wettbewerbsdruck)
- anhaltende Schwierigkeit, auf dem Arbeitsmarkt qualifizierte Mitarbeiter anzuwerben
- sinkender Einfluss von Staat und Regierung, Unternehmen erhalten mehr Verantwortung
- steigende Verantwortung von Unternehmen für die gesamte Wertschöpfungskette
- Zunahme der Medienmacht und Erhöhung der Transparenz

Aus der sozialen Anforderung des Nachhaltigkeitsmanagements ergibt sich daher der Appell an Betriebe, die Gesamtheit der sozialen Auswirkungen unternehmerischen Handelns zu berücksichtigen. Auch in der sozialen Komponente der Nachhaltigkeit spricht man vom Erhalt des Kapitalstocks. Als sozialen Kapitalstock bezeichnet man die Beziehungen zwischen Individuen und Institutionen.[33] Letztlich ist der soziale Kapitalstock also die ökonomische Bezeichnung für gesellschaftliche Stabilität. Die Erfüllung der sozialen Nachhaltigkeitsforderung kann als Sozial-Effektivität beziehungsweise als „Grad der absoluten Sozialverträglichkeit"[34] definiert werden.

---

[32] Vgl. Hardtke / Prehn (2001), S.146.
[33] Vgl. Figge / Hahn (2002), S. 2.
[34] Schaltegger et al. (2002), S. 8.

Ziel ist die Steigerung der Sozial-Effektivität, also die Reduktion sozial unerwünschter Auswirkungen bei gleichzeitiger Förderung positiver sozialer Wirkungen.[35]

„Als sozial effektiv kann ein Unternehmen bezeichnet werden, das das absolute Niveau negativer sozialer Wirkungen wirksam reduziert hat und gering halten kann sowie bedeutende positive soziale Wirkungen auslöst."[36]

Unternehmenskonzepte, die eine Reduktion der sozial unerwünschten Leistungen beziehungsweise eine Förderung der sozial erwünschten Leistungen ermöglichen, werden der sozialen Nachhaltigkeitsanforderung gerecht und können die Sozial-Effektivität verbessern.

Die soziale Dimension ist die in Unternehmen bisher am wenigsten umgesetzte der drei Nachhaltigkeitsdimensionen.[37] Obwohl Unternehmen schon seit jeher mit der sozialen Aufgabe der Menschenführung betraut sind, stellt Braunschweig (2000, S. 48) eine immer noch mangelhafte Beschäftigung mit sozialen Aspekten in Unternehmen fest. Mathieu (2002, S.31) prognostiziert aber einen Bedeutungszuwachs sozialer Probleme in den nächsten Jahren.

2.3 Nachhaltigkeit als integrativer Ansatz

Aus der Theorie der externen Effekte ist bekannt, dass Umweltschäden in der Volkswirtschaft als soziale Kosten auftreten.[38] Eine wesentliche Erkenntnis dieser Theorie ist, dass Wirtschaftssubjekte natürliche Ressourcen ungehemmt nutzen werden, solange sie als öffentliche Güter zur Verfügung stehen und somit keinem Marktpreis unterliegen. In solchen Fällen muss politisch interveniert werden, um dieses Marktversagen zu beheben. Die Verknüpfung ökonomischer, ökologischer und sozialer Belange ist also bereits in Politik und Volkswirtschaftstheorie zumindest in Teilen eingegangen. Die Formulierung der betriebswirtschaftlichen Zusammenhänge dieser drei Aspekte der nachhaltigen Entwicklung ist dagegen noch nicht sehr weit fortgeschritten.

---

[35] Vgl. Schaltegger / Dyllick (2002), S. 33.
[36] Schaltegger et al. (2002), S. 8.
[37] Vgl. Mathieu (2002), S. 25.
[38] Vgl. Varian (2001), S. 436.

Die Integrationsanforderung stellt damit die anspruchsvollste Komponente der Nachhaltigkeit und zugleich die wohl wichtigste Herausforderung für Unternehmen dar. Sie lässt sich im Wesentlichen durch zwei zu lösende Aufgaben charakterisieren. Zum einen besteht ihre Funktion in der simultanen Erfüllung der ökologischen, sozialen und ökonomischen Nachhaltigkeitsanforderungen. Ziel ist es demnach, die Parameter der drei vorgenannten Anforderungen - Öko-Effektivität, Sozial-Effektivität, Öko-Effizienz und Sozial-Effizienz - gleichermaßen zu berücksichtigen und zu steigern. Zum anderen liegt der Anspruch der Integrationsanforderung darin, das Umwelt- und Sozialmanagement in das konventionelle, ökonomisch ausgerichtete Management organisatorisch einzugliedern. Die Aufgabe besteht dabei in der Zusammenführung von Effektivitätsmanagement des reinen Umwelt- und Sozialmanagements und Effizienzmanagement, das das Umwelt- und Sozialmanagement in ökonomische Denkweisen einbindet.[39] Es sei dabei erwähnt, dass die Überlegungen zur Effektivität aus betriebswirtschaftlicher Sicht weniger interessant sind, da sie im Falle der Umwelt eher naturwissenschaftliche Abwägungen beinhalten und im Falle der gesellschaftlichen Aspekte mehr sozial- als wirtschaftswissenschaftlichen Gehalt haben. Dementsprechend wird im Folgenden nicht weiter auf die Effektivität einzelner Maßnahmen eingegangen, die Effizienz von Nachhaltigkeit dagegen in Kapitel fünf schwerpunktmäßig behandelt.

2.4 Historische Entwicklung und rechtliche Verankerung

Seinen Ursprung hat der Nachhaltigkeitsgedanke - wie in Kapitel 2.1 dargestellt - in der deutschen Forstwirtschaft des 13. Jahrhunderts. Zu dieser Zeit wurde in Forstgesetzen festgehalten, dass nur so viel Holz geschlagen werden darf, wie auch in einem bestimmten Regenerationszyklus wieder nachwachsen kann.[40] Ziel dieses anfangs rein forstwirtschaftlichen Konzepts war die Gewährleistung einer kontinuierlichen und langfristigen Waldnutzung, die nach zahlreichen Rodungen im Mittelalter und später im Zuge des Dreißigjährigen Kriegs nicht mehr gegeben war. Anfang des 19. Jahrhunderts wurden zusätzlich zum ökonomischen Nutzen allgemein ökologische und ästhetische Aspekte integriert, so dass sich der Nachhaltigkeitsgedanke

---

[39] Vgl. Mathieu (2002), S. 10.
[40] Vgl. Bieker et al. (2001), S. 15; Hardtke / Prehn (2001), S. 57.

durch dieses erweiterte Verständnis langsam dem Charakter des Sustainable Development näherte.[41]

Weitere wesentliche Entwicklungsstufen der Nachhaltigkeit bis zu ihrem Einzug in die öffentliche Diskussion werden in der folgenden Tabelle kurz wiedergegeben:[42]

	Entwicklungsstufen der Nachhaltigkeit
19.Jahrundert	Erste Ansätze des Nachhaltigkeitsgedankens zeichnen sich in wirtschaftswissenschaftlichen Diskussionen ab. Beispiele: John Stuart Mill hofft, dass es der Menschheit gelingen wird, sich mit einem „stationären Zustand" der Welt zufriedenzugeben, bevor sie sich in der Folge wirtschaftlichen Übereifers dazu gezwungen sieht.[43] Karl Marx fordert, den Erdball nachfolgenden Generationen in einem besseren Zustand zu hinterlassen.[44] Das Thema des Naturerhalts wird als Randbemerkung in der wirtschaftswissenschaftlichen Literatur vermehrt aufgegriffen.[45]
1950	Kapp thematisiert erstmals die Frage nach den sozialen Kosten des Wirtschaftens.[46]

---

[41] Vgl. Nutzinger / Radke (1995), S.14 f.; Kopfmüller (1996), S. 125 f.; Eblinghaus / Stickler (1996), S.42 f.

[42] Die Einordnung in den historischen Kontext orientiert sich an Nutzinger/Radke (1995), S. 15; Weizsäcker (1997), S. 121 und Kruse-Graumann (1996), S. 119.

[43] Vgl. Mill (1970).

[44] Vgl. Marx (1957), S. 19.

[45] Vgl. Radke (1999), S. 9.

[46] Vgl. Kapp (1950).

70er Jahre	Umweltprobleme wie Treibhauseffekt oder Ozonloch werden erstmals ernsthaft diskutiert. Der Gedanke der Wachstumsgrenzen verbreitet sich zunehmend. Auch die ökonomische Theorie natürlicher Ressourcen setzt sich mit Nachhaltigkeitsgedanken auseinander.[47]
1972	Auf der ersten internationalen Konferenz der Vereinten Nationen über die menschliche Umwelt in Stockholm wird ein sogenannter „Action-Plan for the Human Environment" erstellt.[48] Der international anerkannte think tank „Club of Rome" veröffentlicht zur Lage der Menschheit den Bericht „Grenzen des Wachstums" und stößt damit auf große öffentliche Aufmerksamkeit.[49]
1983	Gründung der World Commission on Environment and Development (Weltkommission für Umwelt und Entwicklung - WCED), die sich der Umweltsituation annehmen soll.
1987	Die WCED veröffentlicht den Brundtland-Bericht („Our Common Future").[50]

Tabelle 1: Entwicklungsstufen der Nachhaltigkeit bis zum Brundtland-Bericht
Quelle: Eigene Darstellung

Mit der Veröffentlichung ihres 1987 erschienen Abschlussberichtes „Our Common Future"[51] leistete die Weltkommission für Umwelt und Entwicklung den wichtigsten Beitrag zur internationalen Verbreitung des Sustainable Development-Begriffs. Die Kommission wurde 1983 von der 83. Generalversammlung der Vereinten Nationen

---

[47] Vgl. Radke (1999), S. 9.

[48] Vgl. United Nations (1972)

[49] Vgl. Meadows et al. (1972)

[50] Vgl. World Commission on Environment and Development (1987)

[51] Vgl. World Commission on Environment and Development (1987)

gegründet mit dem Ziel, ein weltweites Programm des Wandels für eine gemeinsame Zukunft der Menschheit zu erarbeiten.[52]

Einer der wichtigsten Meilensteine für die Etablierung der nachhaltigen Entwicklung als global-politisches Leitbild war die Konferenz der Vereinten Nationen über Umwelt und Entwicklung (United Nations Conference on Environment and Development – UNCED) im Juni 1992 in Rio de Janeiro. Zentraler Auftrag der auch als „Earth Summit" bekannt gewordenen Konferenz war die Erarbeitung eines Aktionsplans für Umwelt und Entwicklung.[53] Auf der Konferenz, an der ca. 10 000 Delegierte aus 178 Staaten teilnahmen, wurden insgesamt fünf Dokumente verabschiedet.[54] Das bedeutendste dieser Dokumente ist die so genannte Agenda 21, die als Pflichtenheft beziehungsweise Aktionsprogramm zur Lösung der globalen Entwicklungsprobleme des 21. Jahrhunderts gelten sollte.[55]

Obwohl die Aussagen der Agenda 21 relativ vage gehalten sind und die Rio-Konferenz nur wenig konkrete Umsetzungsmaßnahmen direkt zur Folge hatte, wurde das Konzept der nachhaltigen Entwicklung hier erstmals institutionalisiert.[56] Das hat dazu beigetragen, dass sich auch andere Institutionen an der Sustainable Development-Diskussion beteiligt haben. So haben sich einerseits viele Nicht-Regierungs-Organisationen (NGO) [57] für die Verwirklichung der Nachhaltigkeitsidee eingesetzt. Auch zahlreiche Unternehmen befassten sich mit der Sustainable Development-Diskussion. Zur Vorbereitung auf die Rio-Konferenz wurde bereits 1991 eine „Business Charta for Sustainable Development" für die Unternehmensebene ver-

---

[52] Vgl. Quennet-Thielen (1996), S. 9; Hardtke/Prehn (2001), S. 58.

[53] Vgl. Weizsäcker (1997), S. 122.

[54] Neben der Agenda 21 handelte es sich bei den anderen Dokumenten um die Erklärung von Rio über Umwelt und Entwicklung („Rio-Deklaration"), die Rahmenprinzipien für den Schutz der Wälder („Wald-Deklaration"), die Rahmenkonvention über Klimaveränderungen („Klimaschutz-Konvention") und die Konvention über die biologische Vielfalt („Artenschutzkonvention"). Vgl. United Nations (1992a).

[55] Vgl. Hardtke / Prehn (2001), S. 63; Weber (2001), S. 64; Dyckhoff (2000), S. 79; Radke (1999), S. 16; Weizsäcker (1997), S. 122.

[56] Vgl. Matten / Wagner (1998), S. 56.

[57] NGO steht für Non-Governmental Organisation. Das sind Organisationen, die auf verschie-dsenste Weise ökologische oder soziale Ziele verfolgen. Beispiele sind Robin Wood, Greenpeace oder Amnesty International.

fasst. Dieses aus 16 Grundsätzen bestehende Dokument ist von mehr als 900 Unternehmen weltweit unterzeichnet worden.[58]

Zur Sicherstellung des Rio-Folgeprozesses wurde im Jahr 1994 von den Vereinten Nationen die Kommission für Nachhaltige Entwicklung (Commission on Sustainable Development - CSD) einberufen, die auch heute noch als wichtiges Diskussionsforum der UN-Mitgliedstaaten für umwelt- und entwicklungspolitische Fragen fungiert. Erster Vorsitzender der Kommission war der damalige deutsche Umweltminister Klaus Töpfer. Die CSD beschäftigt sich in jährlich stattfindenden Tagungen mit einzelnen Kapiteln der Agenda 21, um die Umsetzung der Rio-Ergebnisse zu überwachen und entsprechend zu koordinieren. In diesem Rahmen soll die Kommission auch weiterführende Vorschläge für die Umsetzung einer nachhaltigen Entwicklung liefern.[59]

Ein weiterer Meilenstein in der internationalen Manifestierung von Sustainable Development ist das so genannte „Kyoto-Protokoll". Die Vertragsstaaten der Agenda 21 haben sich darin 1997 auf ihrer dritten Konferenz in Kyoto mit einstimmigem Konsens erstmals auf völkerrechtlich verbindliche Emissionsziele für Industrieländer verständigt, womit ein institutioneller Rahmen für eine zukünftige internationale Klimapolitik festgelegt wurde.[60] Leider haben einige Staaten, als wichtigste sind die USA als weltweit größter Treibhausgasemittent zu nennen, sich geweigert, das Protokoll zu ratifizieren. Insofern ist fraglich, inwieweit die gesteckten Ziele erreichbar sind.

1997 wurde in einer speziellen Sitzung der UN-Generalversammlung in New York, der sogenannten „Earth Summit +5"-Konferenz, ein Resümee über die Umsetzung der Rio-Ergebnisse gezogen. Zwar konnten in einigen Sektoren Fortschritte identifiziert werden, die Gesamtbilanz war für die Konferenzteilnehmer jedoch eher ernüchternd. Kritisiert wurden insbesondere die Nichteinhaltung von Zusagen sowie das schleppendeTempo der bisherigen Umsetzung. Dies hatte zur Folge, dass zwei neue Ziele vereinbart wurden, deren Umsetzung bis zur so genannten Rio+10-Konferenz auf dem Weltgipfel für Nachhaltige Entwicklung im Jahre 2002 erfolgen

---

[58] Vgl. Matten / Wagner (1998), S. 57.
[59] Vgl. Mathieu (2002), S. 19.
[60] Vgl. WWF (2006), S. 2.

sollte: Die Erzielung erkennbarerer und messbarer Fortschritte und die Konzeption nationaler Strategien im Rahmen einer nachhaltigen Entwicklung.[61]

Ergebnis der Rio+10-Konferenz im September 2002 in Johannesburg ist u.a. eine Erklärung zur nachhaltigen Entwicklung mit den folgenden wesentlichen Inhalten:

„Eine klare Definition und Bekräftigung der nachhaltigen Entwicklung, als wechselseitige und sich gegenseitig verstärkende Säulen der ökonomischen Entwicklung, der sozialen Entwicklung und des Umweltschutzes auf der lokalen, nationalen, regionalen und globalen Ebene.

Die Bedeutung der übergreifenden Schwerpunkte und Erfordernisse für eine nachhaltige Entwicklung: Ausrottung der Armut, Änderung der Konsum- und Produktionsmuster sowie Schutz und Management der natürlichen Ressourcen als Basis für ökonomische und soziale Entwicklung."[62]

Die Ergebnisse des Johannesburg-Gipfels werden unterschiedlich beurteilt.[63] Besonders von den NGO kommen kritische Stimmen bezüglich erzielter Fortschritte. Einigkeit herrscht jedoch darüber, dass die Ergebnisse des internationalen Johannesburg-Gipfels erst den Anfang der Bemühungen für die Etablierung einer nachhaltigen Entwicklung darstellen und dass sie als Anknüpfungspunkte für weiterführende Aktivitäten dienen müssen.[64]

Auf europäischer Ebene ist Sustainable Development heute als gemeinsames Ziel in den Verträgen der Europäischen Union verankert. Der am 7. Februar 1992 von allen Mitgliedsstaaten unterzeichnete Vertrag über die Europäische Union sieht in Artikel 2 als Grundsatz vor, „eine harmonische und ausgewogene Entwicklung des Wirtschaftslebens [...], ein beständiges, nichtinflationäres und umweltverträgliches Wachstum zu fördern"[65]. Das 5. EU-Aktionsprogramm wurde im Juli 1992 unter dem

---

[61] Vgl. Mathieu (2002), S. 19.

[62] Oelsner (2002), S. 13.

[63] Hinsichtlich der Fortschrittsentwicklung positiv bewertet wurde der Gipfel von der Regierung der Bundesrepublik Deutschland. Vgl. Bundesministerium für Umwelt, Naturschutz und Reaktorsicherheit (2002), S. 1.

[64] Vgl. Oelsner (2002), S. 19.

[65] Rat der Europäischen Gemeinschaften (1992), S. 11.

Titel „Towards Sustainability" - im Deutschen „Für eine dauerhafte und umweltgerechte Entwicklung" - verabschiedet und bis 1999 durchgeführt.[66]

Auch das 1994 von der deutschen Bundesregierung in Auftrag gegebene Umweltgutachten des Rates von Sachverständigen für Umweltfragen bekennt sich zum Leitbild einer dauerhaft-umweltgerechten Entwicklung.[67] Im gleichen Jahr wurde im Grundgesetz in Artikel 20a der Staat auf den „Schutz der natürlichen Lebensgrundlagen" verpflichtet und damit einem wesentlichen Nachhaltigkeitsaspekt Verfassungsrang eingeräumt.

Die vom 13. Bundestag eingesetzte Enquete-Kommission „Schutz des Menschen und der Umwelt" präsentierte am 9.Juli 1998 ihren Abschlussbericht über Ziele und Rahmenbedingungen einer nachhaltig zukunftsverträglichen Entwicklung.[68]

Im Jahr 2001 wurde auf Empfehlung der Enquete-Kommission von der Bundesregierung der Rat für Nachhaltige Entwicklung einberufen. Seine Aufgabe besteht darin, die Bundesregierung in ihrer Nachhaltigkeitspolitik zu beraten, durch entsprechende Entwürfe zur Weiterentwicklung der Nachhaltigkeitsstrategie beizutragen sowie Projekte zur Umsetzung dieser Strategie vorzuschlagen.[69]

Im April 2002 wurde von der Bundesregierung eine nationale Nachhaltigkeitsstrategie unter dem Titel „Perspektiven für Deutschland" verabschiedet. Die Strategie soll als Leitlinie für alle Politikbereiche gelten und in die Gesellschaft integriert werden. Dabei soll eine gleichgewichtige integrierte Berücksichtigung umwelt-, wirtschafts- und sozialpolitischer Ziele erreicht werden.[70]

Die Politik hat sich somit auf staatsübergreifender Ebene spätestens seit 1992 und auf nationaler Ebene seit 1994 das Leitbild einer nachhaltigen Entwicklung etabliert. Inwieweit das Konzept nur auf die Regierungsebene beschränkt blieb und inwieweit es auch auf die Unternehmensebene transformiert wurde, ist Gegenstand des folgenden Kapitels.

---

[66] Vgl. Kommission der Europäischen Gemeinschaften (1993).

[67] Vgl. Rat von Sachverständigen für Umweltfragen (1994).

[68] Vgl. Deutscher Bundestag (14.Wahlperiode) (2003), S. 393.

[69] Vgl. Rat für Nachhaltige Entwicklung (2003).

[70] Vgl. Bundesregierung (2002), S. 10.

2.5 Unternehmen und nachhaltige Entwicklung

Da vor allem Unternehmen neben den politischen Entscheidungsträgern eine bedeutende Rolle bei der Umsetzung von nachhaltiger Entwicklung spielen, sollen sie an dieser Stelle gesondert betrachtet werden. Insbesondere Großunternehmen handeln zunehmend auf globaler Ebene und stellen wegen ihrer wachsenden Wirtschaftskraft immer größere Machtzentren dar.[71] Über 20 Prozent der weltweiten Wertschöpfung erbringen derzeit global tätige Unternehmen, ein Anteil, der sich Prognosen zufolge in den nächsten Dekaden weiter drastisch erhöhen wird.[72] Mit wachsender Wirtschaftskraft der multinationalen Großunternehmen und schwindenden Möglichkeiten nationaler Kontrolle werden sie im Machtgefüge zwischen Regierungen und Wirtschaft wachsenden Einfluss gewinnen.[73]

Einerseits prägen die Unternehmen durch ihre Produktionstätigkeit und ihren Einfluss auf Lebensstile und Konsummuster die Nutzung von Ressourcen sowie die Freisetzung von Stoffen und Energien. Andererseits sind Unternehmen auch Orte ökonomischer, ökologischer und sozialer Innovationen und können somit als potenzielle Problemlöser agieren.[74] Das Kapitel 30 der Agenda 21 trägt den dargestellten Erkenntnissen Rechnung, indem die verantwortungsvolle Rolle der Unternehmen durch zwei Aspekte charakterisiert wird. Zum einen bilden Unternehmen wichtige Grundlagen für die Steigerung des Wohlstands durch die geschaffenen Handels-, Beschäftigungs- und Existenzsicherungsmöglichkeiten. Zum anderen können Unternehmen durch effizientere Prozesse, saubere Produktionsverfahren oder präventive Strategien maßgeblichen Einfluss auf die Verringerung der Umwelteinwirkungen nehmen.

Eine Konkretisierung der Nachhaltigkeitsidee auf Unternehmensebene ist trotz der beschriebenen Bedeutung erst ansatzweise erfolgt. Dennoch existieren zahlreiche Bemühungen internationaler und nationaler Institutionen, Operationalisierungsansätze zu finden.

---

[71] Vgl. Baumast / Pape (2001), S. 22.
[72] Vgl. Leitschuh-Fecht / Steger (2003), S. 2.
[73] Vgl. Hardtke / Prehn (2001), S. 19.
[74] Vgl. Baumast / Pape (2001), S. 22.

Eine erste konkrete Formulierung des Leitbildes Sustainable Development auf Unternehmensebene stellt die Business Charta for Sustainable Development dar, die von der internationalen Handelskammer entwickelt wurde.[75] Diese Charta beschränkt sich in ihren 16 Grundsätzen allerdings auf die rein ökologische Dimension der Nachhaltigkeit. Die zudem sehr allgemein gehaltenen Formulierungen berücksichtigen die wesentliche Integrationsanforderung der Nachhaltigkeit nicht.

Dem 1995 gegründeten World Business Council for Sustainable Development, haben sich 150 Unternehmen aus 30 Ländern angeschlossen. Der zentrale Operationalisierungsansatz ist der Öko-Effizienz gewidmet und zeigt auf, welche Elemente Öko-Effizienz umfasst und in welchen Entwicklungsstufen sie verbessert werden kann. Allerdings bleibt auch dieser Ansatz sehr stark auf der verallgemeinernden Ebene. Durch die sehr ökonomisch orientierten Formulierungen dieses Ansatzes hat das Öko-Effizienz Konzept aber große Bekanntheit und auch Anwendung in vielen Unternehmen erfahren.[76]

Das 1994 entwickelte Konzept „Company Oriented Sustainability" identifiziert vier Ansatzpunkte zur Optimierung des betrieblichen Beitrags zur nachhaltigen Entwicklung.[77] Die vier Ebenen Bedürfnisse des Marktes, Produkte, Prozesse und Funktionen werden dabei systematisch durchlaufen, indem schrittweise Potenziale zur Verbesserung der Nachhaltigkeit gesucht werden, um dann mit standardisierten Strategieansätzen den Möglichkeiten nachgehen zu können. Vor allem diesen Strategieansätzen mangelt es aber an genauerer Spezifizierung und detaillierter Ausarbeitung.[78]

2.6 Nachhaltigkeit in den Funktionsbereichen im Unternehmen

Wie oben erläutert ist die Operationalisierung des Nachhaltigkeitsgedankens auf die unternehmerische Ebene bisher nur wenig konkretisierend gelungen. Deshalb soll an dieser Stelle genauer beleuchtet werden, wie die allgemeinen Ansätze das betriebliche Handeln beeinflussen. Die Struktur dieses Kapitels orientiert sich an den

---

[75] Vgl. Mathieu (2002), S. 54.
[76] Vgl. Mathieu (2002), S. 65f.
[77] Vgl. Küker (2003), S. 23.
[78] Beispielsweise ist der vorgeschlagene Strategieansatz bei einem suboptimalen ökologischen Produktdesign Produktinnovation, was genauer zu spezifizieren wäre.

wesentlichen Funktionsbereichen von Unternehmen, auf die die Konzepte der Nachhaltigen Entwicklung Einfluss nehmen.

2.6.1 Nachhaltigkeit in Logistik und Einkauf

Die wesentliche Herausforderung eines nachhaltigen Logistik-Managements ist der Aufbau und Betrieb eines zweigleisigen Systems: Neben bestehenden Distributionsstrukturen muss ein Redistributionssystem entwickelt werden, über das die verschiedenen Formen der Entsorgung - das Sammeln, Selektieren, Aufbereiten, Vernichten und Verwerten der zu entsorgenden Stoffe[79] - bewältigt werden können. Die Ziele der Erhöhung der Wirtschaftlichkeit dieser Abläufe sowie die (Ab-)Transportoptimierung sind durch ihre große Komplexität deutlich schwerer zu erreichen als in Systemen, in denen die Entsorgung nicht so stark akzentuiert wird.

Ein wichtiger Ansatz einer nachhaltigen Logistik ist die horizontale und vertikale Kooperation mit den Handelspartnern.[80] Vertikal müssen Beschaffungsrichtlinien für umweltfreundliche und sozial-gerecht hergestellte Roh-, Hilfs- und Betriebsstoffe vereinbart und umgesetzt werden.[81] Die Weichen werden dabei schon bei der Beurteilung potenzieller Lieferanten gestellt, die diese Maßgaben erfüllen können müssen.[82] Auch die Auswahl eines Entsorgers muss neben ökonomischen Aspekten nach den Normen der Nachhaltigkeit geschehen.[83] Horizontale Kooperationen können vor allem der Wirtschaftlichkeit zuträglich sein. Wenn beispielsweise Verpackungen vereinheitlicht werden, können sie ungeachtet ihrer Herkunft gemeinsam dem Entsorgungssystem zugeführt werden. Beim Transport ergibt sich damit die Möglichkeit effizienterer Verkehrsmittel. Da die Redistribution in der Regel wenig zeitkritisch ist und auch nicht so flexibel gestaltet sein muss wie ein modernes Auslieferungssystem, bieten sich die gegenüber LKW-Transporten deutlich günstigeren Möglichkeiten von Bahn und Binnenschiff.[84] Bei horizontalen und vertikalen Koopera-

---

[79] Vgl. Pfohl / Stötzle (1992), S. 572.
[80] Vgl. Hopfenbeck (1990), S. 246.
[81] Vgl. Troge (1988), S. 106.
[82] Vgl. Bickhoff (2000), S. 99.
[83] Vgl. Haasis (1996), S. 142f.
[84] Vgl. Pfohl / Stötzle (1992), S. 584.

tionen kommt einem gut funktionierenden Informationsfluss besondere Bedeutung zu.[85]

Neben den logistischen Anforderungen einer nachhaltigen Entsorgung müssen auch die bestehenden Beschaffungsprinzipien daraufhin überprüft werden, ob sie ökologisch und sozial ausgerichtet sind. Häufig führt das Konzept der Just-in-Time Belieferung zu vielen kleinen und damit mehr Transporten.[86] In diesen Fällen muss kritisch beurteilt werden, ob dabei vermeidbare ökologische Umweltbelastungen entstehen. Die Lagerhaltung hat eher passiven Charakter. Somit bestehen die Aufgaben in der Vermeidung potenzieller Gefahren wie einer Umweltgefährdung durch eingelagerte Güter und der Vermeidung von Störfällen, wofür geeignete Sicherheitsvorschriften festzulegen sind.[87]

2.6.2 Nachhaltigkeit in der Produktion

Als Produktion wird häufig jede Kombination von Produktionsfaktoren bezeichnet.[89] Sie beinhaltet damit den gesamten betrieblichen Leistungsprozess.[90] Da dieser hier aber in verschiedene Unternehmensbereiche unterteilt werden soll, ist es sinnvoll, diesen Begriff enger zu fassen, indem darunter nur die betriebliche Leistungserstellung subsumiert wird.[91] Der Produktionsprozess spielt innerhalb des Nachhaltigkeitsmanagements des gesamten Unternehmens eine wesentliche Rolle,[92] da hier der Faktoreinsatz sowie die Emissionen besonders hoch sind.[93] Das ist auch der Grund für die sehr restriktiven gesetzlichen Rahmenbedingungen, die die Fertigungswirtschaft betreffen.[94] Die Aufgaben der Produktionswirtschaft liegen damit in

---

[85] Vgl. Pfohl / Stötzle (1992), S. 588f.

[86] Vgl. Reese (1997), S.1.

[87] Vgl. Bickhoff (2000), S. 100f.

[89] Vgl. Gutenberg (1971), S. 298.

[90] Vgl. Wöhe (2000), S. 347.

[91] Vgl. Wöhe (2000), S. 347.

[92] Vgl. Freimann (1996), S.269.

[93] Vgl. Winter (1989), S. 29.

[94] Zu nennen sind hier beispielsweise das Immissionsschutzgesetz, das Wasserhaushaltsgesetz oder das Energiewirtschaftsgesetz.

der Standortwahl, der Produktionsprogrammplanung, der Materialwirtschaft, in der Wahl der Fertigungsverfahren und in der Abfallwirtschaft.[95]

Alle genannten Teilbereiche sind daraufhin zu untersuchen, inwieweit Umwelt- und Sozialaspekte in die Prozesse eingehen. Im ökologischen Bereich sind Emissionen in Form von Abfällen, Abwasser, Abgasen, Energie und Lärm zu vermeiden oder zu vermindern.[96] Neben den daraus direkt resultierenden sozialen Anforderungen haben auch die Arbeitsbedingungen und das Nachbarschaftsmanagement[97] große gesellschaftliche Bedeutung.

Bei der Standortwahl sind in ökologischer und sozialer Hinsicht regionale Differenzen, z.B. unterschiedliche Umweltauflagen oder Arbeitsbedingungen in den verschiedenen potenziellen Herstellungsländern oder -gebieten, zu berücksichtigen.[98] Auch das ausgewählte Gelände muss konkreten Umweltaspekten genügen.[99] So sollten ökologisch sensible Gegenden oder eine große Nähe zu Wohngebieten vermieden werden. Auch aus sozialer Sicht kommt der Standortwahl zunehmende Bedeutung zu. Es wird von der Gesellschaft häufig erwartet, dass die Arbeitsplätze in der Region bleiben, in der das Unternehmen seinen Sitz hat.[100]

Der wesentliche Unterschied der umweltorientierten zur traditionellen Produktionsprogrammplanung ist, dass alle Prozesse im Sinne einer Kuppelproduktion zu verstehen sind, bei der neben den erwünschten Gütern und Dienstleistungen auch Kuppelprodukte in Form von Emissionen entstehen können. Analog sind die ökologischen und sozialen Produktionsfaktoren zu betrachten.[101] In diesem Schritt des Produktionsmanagements ist dann Art, Menge und Zeitpunkt der Bereitstellung von

---

[95] Vgl. Steven (1994), S. 45.
[96] Vgl. Wicke et al. (1992), S. 13.
[97] Vgl. Wicke et al. (1992), S. 120.
[98] Vgl. Steven (1994), S. 46.
[99] Vgl. Steven (1994), S. 46.
[100] Welch gravierende Folgen es haben kann, wenn man diesen gesellschaftlichen Forderungen nicht nachkommt, zeigt das Beispiel des Sportartikelherstellers NIKE, der mit Produktboykotts US-amerikanischer Kunden konfrontiert wurde, als die Produktion des Stammwerks in Portland nach Ostasien verlegt werden sollte. Vgl. Klein (2002), S. 68ff.
[101] Vgl. Strebel (1980), S. 18.

Erzeugnissen inklusive der teilweise unerwünschten Kuppelprodukte zu optimieren.[102]

Im Rahmen der Materialwirtschaft ist darauf zu achten, dass möglichst wenig umweltbelastende Roh-, Hilfs- und Betriebsstoffe zu verwenden sind. Außerdem müssen diese unter sozial-gerechten Bedingungen hergestellt sein. Die Fertigungsverfahren müssen möglicherweise an die rechtlichen und marktlichen[103] Rahmenbedingungen angepasst werden. In diesem Bereich können häufig auch ökonomische Vorteile realisiert werden,[104] die beispielsweise aus Kosteneinsparungen bei ressourcenschonenden Verfahren resultieren können. Das Optimierungspotenzial der Abfallwirtschaft kann prozessorientiert in der Vermeidung, inputorientiert in der Verwertung und outputorientiert in der Beseitigung von Reststoffen gesehen werden.[105]

Operativ gibt es grundsätzlich zwei mögliche Ansatzpunkte zur nachhaltigen Verbesserung der Funktion Produktion im Unternehmen. Es gibt additive Technologien, so genannte End-of-Pipe Technologien, bei denen durch Filter, Kläranlagen oder ähnliches am Ende der Prozesskette Emissionen reduziert werden. Weiterhin besteht durch integrierte Technologien wie z.B. Verfahrensverbesserungen die Möglichkeit zur Verminderung oder Vermeidung von Schäden und zur Prävention von Risiken.[106]

2.6.3 Nachhaltigkeit in der Absatzpolitik

Nachhaltig hergestellte Produkte weisen in der Regel einen hohen Sozialnutzen und kaum zusätzlichen Individualnutzen auf. Bezüglich der Wahrnehmbarkeit kann man drei verschiedene Produkteigenschaften unterscheiden. Sucheigenschaften können vor dem Kauf festgestellt werden (z.B. die Form des Produkts), Erfahrungseigenschaften lassen sich erst im Laufe der Produktnutzung beobachten (z.B. Haltbarkeit) und Vertrauenseigenschaften können überhaupt nicht oder in nur sehr beschränktem Maße nachgeprüft werden (z.B. ökologisch gerechte oder sozialverträgliche

---

[102] Vgl. Steven (1994), S. 38.

[103] Als marktliche Rahmenbedingungen sind hier Restriktionen zu verstehen, in denen die Konsumenten das Gut meiden, weil es nicht umwelt- oder sozial-gerecht produziert wurde.

[104] Vgl. Schreiner (1993), S. 20.

[105] Vgl. Steven (1994) S. 54f.

[106] Vgl. Bickhoff (2000), S. 106.

Produktion).[107] Hinsichtlich Nachhaltigkeit kommt der Glaubwürdigkeit und der Schaffung von Vertrauen eine Schlüsselrolle zu, da der soziale Nutzen zumeist nicht oder nur schwer beobachtbar ist. Nach Villinger (2000, S. 41) hängt die Glaubwürdigkeit von der Stärke und Positionierung der Marke, dem Image des Unternehmens sowie dem Einsatz unabhängiger Gütesiegel ab.

Nachhaltig hergestellte Produkte unterliegen dem Anreiz- und Informationsdilemma. Das Anreizdilemma ist darauf zurückzuführen, dass der Kauf umweltverträglicher Produkte erhöhte individuelle Kosten verursacht, der Nutzen aber in der Regel kollektiv ist. Das Informationsdilemma setzt sich aus dem Transparenz- und dem Glaubwürdigkeitsproblem zusammen. Das Transparenzproblem resultiert aus der Unübersichtlichkeit der komplexen ökologischen und sozialen Zusammenhänge. Das Glaubwürdigkeitsproblem ergibt sich aus der Informationsasymmetrie zwischen Hersteller und Konsumenten bezüglich der nachhaltigen Eigenschaften der Produkte.

Zur Darstellung eines nachhaltig orientierten Marketings wird im Folgenden zunächst auf die Sensibilität verschiedener Käufergruppen hinsichtlich umwelt- und sozialverträglicher Produkteigenschaften eingegangen, ehe eine Beschreibung der um Nachhaltigkeitsaspekte bereicherten Komponenten des klassischen Marketing-Mixes erfolgt.

2.6.3.1 Bewusstsein für Nachhaltigkeit auf den Absatzmärkten

Nachhaltiges Marketing muss entsprechend der Gleichbehandlung von Ökonomie, Umwelt und Sozialem den Kundenbedürfnissen ebenso angepasst werden wie ökologischen und gesellschaftlichen Anforderungen. In Anlehnung an Belz (2001, S. 79), der Konsumenten im Hinblick auf das Umweltbewusstsein kategorisiert, kann man diese auch unter Nachhaltigkeitsgesichtspunkten in drei Gruppen unterteilen: Im Öko-Marketing trennt man zwischen Umweltaktiven, Umweltaktivierbaren und den Nicht-Umweltbewussten. Entsprechend kann man hier die Aktiven, die ein hohes Bewusstsein für Nachhaltigkeit haben und auch danach handeln, von den Aktivierbaren, bei denen eine deutliche Diskrepanz zwischen Bewusstsein und prakti-

---

[107] Vgl. Brockhoff (1999), S. 17.

[109] Vgl. Belz (2001), S. 79.

scher Umsetzung besteht, und den Nicht-Nachhaltigkeitsbewussten, für die Ökologie sogar einen negativen Nutzen haben kann,[109] unterscheiden.

Da der Fokus dieser Arbeit in erster Linie auf der Untersuchung großer Unternehmen liegt, muss geklärt werden, welche Käufergruppen den Massenmarkt bestimmen. In jüngerer Zeit haben Studien zur Sensibilität hinsichtlich der Umweltproblematik belegt, dass ein Wertewandel beobachtbar ist. In einer Langzeitstudie hat das Allensbach Institut[110] nach Orientierungspunkten und Lebenszielen gefragt. Zunehmende Bedeutung bei den 16- bis 30-jährigen Befragten wurde „persönlichem Glück" und „Lebensgenuss" beigemessen, während soziale und altruistische Motive an Attraktivität verloren haben.[111] Eine europaweit durchgeführte Studie belegt diesen Trend ebenfalls: [112] In der Altersgruppe zwischen 10 und 17 hatten 1996 noch 36 % großes Interesse für ökologische Themen. 2001 sank dieser Wert auf 26 %. In der gleichen Untersuchung musste auch eine geringere Bedeutung dieser Inhalte im Schulunterricht festgestellt werden. Auch die jährliche Befragung des Bundesumweltministeriums dokumentiert den dargestellten Wertewandel.[113] Abbildung drei zeigt einen deutlichen Rückgang der Bedeutung des Umweltschutzes in der deutschen Bevölkerung seit 1995.

---

[110] Vgl. Allensbach (2001).
[111] Vgl. Hansmann et al. (2003), S. 26.
[112] Vgl. Universität Bonn (2003).
[113] Vgl. Bundesumweltministerium (2002).

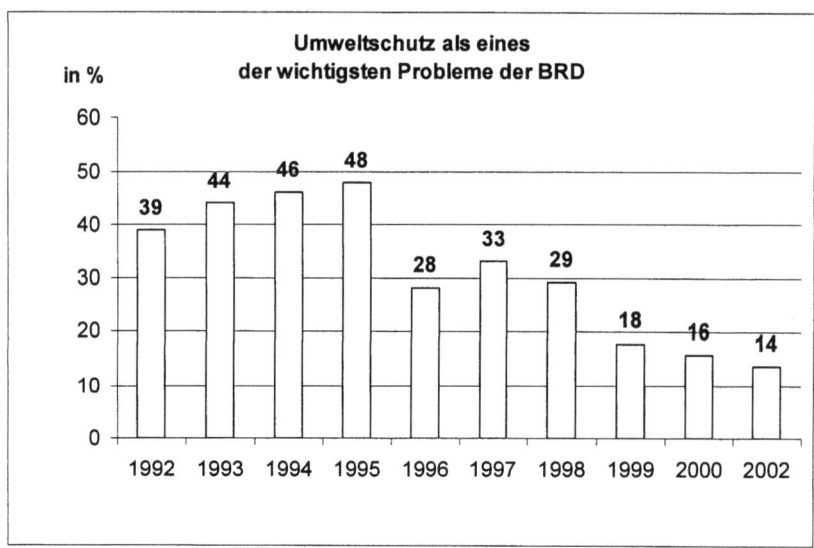

Abbildung 3: Priorität des Umweltschutzes
Quelle: Bundesumweltministerium (2002)

Trotz des abgebildeten Abwärtstrends bezeichnen Benkert (2001, S. 399) und Fischbach (2001, S. 501) die Priorität des Umweltschutzes immer noch als relativ hoch.

2.6.3.2 Nachhaltige Produktpolitik

Aufgabe der nachhaltigen Produktpolitik ist es nun, Produkte mit möglichst hohem wahrgenommenen Kundennutzen sowie ökologischen und sozialen Eigenschaften zu angemessenen Kosten herzustellen.[114] Bei der nachhaltigen Gestaltung der Erzeugnisse ist besonders auf die Erhaltung des Gebrauchsnutzens und der Qualität zu achten, da Einschränkungen in diesem Bereich zu Wettbewerbsnachteilen führen können.[115] Wie im vorangegangen Abschnitt dargestellt, scheint die Bedeutung eines nachhaltigen Kundennutzens, dem in der Literatur der neunziger Jahre noch

---

[114] Vgl. Türck (1991), S.11.

[115] Vgl. Meffert / Kirchgeorg (1998), S. 244.

eine erhebliche Rolle zugesprochen wurde[116], deutlich an Bedeutung verloren zu haben.

Ansatzpunkte für das Generieren nachhaltiger Eigenschaften finden sich auf allen Stufen der Wertschöpfungskette.[117] Im Entwicklungsbereich ist beispielsweise auf umweltgerechte Werkstoffe oder Recyclingfähigkeit zu achten. Bei der Produktion sollten Arbeitsbedingungen, Abfallvermeidung bzw. –verwertung und Schonung jeglicher Ressourcen berücksichtigt werden. Während der Nutzung spielt die Minimierung der durch das Produkt induzierten Umweltbelastung eine wesentliche Rolle. Eine umweltfreundliche Nutzung sollte auch durch einen entsprechenden Kundendienst unterstützt werden. Schließlich ist die Entsorgung durch Minimierung der Sondermüllanteile, Möglichkeiten der Rohstofftrennung und Einrichtung von Rücknahmesystemen nachhaltig zu gestalten.

Die produktpolitischen Maßnahmen können sich erheblich auf das Image der Marke und des Unternehmens auswirken.[118] So sind einerseits negative Erlösentwicklungen bis hin zur Eliminierung des Produktes bei einer Gefährdung des Markennamens möglich. Andererseits kann das Image durch Nachhaltigkeit auch verbessert werden, was möglicherweise entsprechende Wirkung auf die Produktfamilie im Unternehmen haben sollte. Darüber hinaus können ökologische und soziale Innovationen bei einer Neueinführung zur Erschließung neuer Märkte führen.[119]

2.6.3.3 Nachhaltige Preispolitik

Die Kosten-, Nachfrage- und Konkurrenzsituation eines Produktes sind die maßgeblichen Determinanten der Preisfindung. Die ökologisch und sozial verträgliche Herstellung wird in der Regel zu erhöhten Kosten führen.[120] Diese resultieren aus Neuentwicklungen nachhaltiger Produkte, aus der Umstellung der Produktionsverfahren und der Erweiterung der Kommunikationspolitik.[121] Hinzu kommt, dass durch die in der Regel geringeren Mengen auf eine Kostendegression bei großen Stückzahlen

---

[116] Vgl. Bruhn (1992), S. 546.

[117] Vgl. Meffert / Kirchgeorg (1998), S. 274.

[118] Vgl. Hopfenbeck (1990), S. 307.

[119] Vgl. Hopfenbeck (1990) , S. 308.

[120] Vgl. Meffert / Kirchgeorg (1998), S. 339.

[121] Vgl. Hopfenbeck (1990), S. 312.

verzichtet werden muss.[122] Häufig können andererseits aber auch Einsparpotenziale, beispielsweise durch effizienteren Materialeinsatz oder Reduktion des Energieverbrauchs, realisiert werden. Bei erhöhten Kosten gilt es nun, die Möglichkeiten von deren Überwälzung auf den Preis auszuloten. Bei Produkten mit geringer Preiselastizität ist das durchaus sinnvoll. Wenn allerdings der Absatz sehr stark auf Preisänderungen reagiert, müssen andere Lösungen gefunden werden. Es bietet sich hier eine Mischkalkulation zugunsten des nachhaltig produzierten Gutes an. Eine weitere Möglichkeit ist eine Preisdifferenzierung, in der von den Nachhaltigkeitsaktiven ein höherer Preis verlangt wird als von Konsumenten, für die ökologische und soziale Eigenschaften nur einen geringen individuellen Nutzen darstellen.[123]

Meffert und Kirchgeorg (1998, S. 341) stellen fest, dass auch der Markenprofilierung großes Gewicht bei der Preisfindung beizumessen ist, da nachhaltig hergestellte Produkte auch erheblichen Einfluss auf die ganze Produktlinie und das Unternehmen haben können. Damit ergeben sich zusätzliche Nutzenpotenziale, die schwer quantifizierbar und nicht direkt auf nachhaltige Erzeugnisse zurechenbar sind.

2.6.3.4 Nachhaltige Kommunikationspolitik

Ziel einer nachhaltigen Kommunikationspolitik ist die Schaffung einer mit ökologischen und sozialen Grundsätzen vereinbare Identität von Produkt und Unternehmen.[124] Da viele Aspekte der Nachhaltigkeit für den Konsumenten nicht oder nur schwer beobachtbar sind, gilt es, ein hohes Maß an Glaubwürdigkeit aufzubauen. Bei allen klassischen kommunikationspolitischen Instrumenten finden sich Ansatzpunkte, die problemadäquat modifiziert werden müssen.

Werbung wird in erster Linie für Imagekampagnen eingesetzt.[125] Sachliche Informationen sollen dabei in Erlebnis- und Lifestyle-Darstellungen eingebunden werden, dürfen diese aber nicht beeinträchtigen. Die Werbeziele sind dabei stark von den anzusprechenden Zielgruppen abhängig. Die Skala reicht von den Nicht-Nachhaltigkeitsbewussten, die sich eher emotional ansprechen lassen, bis hin zu den Nachhaltigkeitsaktiven, die als sehr offen für sachliche Informationen gelten. Auf

---

[122] Vgl. Meffert / Kirchgeorg (1998), S. 339.
[123] Vgl. Meffert / Kirchgeorg (1998), S. 244.
[124] Vgl. Meffert (2000), S. 277.
[125] Vgl. Bruhn (1992), S. 548.

Massenmärkten wird häufig versucht, soziale und ökologische Belange als Zusatznutzen darzustellen, der den Gebrauchsnutzen nicht mindert.

Ein weiteres Instrument zum Aufbau einer Reputation ist die Zertifizierung eines Produktes mit Umwelt- oder Sozialsiegeln. Weil diese von unabhängigen Organisationen vergeben werden, kann die Glaubwürdigkeit des Unternehmens dadurch gestützt werden. Sie bieten damit eine Motivation für den Hersteller und eine Erleichterung bei der Kaufentscheidung für die Konsumenten. Allerdings gibt es durch die Vielzahl an Siegeln vor allem im Umweltbereich - allein für Textilien gibt es 15 verschiedene Umweltsiegel - eine zunehmende Verunsicherung. In der Zukunft müssen anerkannte Umwelt- und Sozialstandards gefunden werden, die mit wenigen unterschiedlichen Siegeln nachgewiesen werden können. Ein weiteres Problem von Öko- und Sozialsiegeln ergibt sich dadurch, dass sie nur für einzelne Erzeugnisse vergeben werden. Die Zertifizierung einer weit differenzierten Produktfamilie kann damit sehr aufwendig sein.

Durch Öko- und Sozialsponsoring kann ein Unternehmen darstellen, dass es sich mit den Zielen verschiedener Institutionen identifiziert, indem diese direkt gefördert werden. Diesem Instrument der Kommunikationspolitik kann allerdings kaum eine verkaufsfördernde Wirkung zugesprochen werden. Es hat damit in neuerer Zeit deutlich an Beachtung verloren.

Bedeutung erlangt diese Art des Sponsorings dann, wenn es in die Öffentlichkeitsarbeit des Unternehmens eingebunden wird. Ziel ist hierbei, dem wachsenden Kritikpotenzial präventiv zu begegnen. Der Einfluss von Medien und NGO kann erhebliche ökonomische Folgen bis hin zu Produktboykotts nach sich ziehen. Dem Management stehen in diesem Bereich Berichterstattung in Printmedien und im Internet, Veranstaltungen, in denen sich schwerpunktartig mit Themengebieten aus der Nachhaltigkeit befasst wird, Umwelt- und Sozialbilanzen sowie die Gründung gemeinnütziger Stiftungen als Instrumente zur Verfügung. Dabei sollten wegen des notwendigen Aufbaus einer Reputation die „Maximen der Wahrheit, Klarheit und Einheit von Wort und Tat"[127] im Vordergrund stehen. Bei diesen Maßgaben setzen denn auch die Bedenken hinsichtlich unternehmerischer Öffentlichkeitsarbeit an. Alle Veröffentlichungen sind subjektiv geprägt. Insbesondere bei der Bilanzierung öko-

---

[127] Winter (1989), S. 199.

logischer und sozialer Sachverhalte fehlen bindende Standards, die unternehmensübergreifende Vergleiche ermöglichen und durch Verbindlichkeit vertrauensbildend wirken.[128]

2.6.3.5 Nachhaltige Distributionspolitik

Ziel nachhaltiger Distributionspolitik ist ein flächendeckendes Angebot umweltfreundlicher und sozialverträglicher Produkte. Diese Maßgabe impliziert auch Recycling sowie Wieder- und Weiterverwendung der Erzeugnisse, woraus sich die Herausforderung eines zweigleisigen Logistiksystems ergibt. Wie in Kapitel 2.6.1 beschrieben müssen die bestehenden Verteilungsstrukturen um Rückführungssysteme für Produkte und Verpackungen erweitert werden.[130] Die Logistik muss bei der Neugestaltung auch hinsichtlich der Einsparung von Energie und Emissionen optimiert werden.[131] Das kann durch energiesparende Verkehrsmittel, Bündelung von Transporten und Optimierung der Tourenplanung unter Berücksichtigung von Umweltaspekten erreicht werden. Besonderes Gewicht kommt dabei der Kooperation von Hersteller, Handel und Konsumenten zu.[132] Die Verbraucher müssen sich in das System einbringen, indem sie beispielsweise Verpackungen zurückgeben, während bei Handelsunternehmen ein in gewissem Maße größerer Aufwand durch die Schaffung und Unterhaltung der Rücknahmesysteme zu erwarten ist.

2.6.4 Nachhaltigkeit im Personalbereich

„Nachhaltigkeit ist Chefsache"[133], sie muss bis in die oberste Hierarchieebene implementiert sein. Um sich aber als gefestigte Unternehmenskultur zu etablieren[134], muss sich die Belegschaft mit den ökologischen und sozialen Zielsetzungen identifizieren und danach handeln.[135] Der Aktivierung des Mitarbeiterpotenzials hin zu engagierten, mitdenkenden, selbständigen und verantwortlich handelnden Mitarbeitern

---

[128] Vgl. Kuckartz / Schacht (2002), S. 32.

[130] Vgl. Hopfenbeck (1990), S. 308.

[131] Vgl. Hopfenbeck (1990), S. 309.

[132] Vgl. Bruhn (1992), S. 550.

[133] Hopfenbeck (1990), S. 398.

[134] Vgl. Meffert / Kirchgeorg (1998), S. 422.

[135] Vgl. Bickhoff (2000), S. 127.

kommt im Rahmen des Personalmanagements große Bedeutung zu.[136] Die zur Verfügung stehenden Instrumente sind eine starke Informationsverbreitung, Zielvereinbarungen mit ökologischen und sozialen Inhalten, Umwelt-Qualitätszirkel, in denen die Mitarbeiter eine hohe Autonomie genießen, Ausschüsse mit dem Fokus auf Themen der Nachhaltigkeit, die alle Hierarchieebenen integrieren und die Erweiterung des betrieblichen Vorschlagswesens um ökologische und soziale Belange.[137] Die ganze Bandbreite der Aufgaben des Personalmanagements, die in der Personalbestandsanalyse, in der Akquisition neuer Mitarbeiter, sowie der Personalentwicklung und- beurteilung bestehen, ist dabei um Nachhaltigkeitsaspekte zu modifizieren.

Zunächst muss bei der Analyse der Mitarbeiterkompetenzen beachtet werden, dass die gestiegenen Anforderungen in den Stellenbeschreibungen Niederschlag finden.[138] Sie müssen einerseits um fachliche Anforderungen, andererseits aber auch um eine umwelt- und sozialgerichtete Grundorientierung erweitert werden.[139] Hinsichtlich der Personalbeschaffung ist festzustellen, dass ein Image als nachhaltig agierendes Unternehmen und damit als zukunftsgerechter Arbeitgeber zu überdurchschnittlicher Akzeptanz bei Arbeitssuchenden und mehr geeigneten Bewerbungen führen wird.[140] Neben der Berücksichtigung in Stellenausschreibungen muss besonderes Augenmerk darauf gelegt werden, dass die Auswahl tatsächlich mit ökologischem und sozialem Hintergrund erfolgt.[141] Der durch Nachhaltigkeit entstehende Bedarf kann einerseits von Spezialisten, z.B. Biologen oder Soziologen, gedeckt werden, andererseits werden aber auch breit gebildete Mitarbeiter benötigt, die ihre Kompetenzen um ökologische und soziale Aspekte erweitert haben.[142] Der Personalentwicklung kommt bei einem sich dynamisch verändernden Unternehmen besondere Bedeutung zu. Weiterbildung steigert die Innovationsfähigkeit und Loyalität

---

[136] Vgl. Breidenbach (2002), S. 248.

[137] Vgl. Breidenbach (2002), S. 252.

[138] Vgl. Bickhoff (2000), S. 128.

[139] Vgl. Meffert / Kirchgeorg (1998), S. 436.

[140] Vgl. Meffert / Kirchgeorg (1998), S. 434.

[141] Vgl. Bickhoff (2000), S. 128.

[142] Vgl. Remer / Sandholzer (1992), S. 522.

der Mitarbeiter.[143] Qualifikationsdefizite müssen mit dem Ziel der Fähigkeit zur Anwendung der Instrumente des Nachhaltigkeitsmanagements ausgeglichen werden.[144] Die Lerninhalte in der Berufsausbildung müssen Aspekte wie Arbeitssicherheit, Umweltschutz und rationale Energieverwendung integrieren. In Fortbildungen sollten die Mitarbeiter Rückwirkungen ihrer Tätigkeiten kennen lernen und erfahren, wie Schäden abgewendet werden können.[145] Sie müssen vom Management laufend über Risiken und gesetzliche Anforderungen informiert werden.

Bei der Leistungsbeurteilung sollte das Personal im Sinne der Nachhaltigkeit ganzheitlich bewertet werden.[146] Die klassische Outputbetrachtung reicht bei verstärktem Einsatz von Instrumenten des Nachhaltigkeitsmanagements nicht mehr aus, da eine Vielzahl der Bewertungskriterien schwer messbar ist. Man muss vielmehr dazu übergehen, die Qualität eines Mitarbeiters auch daran zu messen, wie viel Input der Einzelne geleistet hat,[147] wie er sich beispielsweise in Umwelt-Qualitätszirkel eingebracht hat. Insgesamt sollten Zielvereinbarungen und Bewertungen auch hinsichtlich der verschiedenen Aspekte der Nachhaltigen Entwicklung am Potenzial der Mitarbeiter orientiert werden.[148]

2.6.5 Nachhaltigkeit in der Organisation

Wesentliche Voraussetzung für eine Integration des Nachhaltigkeitsmanagements in ein Unternehmen ist eine geeignete Organisationsstruktur. Dennoch fehlt es in Theorie und Praxis immer noch an Konzepten, die zufriedenstellende Vorschläge zur Architektur nachhaltiger Firmen beinhalten. Die Lücke in der betriebswirtschaftlichen Literatur setzt sich in der ökonomischen Realität fort, wo unklare Vorgaben zu einer Richtungslosigkeit bezüglich des organisatorischen Rahmens im Unternehmen führen.

---

[143] Vgl. Bickhoff (2000), S. 128f.

[144] Vgl. Meffert / Kirchgeorg (1998), S. 436.

[145] Vgl. Hopfenbeck (1990), S. 403.

[146] Vgl. Meffert / Kirchgeorg (1998), S. 438.

[147] Vgl. Remer / Sandholzer (1992), S. 525.

[148] Vgl. Meffert / Kirchgeorg (1998), S. 438.

[150] Vgl. Schäfer (1997), S. 9.

Im Folgenden werden zunächst die Ziele und Aufgaben der Aufbauorganisationen erläutert, die die Grundlage für Nachhaltigkeit sind. Auf die anschließende Darstellung der Formen der Integration von Nachhaltigkeitsmanagement folgen Überlegungen hinsichtlich der Vor- und Nachteile zur Erreichung der dargestellten Ziele.

2.6.5.1 Anforderungen an eine nachhaltige Organisation

Will man eine Organisationsstruktur bewerten, muss zunächst festgestellt werden, welches die Funktionen sind, die durch diesen Rahmen unterstützt werden sollen. Ein wichtiges Element ist, dass ökologische und soziale Informationen zunächst erhoben werden und diese dann in die Findung strategischer Entscheidungen einfließen.

Um Fehler in der nachhaltigen Entwicklung zu vermeiden, muss ein hohes Maß an Bewusstsein bezüglich der sozialen und ökologischen Situation im Unternehmen und dessen Umfeld vorhanden sein. Wenn eine Vielzahl dieser kritischen Informationen berücksichtigt wird, sinkt die Wahrscheinlichkeit ökologisch oder sozial induzierter Missstände. Die sich ergebende Herausforderung ist nun, dass Strukturen geschaffen werden, in denen die nötigen Informationen effektiv bereitgestellt werden, damit sie geeignet verarbeitet werden können.

Eine weitere Anforderung an eine nachhaltige Organisation ist, das Wissen und die Fähigkeiten der Mitarbeiter zu fördern und dadurch die Entscheidungen und Tätigkeiten zu beeinflussen. In diesem Zusammenhang spielt die Auswirkung der Arbeitsteilung auf die Mitarbeiter eine entscheidende Rolle. Steigt mit zunehmender Spezialisierung die Arbeitsmonotonie, so sinkt die Leistungsbereitschaft.[150] Um allerdings einen nachhaltigen Verbesserungsprozess zu gewährleisten, müssen auf strategischer und operativer Ebene Rahmenbedingungen geschaffen werden, in denen neu erworbene ökologische und soziale Erkenntnisse kontinuierlich in das Unternehmen eingehen.

Daraus ergibt sich eine dritte Anforderung an eine wünschenswerte Architektur des Unternehmens. Es muss eine hohe Reaktionsgeschwindigkeit der Organisation gewährleistet sein. Dieses Ziel gilt es zu fokussieren, da mit zunehmender Automatisierung und Standardisierung zwar Zeitersparnisse erreicht werden können, andererseits aber die Flexibilität abnimmt und somit ein Zielkonflikt entsteht. Bezogen auf das Nachhaltigkeitsmanagement heißt das, dass die vielfältigen Informationsprozesse unkompliziert bleiben müssen, um schnell auf Risiken und sich bietende Chancen reagieren zu können.

2.6.5.2 Formen der Nachhaltigkeitsorganisation

Horizontal besteht ein Kontinuum an Verteilungsmöglichkeiten der Nachhaltigkeitsmanagementaufgaben zwischen zwei in der Literatur als Konzentration und Diffusion bekannten Extremen.[151] Die Konzentration steht dabei für die Zusammenfassung der verschiedenen Aufgaben in einer eigenen Organisationseinheit „Nachhaltigkeit".[152] Im Gegensatz dazu bedeutet Diffusion die gleichmäßige Verteilung der ökologisch und sozial relevanten Aufgaben im Unternehmen.[153]

Vertikal können die Aufgaben ebenfalls weiter differenziert werden. Durch Delegation erhalten nachgelagerte Hierarchieebenen ein gewisses Maß an Handlungs- und Entscheidungsautonomie. Die Übertragung der Kompetenzen kann über die verschiedenen Hierarchieebenen verteilt werden, dann spricht man von Zentralisation, oder die Aufgaben des Nachhaltigkeitsmanagements verbleiben gebündelt in einer zentralistischen Organisation auf der obersten Hierarchieebene.

Aus der Kombination der Überlegungen zum Konzentrations- und Zentralisationsgrad ergeben sich für das Nachhaltigkeitsmanagement grundsätzlich zwei alternative Gestaltungskonzepte, die als funktional-additive Organisation und Integration des Nachhaltigkeitsmanagements Eingang in die Literatur gefunden haben.[154] Gemäß dem funktional-additiven Konzept von Antes (1996, S. 233) wird ein abgeschlossener organisatorischer Teilbereich „Nachhaltigkeit" zu den bisherigen Unternehmensfunktionen hinzugefügt. Ihm werden sämtliche Aufgaben aus diesem Bereich zugeordnet, so dass sich die bestehende Organisationsstruktur kaum ändert und die verschiedenen Funktionen im Unternehmen nicht mit Aufgaben aus dem Nachhaltigkeitsmanagement angereichert werden.

---

[151] Vgl. Antes (1997), S. 325.
[152] Vgl. Frese / Kloock (1989), S. 21.
[153] Vgl. Hill et al. (1989), S. 176.
[154] Vgl. Steger (1993), S. 344.

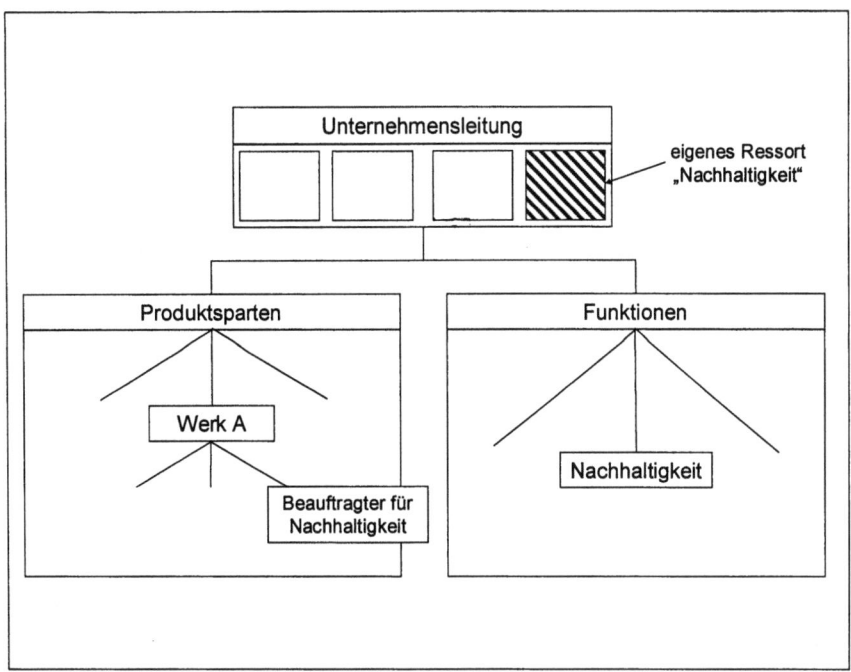

Abbildung 4: Funktional-additive Verankerung des Nachhaltigkeitsmanagements
Quelle: In Anlehnung an Antes (1996), S. 233 und Frese / Kloock (1989), S. 24.

Bei dem Konzept der Integration von Nachhaltigkeitsmanagementaufgaben werden ökologische und soziale Aspekte in alle bereits existierende Bereiche hineingetragen und somit das bestehende Aufgabenspektrum erweitert.

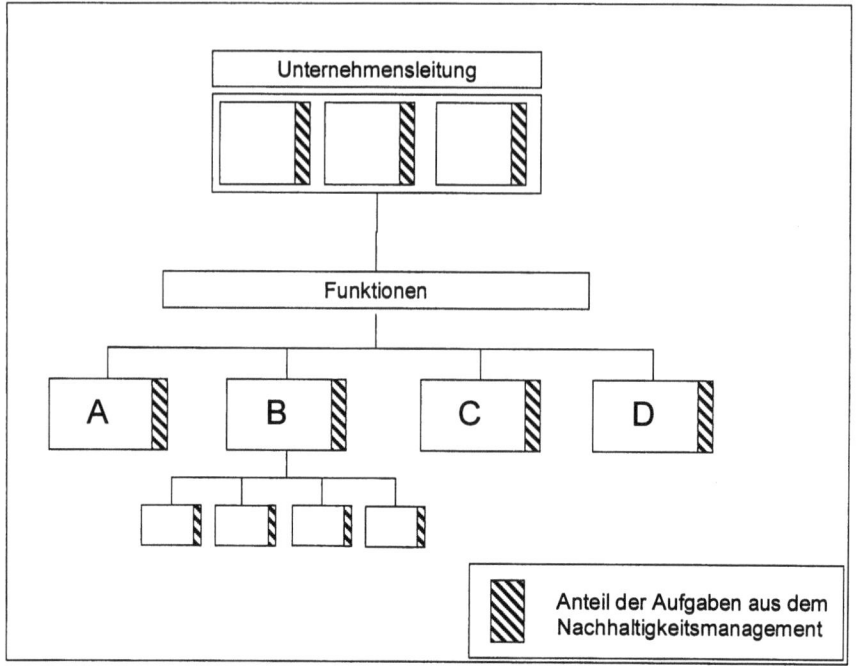

Abbildung 5: Integration von Nachhaltigkeitsmanagement
Quelle: In Anlehnung an Antes (1992), S. 501.

2.6.6 Nachhaltigkeit in Forschung und Entwicklung

Forschung und Entwicklung[155] sind nach Kern / Schröder (1977, S. 16) „alle planvollen und systematischen Aktivitäten, die mit Hilfe wissenschaftlicher Methoden den Erwerb neuer Kenntnisse über Natur- und Kulturphänomene und/oder die erstmalige oder neuartige Anwendung derartiger Kenntnisse anstreben". Da die Grundsteine für Basistechnologien und Produktinnovationen in dieser Querschnittsfunktion gelegt werden, sind die nachhaltigen Folgen beträchtlich.[156] Ausgangspunkt der F & E ist die Betrachtung der Produkte[157], die in zweierlei Hinsicht auf ihr Verbesserungspotenzial untersucht werden können. Zum einen muss ein Produkt innerbetrieblich auf jeder Wertschöpfungsstufe der Lieferkette und zum anderen in seiner ganzen Le-

---

[155] Forschung und Entwicklung wird im Folgenden mit F & E abgekürzt.
[156] Vgl. Freimann (1996), S. 535.
[157] Vgl. Frei (1999), S. 38.

bensphase nachhaltigen Ansprüchen genügen[158], woraus sich entsprechende Aufgaben für die F & E ergeben.

Im Unternehmen gilt es, die Beschaffungs-, Produktions- und Absatzprozesse so zu optimieren, dass kein ökonomischer, ökologischer oder sozialer Aspekt vernachlässigt wird. Die Bemühungen der betriebsinternen F & E sollten sich dabei auf integrierte Technologien konzentrieren. Damit können unternehmensspezifische Potenziale problemorientiert genutzt werden.[159] End-of-Pipe Technologien wie zum Beispiel Filter- oder Kläranlagen werden in vielen Fällen von spezialisierten Umwelttechnologieunternehmen angeboten.[160]

Bei der Entwicklung des Produktes sind vor allem Qualitätsverbesserungen als nachhaltig zu betrachten. Die erhöhte Lebensdauer eines Produktes und geringerer Aufwand für Reparatur und Wartung führen auch zu einer Verbesserung der ökologischen Bewertung. Ebenso sollte die Umweltbelastung durch Emissionen bei der Nutzung sowie bei der Entsorgung möglichst gering gehalten werden.

Einen weiteren Ansatzpunkt für eine nachhaltige Gestaltung von F & E liefern die Verfahren, die zur Gewinnung neuer betrieblich relevanter Forschungserkenntnisse verwendet werden. Auf ethische Aspekte wie die Minimierung des Einsatzes von Tierversuchen oder die kritische Betrachtung gentechnischer Entwicklungen muss in einigen Branchen besonderes Augenmerk gelegt werden.

2.6.7 Nachhaltigkeit im Informationsmanagement

Informationsmanagement hat in dieser Untersuchung zwei Dimensionen. Zum einen wird darunter die Controlling-Funktion subsumiert, zum anderen deckt es die Öffentlichkeitsarbeit ab. Diese unübliche Funktionsstrukturierung[162] ist in diesem Zusammenhang sinnvoll, da im Nachhaltigkeitskontext beide Bereiche auf die gleiche Informationsgrundlage zurückgreifen.

---

[158] Vgl. Frei (1999), S. 39.
[159] Vgl. Gerybadze (1992), S. 403.
[160] Vgl. Steven (1994), S. 57.
[162] In den meisten Abhandlungen ist die Öffentlichkeitsarbeit Teil der Kommunikationspolitik im Marketing-Mix und das Controlling wird als eigenständige Funktion betrachtet.

In Anlehnung an die Definition des Öko-Controllings des Bundesumweltministeriums (1995, S. 24) wird unter Nachhaltigkeitscontrolling ein Instrument zur Analyse, Planung, Steuerung und Kontrolle aller ökonomisch, ökologisch und sozial relevanten Aktivitäten des Unternehmens verstanden. Das traditionelle Informationssystem des Unternehmens, in das in erster Linie monetär erfassbare Sachverhalte Eingang finden, wird dazu um eine Reihe von Größen erweitert, die sich in vielen Fällen als nicht monetär messbar erweisen.[163] Damit liefert die Kommunikation von Informationen zum Nachhaltigkeitsmanagement eine wichtige Grundlage zur Versachlichung der oft sehr emotional geführten Diskussionen um Umwelt- und Sozialfragen.[164] Ziel ist dabei die quantitative Erfassung und Bewertung aller ökonomischen, ökologischen und sozialen Wirkungen, die vom Unternehmen induziert werden.[165] Die betrieblichen Strukturen müssen somit um sozioökonomische Konzepte, in denen die gesellschaftlichen Folgewirkungen erfasst werden, technische Konzepte, in die Daten über Belastungsbereiche eingehen, sowie betriebswirtschaftlich bzw. finanzwirtschaftliche Konzepte wie z.B. Umweltinvestitionen erweitert werden.[166] All diesen Konzepten ist gemein, dass sie nur durch eine über rein finanzielle Betrachtung hinausgehende Überlegung den Anforderungen der Nachhaltigkeit entsprechen können. Die Adressaten des Nachhaltigkeitscontrollings sind in erster Linie betriebsinterne Organisationseinheiten, in denen die gelieferten Informationen kontinuierliche Verbesserungsprozesse unterstützen sollen.[167] Bekannte Instrumente sind Audits, in denen Soll-Ist-Vergleiche vorgenommen werden, und eine umweltschutz- und sozial bezogene Kosten- und Leistungsrechnung. Die Inhalte einer Nachhaltigkeits-Kommunikationspolitik rekrutieren sich ebenfalls aus dem Informationssystem. Die Zielsetzung der Öffentlichkeitsarbeit sind die Verbesserung des Images des Unternehmens, die Erschließung neuer Kundenkreise und die Versachlichung der Umweltdiskussion.[168] Die Adressaten sind demnach alle Anspruchsgruppen des Unter-

---

[163] Vgl. Pfriem / Hallay (1992), S. 305.

[164] Vgl. Tettamanti (2003), S. 58f.

[165] Vgl. Streitferdt / Pfnür (1998), S. 377.

[166] Vgl. Schreiner (1993), S. 295f.

[167] Vgl. Breidenbach (2002), S. 196.

[168] Vgl. Winter (1989), S. 64.

nehmens.[169] Besondere Aufmerksamkeit gilt dabei den Medien und den so genannten Nicht-Regierungsorganisationen (NGO), die in der Vergangenheit mit spektakulären Kampagnen unterstützt durch hohe Medienpräsenz große Erfolge bis hin zu Produktboykotts erzielten.[170] Diese Gruppen genießen eine hohe Akzeptanz in der Bevölkerung, so dass Unternehmen darauf angewiesen sind, sie in Entscheidungsprozesse einzubeziehen.[171] Vor diesem Hintergrund lassen sich die Maßnahmen der Öffentlichkeitsarbeit unterscheiden in Pflichtberichterstattung, die aus rechtlichen Gründen zwingend ist, unfreiwillige Veröffentlichungen, die aufgrund des Drucks von NGO entstehen, und freiwillige Publikationen, die die Marktposition des Unternehmens verbessern.

Die Instrumente der nachhaltigkeitsorientierten Kommunikationspolitik sind (Presse-) Veröffentlichungen sowie Öko- und Sozialbilanzen. Diese lassen sich weiter in Werksbilanzen, die standortabhängige Belastungen abbilden, und Produktbilanzen, die die Ge- und Verbrauchswirkungen der Erzeugnisse erfassen, differenzieren.[172] Wichtige und wegen fehlender Standardisierung[173] kritische Prinzipien bei der Erstellung der genannten Instrumente sind Vollständigkeit, Überprüfbarkeit, Vergleichbarkeit, Wirtschaftlichkeit[174] und die verursachungsgerechte Zuordnung der Belastungen.[175] Die Informationen werden der Öffentlichkeit in Öko-, Sozial- oder zusammengefasst in Nachhaltigkeitsberichten zugänglich gemacht, die zunehmend losgelöst von den Geschäftsberichten veröffentlicht werden[176] und regelmäßig erscheinen.

---

[169] Breidenbach (2002), S. 213 f. führt in diesem Zusammenhang Mitarbeiter, Nachbarn, Behörden, Umwelt- und Verbraucherverbände, Kunden und Konsumenten, Lieferanten und Marktpartner, Medien und Presse sowie Schulen und Universitäten an.

[170] Vgl. Freimann (1996), S. 435.

[171] In der ökonomischen Literatur sind die Handlungsalternativen von NGO bei Missständen im „Exit vs. Voice"-Konzept aufgegriffen worden. Ein Käufer oder eine Käufergruppe kann danach die Bindung zum Unternehmen durch einen Produktboykott trennen („Exit") oder öffentlich auf bestehende Missstände hinweisen („Voice"). Vgl. Hirschman (1974), S. 3ff.

[172] Vgl. Frei (1999), S. 5f.

[173] Vgl. Plehn (2002), S. 93.

[174] Vgl. Schreiner (1993), S. 276.

[175] Vgl. Steven et al. (1997), S. 41.

[176] Vgl. Wicke (1993), S. 529.

2.7 Empirische Befunde zur Nachhaltigkeit in europäischen Aktienunternehmen

Der aktuellen empirischen Studie, die im Rahmen dieser Arbeit durchgeführt wurde, liegen Daten von 21 Unternehmen zu Grunde. Alle Unternehmen wurden aus zwei Blickwinkeln analysiert. Auf der einen Seite dient die Erhebung der langfristig erwirtschafteten Erträge aus den Geschäftsberichten der Analyse der Wirtschaftlichkeit. Auf der anderen Seite haben leitende Vertreter[177] der Gesellschaften einen Fragebogen ausgefüllt,[178] mit dem das Engagement im Umwelt- und Sozialmanagement erhoben wurde.

Das Ziel dieses Kapitels ist es, die Umsetzung der Konzepte des Nachhaltigkeitsmanagements in den Kernfunktionen des Unternehmens darzustellen. Dazu sind zunächst die Auswahl der Teilnehmer der Untersuchung und der Aufbau des Fragebogens zu erläutern, ehe auf die Ergebnisse eingegangen wird.

2.7.1 Die untersuchten Unternehmen

Die konkrete Bedeutung von Nachhaltigkeit für einzelne Unternehmen hängt stark davon ab, welche Rolle sie in ihrer gesellschaftlichen und ökologischen Umwelt einnehmen. Dementsprechend weisen die Bilder von Nachhaltigkeitsmanagement in unterschiedlichen Firmengruppen erhebliche Unterschiede auf. Die Ergebnisse der hier vorgenommenen Untersuchung sollen aber von solchen strukturellen Differenzen möglichst wenig beeinflusst werden, da sonst Vergleiche und verallgemeinernde Aussagen unmöglich werden. Die Teilnehmer der empirischen Untersuchung hatten also eine Reihe von Bedingungen zu erfüllen, die im Folgenden näher erläutert werden sollen.

Zunächst mussten Unternehmen ausgewählt werden, deren wirtschaftlicher Erfolg möglichst objektiv gemessen werden kann. Nur Aktiengesellschaften sind hierfür geeignet, da sie publizitätsverpflichtet sind und somit in regelmäßigen Abständen Geschäftsberichte veröffentlichen, die es zu analysieren gilt.

Es ist weiterhin erwünscht, dass die Unternehmen möglichst groß sind. Einerseits wird dadurch ein möglichst großer Teil des Gesamtmarktes involviert, andererseits

---

[177] Zumeist ist es gelungen, ein Vorstandsmitglied für die Studie zu gewinnen.
[178] Siehe Anhang

sind kleinere Gesellschaften häufig in Nischen tätig und stark spezialisiert, so dass schwerlich repräsentative Ergebnisse der Wirkung von ökologischem und sozialem Engagement auf die ökonomische Leistungsfähigkeit erzielt werden können. Im Durchschnitt haben die untersuchten Unternehmen im Jahr 2003 einen Umsatz von 39,8 Mrd. € erzielt und ca. 129.000 Mitarbeiter beschäftigt, was belegt, dass das Ziel, möglichst große Wirtschaftssubjekte zu involvieren, erreicht werden konnte.

Sustainable Development ist, wie in Kapitel 2.4 erläutert, ein globaler Problemkomplex. Trotzdem stehen die Akteure bei der betriebswirtschaftlichen Umsetzung in unterschiedlichen Regionen vor ganz verschiedenen Herausforderungen. Das Umfeld der betrachteten Unternehmen darf strukturell nicht zu stark variieren, da die regional unterschiedlichen Anforderungen an ein Nachhaltigkeitsmanagement in einer Studie wie der vorliegenden nicht bewertet werden können. Vor diesem Hintergrund können an der Untersuchung ausschließlich Unternehmen aus dem europäischen Wirtschaftsraum teilnehmen. Ein internationaler Vergleich der Umsetzung der Konzepte des Nachhaltigkeitsmanagements wäre sicher interessant und aufschlussreich, aber auch ungleich aufwendiger als die vorliegende Untersuchung.

Eine Restriktion sollte auch hinsichtlich der Branche, in der die Unternehmen tätig sind, beachtet werden. Es erscheint sinnvoll, nur Aktiengesellschaften zu involvieren, für die ökologische und soziale Aspekte im Management aufgrund ihres Geschäftsfeldes eine wesentliche Rolle spielen. Dies trifft beispielsweise für chemische oder energieerzeugende Unternehmen zu, deutlich weniger aber für Banken und Versicherungen. Letztere wurden denn auch nicht in die Befragung einbezogen.

Natürlich ist auch die Bereitschaft des Managements zur Teilnahme an der Studie unabdingbare Voraussetzung. Diese Restriktion erscheint zunächst banal, ist aber für die Auswertung der Daten von Bedeutung. Man muss sich darüber bewusst sein, dass diejenigen Vorstände, die an der Studie teilgenommen haben, sich zuvor aktiv mit dem Thema auseinander gesetzt haben müssen. Die Befragten halten den Themenkomplex zumindest für so wichtig, dass sie ihre knappen zeitlichen Ressourcen für die Bearbeitung des Fragebogens und das vorausgehende Interview verwendet haben. Auf der anderen Seite gab es eine große Zahl von Unternehmensführern, die sich einer Untersuchung zur ökologischen und sozialen Verantwortung ihrer Gesellschaft nicht stellen wollten oder konnten.

Die Ergebnisse der Untersuchung können nur anonymisiert dargestellt werden, da die Unternehmen auch vertrauliche interne Daten preisgegeben haben, die sie zwar für eine allgemein gehaltene wissenschaftliche Untersuchung zur Verfügung stellen wollten, die aber nicht für eine vergleichende Analyse des Nachhaltigkeitsmanagements in den jeweiligen Unternehmen zu verwenden sind. Tabelle zwei gibt einen Überblick über die Zusammensetzung der anonymisierten teilnehmenden Konzerne.

Unternehmen	Branche
UntA	Automobil
UntB	Automobil
UntC	Automobil
UntD	Technologie
UntE	Technologie
UntF	Chemie
UntG	Chemie
UntH	Chemie
UntI	Chemie
UntJ	Chemie
UntK	Chemie
UntL	Energie
UntM	Energie
UntN	Energie
UntO	Energie
UntP	Rohstoffe
UntQ	Rohstoffe
UntR	Telekommunikation
UntS	Luftfahrt
UntT	Touristik
UntU	Medien

Tabelle 2: Überblick der teilnehmenden Unternehmen
Quelle: Eigene Darstellung

2.7.2 Der Fragebogen

Eine Grundlage der vorliegenden Untersuchung ist der Fragebogen, der federführend von Vorstandsmitgliedern der teilnehmenden Unternehmen bearbeitet wurde. Die erhaltenen Daten aus dem Öko- und Sozialmanagement gehen in die Häufigkeitsanalysen, die Kausalanalyse und die Benchmarkuntersuchung ein. Die Struktur des Fragebogens muss einerseits für die Teilnehmer der Studie möglichst eingängig sein, andererseits aber auch an die Bedingungen angepasst sein, die die verwendeten Verfahren erfordern.

Grundsätzlich ergeben sich aus dem Problemkreis der Nachhaltigkeit zwei Möglichkeiten zur Gliederung der Fragen. Neben den grundlegenden Fragen zur Struktur des Unternehmens, z.B. nach Umsatz und Anzahl der Mitarbeiter, gibt es die Möglichkeit, die Fragen bezüglich der Nachhaltigkeit nach ökologischen, sozialen und ökonomischen Aspekten zu ordnen. Diese Vorgehensweise ist an die Grundidee von Nachhaltigkeit angelehnt und kommt außerdem der Grundidee der Kausalanalyse sehr nahe, mit der die Effekte von ökologischem und sozialem Engagement auf den ökonomischen Erfolg ermittelt werden sollen.

Ein weiterer Modus der Gliederung ist die Orientierung an den organisatorischen Funktionen der Unternehmen, wie z.B. Marketing und Produktion. Eine derartige Abgrenzung vereinfacht die Bearbeitung des Fragebogens durch die Teilnehmer, weil dabei die Zuordnungen und Zuständigkeiten im Unternehmen eindeutig sind.[179] Zudem entspricht auch der größte Teil der Häufigkeitsanalysen dieser Struktur. Wegen der größeren Nähe zur Praxis wurde hier die zweite Variante gewählt.

Um den Fragebogen und dessen Struktur zu erläutern, ist dem Ausfüllen des Fragebogens ein persönliches Interview mit Vorstandsmitgliedern vorausgegangen. Dabei konnte vor allem das Ziel der Untersuchung erläutert und Missverständnisse, insbesondere hinsichtlich der Abgrenzung des zu untersuchenden Unternehmens,[180] beseitigt werden.

Die Grundlage der Untersuchung bildet somit ein Fragebogen, der in 14 Abschnitte untergliedert ist. Der erste Teil umfasst Unternehmensangaben zur Mitarbeiteran-

---

[179] Bei der tatsächlichen Bearbeitung des Fragebogens konnten dann auch Teile an entsprechende Bereichsleiter weitergegeben werden.

[180] Zumeist musste geklärt werden, dass es sich um die Muttergesellschaften handelt und nicht einzelne regionale oder organisatorische Untergliederungen untersucht werden sollten.

zahl, zum Gesamtumsatz und zur Branchenzugehörigkeit. Um das Ziel der Nachhaltigkeit mit anderen Unternehmenszielen vergleichen zu können, beinhaltet der zweite Teil des Fragebogens Angaben zum Zielsystem. Hierzu haben die Unternehmen 20 verschiedene Unternehmensziele bezüglich ihrer Bedeutung auf einer Skala von 1 (kaum relevant) bis 6 (sehr relevant) bewertet. Die sich anschließenden Abschnitte beziehen sich auf Fragen zu 11 verschiedenen Unternehmensbereichen. Die Bewertung erfolgte wieder auf der Skala von 1 bis 6. Der letzte Abschnitt umfasst Angaben zu verschiedenen Zertifizierungen des Unternehmens nach Öko- und Sozialstandards.

2.7.3 Nachhaltigkeitsmanagement in den Zielsystemen

Ein Zielsystem soll die Handlungen des Unternehmens strukturieren, relativieren koordinieren und steuern.[181] Hinsichtlich der Bewertung des Zielsystems durch die Unternehmen ist insbesondere von Interesse, ob nachhaltige Elemente in den betrieblichen Zielen verankert sind und welchen Stellenwert diese gegenüber klassischen, primär ökonomisch ausgerichteten Zielen einnehmen.

---

[181] Vgl. Janisch (1993), S. 29 f.

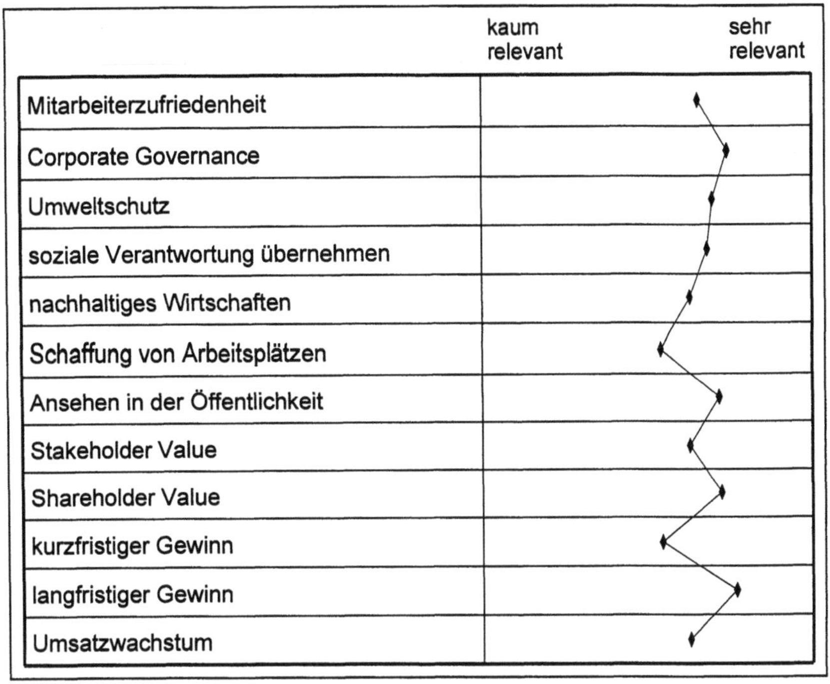

	kaum relevant	sehr relevant
Mitarbeiterzufriedenheit		◆
Corporate Governance		◆
Umweltschutz		◆
soziale Verantwortung übernehmen		◆
nachhaltiges Wirtschaften		◆
Schaffung von Arbeitsplätzen		◆
Ansehen in der Öffentlichkeit		◆
Stakeholder Value		◆
Shareholder Value		◆
kurzfristiger Gewinn		◆
langfristiger Gewinn		◆
Umsatzwachstum		◆

Abbildung 6: Übersicht Nachhaltigkeit im Zielsystem
Quelle: Eigene Darstellung

Festzustellen ist, dass langfristige Ziele wie der Shareholder Value, der Stakeholder Value und eine langfristige Gewinnmaximierung höher bewertet werden als kurzfristige Ziele wie Umsatzsteigerung oder eine kurzfristige Gewinnmaximierung. Auch das explizit angeführte Ziel „Nachhaltiges Wirtschaften" wird von den Unternehmen als relevant eingestuft. Diese Befunde lassen den Schluss zu, dass sich bei den betrachteten Unternehmen eine langfristige Unternehmensausrichtung gegenüber einer kurzfristigen durchgesetzt hat, in der auch die Prinzipien des Sustainable Development eine erhebliche Rolle spielen. Von besonderem Interesse ist der Zusammenhang zwischen dem Ziel einer Steigerung des Shareholder Value und dem Ziel des nachhaltigen Wirtschaftens. In den letzten Jahren wurden verschiedene Studien zum möglichen Zusammenhang der Nachhaltigkeitsperformance und einer Steigerung des Shareholder Value veröffentlicht. Zusammenfassend zeigen die Untersuchungen kein einheitliches Bild, allerdings konnte auch in keiner Studie ein negativer Einfluss der Nachhaltigkeit auf den Shareholder Value nachgewiesen werden.[183]

Vergleicht man die Angaben zwischen ökologischen und sozialen Zielelementen, ist eine leichte Dominanz ökologischer Zielsetzungen feststellbar. So wird dem Umweltschutz eine etwa ebenso hohe Bedeutung zugeschrieben wie einer sozialen Verantwortung. Aber das Ziel der Schaffung von Arbeitsplätzen wird von allen abgefragten Zielen insgesamt am schlechtesten bewertet.

In einer vom Zentrum für Europäische Wirtschaftsforschung durchgeführten ökonometrischen Analyse wurde der Einfluss ökologischer und sozialer Nachhaltigkeit auf den Shareholder Value in europäischen Aktiengesellschaften untersucht.[184] Dabei konnte eine signifikant positive Wirkung der ökologischen Nachhaltigkeit auf den Shareholder Value ermittelt werden, während sich für ein besonders engagiertes Sozialmanagement ein negativer Einfluss auf den Shareholder Value ergeben hat. Diese Untersuchung kann möglicherweise die Dominanz der ökologischen Zielsetzungen gegenüber den sozialen bei den hier betrachteten Unternehmen erklären.

Insgesamt ist hinsichtlich der Zielsysteme der Unternehmen festzuhalten, dass die durchschnittliche Bewertung der abgefragten Zielelemente insgesamt sehr hoch ist. Offenbar sehen sich die Unternehmen als komplexe Gebilde, die nicht auf wenige Zielgrößen reduziert werden können. Damit scheint der Vorwurf entkräftet, dass die Strategien von großen Aktiengesellschaften mit einem reinen Shareholder Value Management eindimensional auf die Interessen der Teilhaber ausgerichtet sind.[185]

2.7.4 Nachhaltigkeitsmanagement in den Kernfunktionen

In den folgenden Abschnitten wird das Nachhaltigkeitsmanagement in den verschiedenen Unternehmensbereichen untersucht. Hierbei gilt das Interesse den Funktionsbereichen, in denen Nachhaltigkeitsmanagement besonders intensiv, beziehungsweise in welchen Abteilungen nachhaltige Gesichtspunkte weniger stark verfolgt werden. Während in folgenden Abschnitten die einzelnen Funktionen hinsichtlich der konkreten Umsetzung von Nachhaltigkeitskonzepten beleuchtet werden, gibt

---

[183] Vgl. v. Flotow / Häßler (2003); Ziegler et al. (2002), S. 4.
[184] Vgl. Ziegler et al. (2002).
[185] Vgl. Wentges (2002), S.87.

die Abbildung 7 zunächst einen Überblick über die Relevanz von Sustainable Development in wichtigen Funktionsbereichen der Unternehmen.

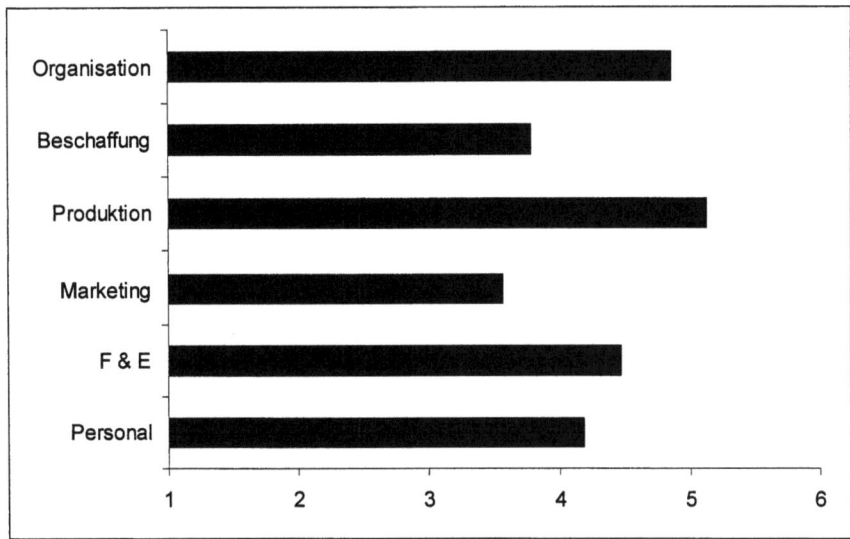

Abbildung 7: Nachhaltigkeit in wichtigen Funktionsbereichen
Quelle: Eigene Darstellung

Am wichtigsten ist das Thema Nachhaltigkeit im Produktionsmanagement, das offenbar im Mittelpunkt des ökologischen Engagements[186] der Unternehmen steht. Ökoeffizienz, Recycling und Krisenpläne bei innerbetrieblichen Störfällen sind in diesem Funktionsfeld angesiedelt und werden als besonders wichtig erachtet.

Die relativ geringe Bedeutung von Nachhaltigkeit im Marketing deutet darauf hin, dass ökologischen Produkteigenschaften und sozialem Verhalten in den Unternehmen kaum verkaufsfördernde Wirkung zugeschrieben wird.

Auch das nachhaltige Engagement in der Beschaffung[187] wird von den Unternehmen als weniger wichtig eingeschätzt. Das ist bemerkenswert, weil bekannt ist, dass Transporte und Lagerung aus ökologischer Sicht und die Arbeitsbedingungen bei Lieferanten auf sozial-ethischer Ebene große Bedeutung haben und auch von der

---

[186] Naturgemäß liegt die Gewichtung der Fragen zum Produktionsprozess mehr auf ökologischen Aspekten des Nachhaltigkeitsmanagements als auf sozialen.

[187] Im Fragebogen die getrennt auftretenden Funktionen Einkauf und Logistik.

Öffentlichkeit wahrgenommen werden. Eine Erklärung für dieses Phänomen könnte sein, dass sich die Unternehmen vornehmlich auf das Kerngeschäft konzentrieren und ihre Marktmacht genutzt haben, um die Nachhaltigkeitsverantwortung an Zulieferer und externe Logistikunternehmen zu übergeben.

Die hier im Überblick dargestellten Ergebnisse beruhen auf einer Mittelwertbildung der einzelnen Fragen zu den Funktionsbereichen. Da die Gleichgewichtung der Fragen nicht ihrer tatsächlichen Bedeutung entspricht, können hier zunächst nur Trends mit Blick auf die Nachhaltigkeit in der Unternehmensstruktur abgebildet werden. Aus diesem Grund ist eine genauere Betrachtung der Kernfunktionen der Unternehmen nötig, die im Folgenden vorgenommen wird.

2.7.4.1 Nachhaltigkeitsmanagement in der Organisationsstruktur

Die Überführung der Nachhaltigkeit in die Unternehmensstruktur stellt eine notwendige Voraussetzung für ihre Umsetzung dar.[188] Dass nachhaltige Elemente im Bereich der Organisationsstruktur einen hohen Relevanzstatus aufweisen, wird schon aus der Gesamtbetrachtung der Unternehmensbereiche ersichtlich. Auch die Angaben zum Zielsystem bestätigen, dass Nachhaltigkeit bereits in der Unternehmensstruktur verankert ist. Die Bewertung der Relevanz des Organisationsbereichs ist vor diesem Hintergrund plausibel.

---

[188] Vgl. Baumast / Pape (2001), S. 23.

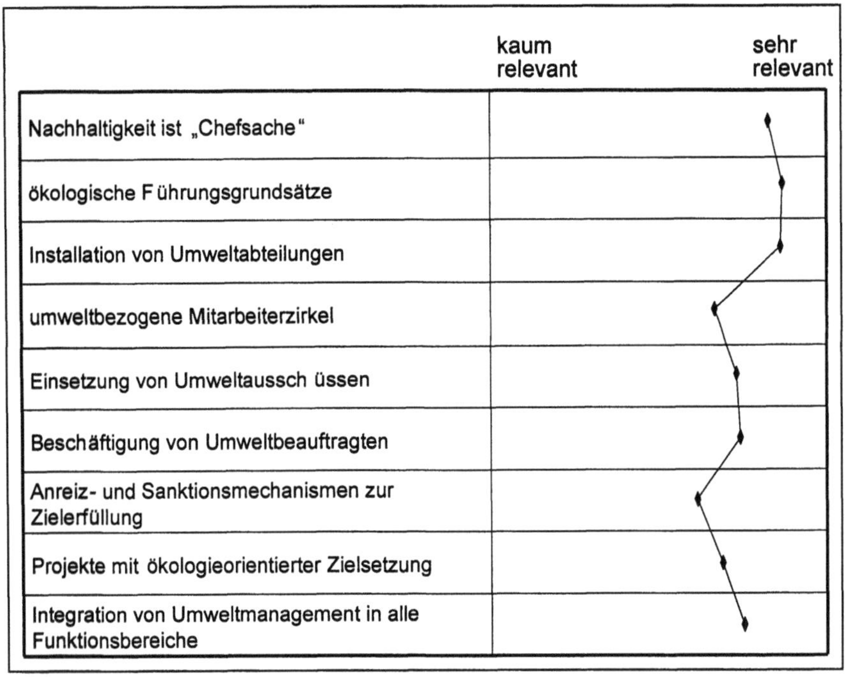

	kaum relevant	sehr relevant
Nachhaltigkeit ist „Chefsache"		●
ökologische Führungsgrundsätze		●
Installation von Umweltabteilungen		●
umweltbezogene Mitarbeiterzirkel		●
Einsetzung von Umweltausschüssen		●
Beschäftigung von Umweltbeauftragten		●
Anreiz- und Sanktionsmechanismen zur Zielerfüllung		●
Projekte mit ökologieorientierter Zielsetzung		●
Integration von Umweltmanagement in alle Funktionsbereiche		●

Abbildung 8: Nachhaltigkeit in der Organisationsstruktur
Quelle: Eigene Darstellung

Die Erhebungen im Bereich Organisation beziehen sich insbesondere auf ökologische Aspekte. Aus Abbildung 8 geht hervor, dass einerseits Nachhaltigkeit als Leitungsaufgabe angesehen wird und die abgeleiteten Führungsgrundsätze in funktional-additiven Abteilungen umgesetzt werden, andererseits aber auch die Integration von Umweltmanagement in alle Funktionsbereiche für bedeutsam erachtet wird. Offenbar werden die Facetten des Nachhaltigkeitsmanagements auf unterschiedliche Weise organisatorisch implementiert. Die Entscheidungskompetenz in Umwelt- und Sozialfragen ist also wesentlich von der konkreten Problemstellung abhängig, was Grund zu der Annahme gibt, dass es keine idealtypische Organisationsstruktur des Nachhaltigkeitsmanagements gibt.

2.7.4.2 Nachhaltigkeitsmanagement in der Beschaffung

In der Gesamtbetrachtung der verschiedenen Unternehmensbereiche kommt dem Einkaufs- und Logistikmanagement eine unterdurchschnittliche Relevanz zu. Dieses Ergebnis ist überraschend, da diesen beiden Funktionen gerade im Umweltbereich eine hohe Bedeutung beigemessen wird. Insbesondere bei den Transporten haben Unternehmen die Möglichkeit zur Reduktion der Umweltbelastung.[189] So lassen sich durch eine effiziente Transportplanung und -abwicklung nicht nur der Energieverbrauch und die Emissionen senken, sondern auch Kostenreduktionen realisieren. Auch im Bereich des Einkaufs können Unternehmen Einfluss auf vorgelagerte Stufen der Wertschöpfungskette nehmen. Durch die Forderung, dass Lieferanten bestimmte Sozial- und Umweltstandards einhalten, können soziale und ökologische Aspekte nicht nur in der Wertschöpfungskette gewährleistet werden, sondern auch dem eigenen Unternehmen als Imagemaßnahme oder auch als Prävention eines möglichen Imageschadens zunutze werden. Die Befragung legt offen, dass die betrachteten Unternehmen primär nach ökonomischen Prinzipien handeln und eine Lieferanten- und Materialauswahl weniger nach ökologischen und sozialen als nach ökonomischen Kriterien erfolgt.

Ein Grund für die geringe Bedeutung der Nachhaltigkeit in der Beschaffung könnte sein, dass die hier betrachteten Unternehmen ihr Kerngeschäft nicht in der Beschaffungsfunktion sehen. Häufig übernehmen externe Logistikunternehmen die Aufgaben, die dann auch die Verantwortung in diesem Bereich tragen müssen.

---

[189] Vgl. Dyckhoff (2000), S. 39.

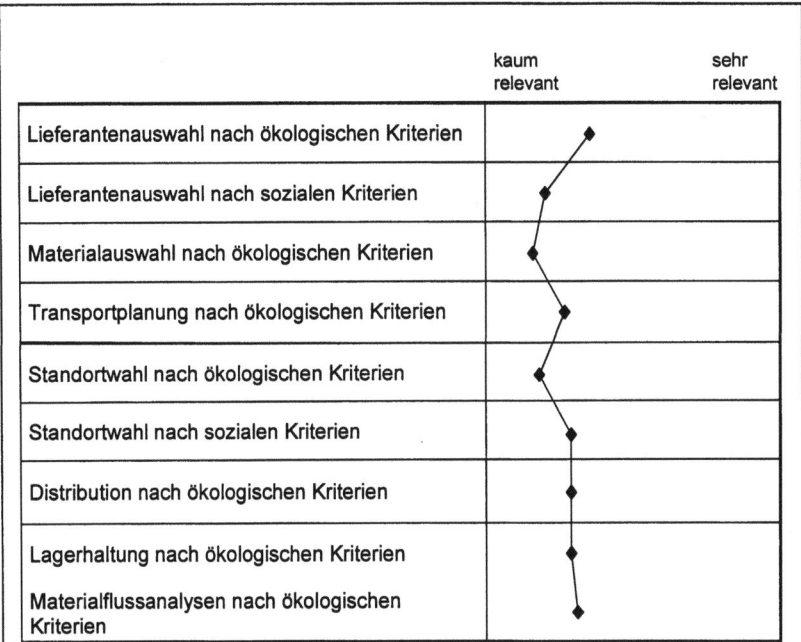

Abbildung 9: Nachhaltigkeit in der Beschaffung
Quelle: Eigene Darstellung

Bei genauerer Betrachtung der Ergebnisse wird deutlich, dass bei der Standortwahl sozialen Kriterien mehr Bedeutung zukommt als ökologischen. Das mit der Ansiedelung einer Betriebsstätte einhergehende Arbeitsangebot scheint eine größere Rolle zu spielen als regionale ökologische Besonderheiten. Bei der Lieferantenauswahl hingegen werden Umweltaspekte als wichtiger eingeschätzt. Dieses Ergebnis ist hinsichtlich der auch öffentlich wahrgenommenen Diskussion um Arbeitsbedingungen in den „Billiglohnländern" sicherlich bemerkenswert.

2.7.4.3 Nachhaltigkeitsmanagement in der Produktion

Wie aus der Gesamtbetrachtung hervorgeht, kommt nachhaltigen Aspekten im Produktions- und Prozessmanagement eine Schlüsselrolle zu. Dieser Bereich wird von den befragten Unternehmen mit der höchsten Priorität bewertet.

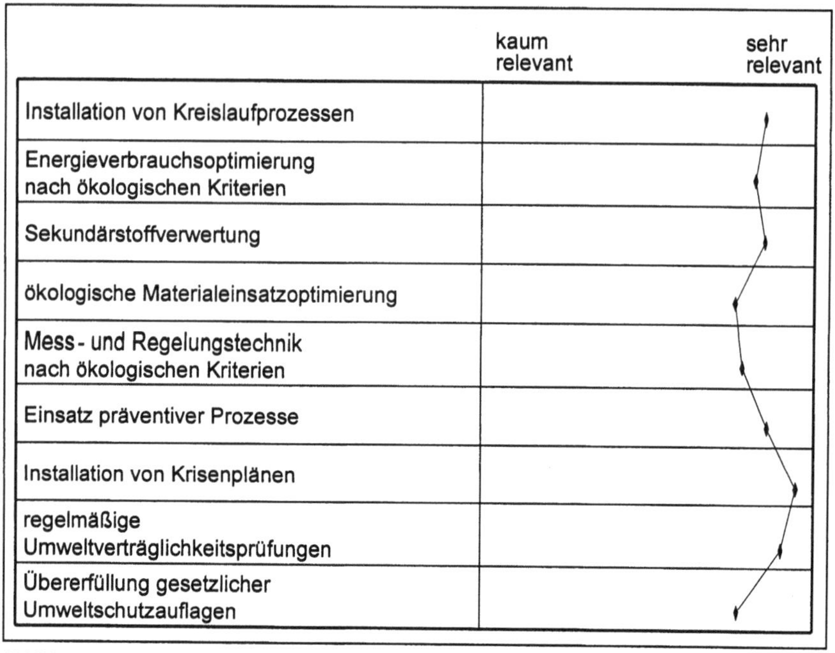

	kaum relevant	sehr relevant
Installation von Kreislaufprozessen		
Energieverbrauchsoptimierung nach ökologischen Kriterien		
Sekundärstoffverwertung		
ökologische Materialeinsatzoptimierung		
Mess- und Regelungstechnik nach ökologischen Kriterien		
Einsatz präventiver Prozesse		
Installation von Krisenplänen		
regelmäßige Umweltverträglichkeitsprüfungen		
Übererfüllung gesetzlicher Umweltschutzauflagen		

Abbildung 10: Nachhaltigkeit in der Produktion
Quelle: Eigene Darstellung

Wie die obige Abbildung zeigt, werden im Bereich Produktionsmanagement sämtliche Kriterien als überdurchschnittlich relevant erachtet. Die befragten Unternehmen setzen offensichtlich auf einen effizienten und umweltschonenden Ablauf des Produktionsprozesses. So kommt einer Energieverbrauchsoptimierung eine hohe Bedeutung zu. Die Berücksichtigung dieser Elemente steht nicht nur mit ökologischen Überlegungen im Einklang, sondern kann auch ökonomisch begründet sein. Eine effiziente Ausgestaltung des Produktionsprozesses durch Energie- und Materialeinsatzoptimierung kann auch zu Kostenreduktionsmöglichkeiten führen. Allerdings ist auch die Tendenz einer defensiven Umwelthaltung ableitbar, da die Übererfüllung gesetzlicher Umweltschutzauflagen nur eine geringe Rolle spielt. Innerhalb des Produktions- und Prozessmanagements wird der Fokus eindeutig auf risikopräventive Maßnahmen gelegt. Die Installation von Krisenplänen im Falle von Störfällen erhält die höchste Relevanzbewertung innerhalb dieses Bereichs.

Hohe Werte für den Einsatz präventiver Prozesse und regelmäßige Umweltverträglichkeitsprüfungen untermauern dieses Ergebnis. Für den hohen Stellenwert, den eine Risikoanalyse bei den betrachteten Unternehmen einnimmt, lassen sich verschiedene Gründe anführen. Durch die Einleitung risikopräventiver Maßnahmen können Risiken frühzeitig abgeschätzt und so die ökologische und/oder soziale Schadschöpfung verringert werden. Die positive Wirkung ist die Realisierung von Kostenreduktionspotenzialen, so dass auch die Öko- und Sozialeffizienz gesteigert werden können.

Bei der Markteinführung von Produkten wie Medikamenten und Gefahrenstoffen oder bei Inbetriebnahme neuer Prozesse wird seitens des Gesetzgebers die Durchführung beziehungsweise Vorlage einer Risikoanalyse gefordert.[190] Auch mit Blick auf die „Neue Basler Eigenkapitalvereinbarung" (Basel II), die eine stärkere Betonung des Risikomanagements vorsieht[191], erscheint der Fokus auf eine Risikoanalyse plausibel. Mit Basel II berücksichtigen Banken in einem Rating-Verfahren erstmals das operative Risiko in der Berechnung der Eigenkapitalunterlegung. Für Unternehmen kann sich hieraus die Konsequenz einer verstärkten Differenzierung der Kreditkonditionen und damit auch der Kapitalkosten ergeben.[192]

2.7.4.4 Nachhaltigkeitsmanagement im Marketing

Nachhaltigkeit im Marketing nimmt die geringste Bedeutung in der Gesamtbetrachtung der Funktionen ein. Vor dem Hintergrund des in Kapitel 2.6.3.1 dargestellten Wertewandels hin zu einem geringer werdenden Umweltbewusstsein in der Gesellschaft kann dieses Ergebnis kaum verwundern.

---

[190] Vgl. Schaltegger et al. (2002), S. 93.

[191] Vgl. Basler Ausschuss für Bankenaufsicht (2003), S. 2.

[192] Vgl. Schaltegger et al. (2002), S. 93.

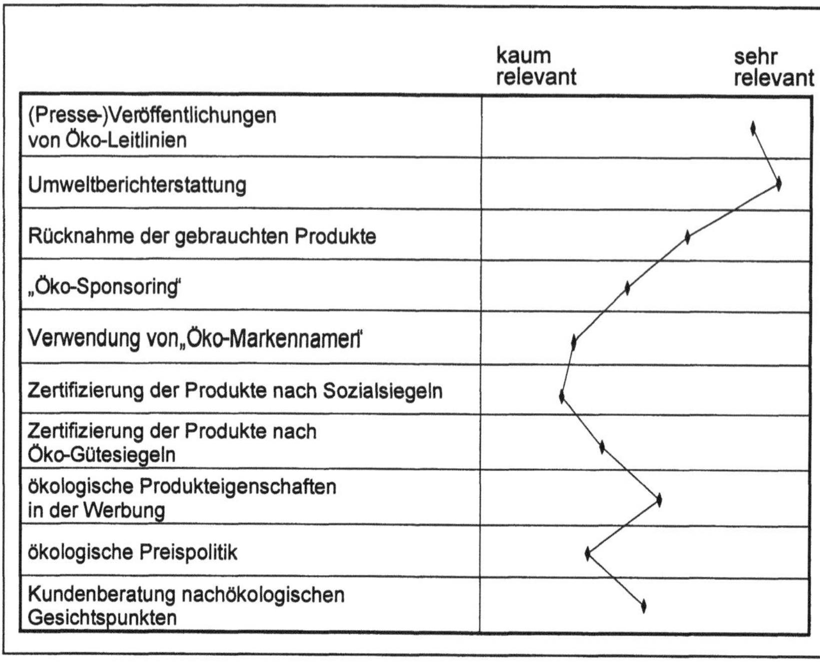

	kaum relevant	sehr relevant
(Presse-)Veröffentlichungen von Öko-Leitlinien		●
Umweltberichterstattung		●
Rücknahme der gebrauchten Produkte	●	
„Öko-Sponsoring"	●	
Verwendung von „Öko-Markennamen"	●	
Zertifizierung der Produkte nach Sozialsiegeln	●	
Zertifizierung der Produkte nach Öko-Gütesiegeln	●	
ökologische Produkteigenschaften in der Werbung		●
ökologische Preispolitik	●	
Kundenberatung nach ökologischen Gesichtspunkten		●

Abbildung 11: Nachhaltigkeit im Marketing
Quelle: Eigene Darstellung

Aus der detaillierten Betrachtung des Marketingbereichs der untersuchten Unternehmen wird ersichtlich, dass die Verwendung von Öko-Markennamen sowie die Zertifizierung der Produkte nach Öko- und Sozialsiegeln kaum eine Rolle spielen. Auch ein schwach betriebenes Öko-Sponsoring und eine zurückhaltende Darstellung ökologischer Produkteigenschaften in der Werbung sind Indizien dafür, dass ein nachhaltig orientiertes Marketing nur eine geringe verkaufsfördernde Wirkung auslöst.

Anders präsentieren sich die Umweltberichterstattung und die (Presse-)Veröffentlichung von Öko-Leitlinien. Diese beiden Bereiche erhalten eine sehr große Relevanzbewertung. Eine Berichterstattung beziehungsweise die damit einhergehende Erhöhung der Transparenz kann die Glaubwürdigkeit eines Unternehmens gegenüber dessen fachkompetenten Interessengruppen stärken. Vor dem Hintergrund, dass alle untersuchten Unternehmen regelmäßig Nachhaltigkeitsberichte veröffentlichen, betrachtet, stellt sich dieser Befund als erwartungsgerecht dar.

2.7.4.5 Nachhaltigkeitsmanagement in Forschung und Entwicklung

Der Bereich Forschung und Entwicklung nimmt eine tragende Rolle im Nachhaltigkeitsmanagement ein, da hier innovative Produkte und Prozesse ihren Ursprung haben. Ökologische und soziale Neuerungen werden in den entsprechenden Abteilungen der Unternehmen angestoßen, die dann die Wettbewerbssituation stärken und die Legitimation des Unternehmens sichern.

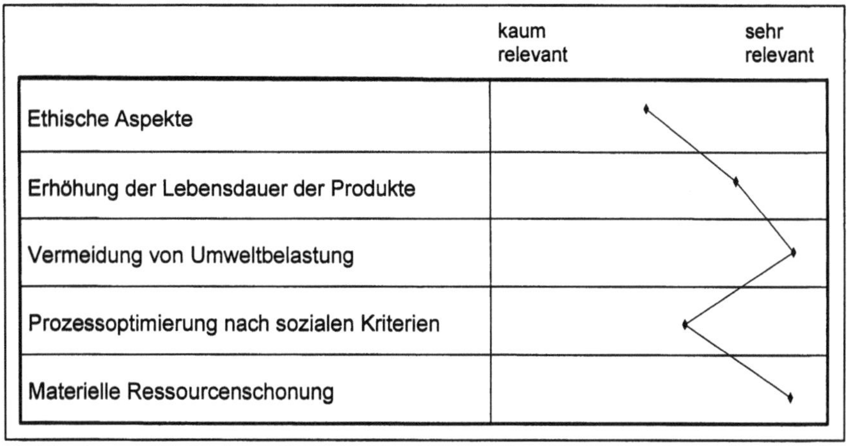

	kaum relevant	sehr relevant
Ethische Aspekte		
Erhöhung der Lebensdauer der Produkte		
Vermeidung von Umweltbelastung		
Prozessoptimierung nach sozialen Kriterien		
Materielle Ressourcenschonung		

Abbildung 12: Nachhaltigkeit in Forschung und Entwicklung
Quelle: Eigene Darstellung

Besonders hohe Werte sind bei der Vermeidung von Umweltbelastungen und einer materiellen Ressourcenschonung zu verzeichnen. Diese Feststellung korrespondiert auch mit den Ergebnissen aus dem Bereich des Produktionsmanagements. Hier werden eindeutig die Bemühungen zugunsten eines umweltschonenden und effizient ablaufenden Produktionsprozesses ersichtlich. Eine Optimierung der Prozesse nach sozialen Kriterien hingegen spielt bei den betrachteten Unternehmen eine untergeordnete Rolle. Auch die mäßige Bewertung ethischer Aspekte, die sich beispielsweise in der Haltung gegenüber Tierversuchen oder der Gentechnologie widerspiegelt, unterlegt die geringe Bedeutung gesellschaftlicher Aspekte im Bereich Forschung und Entwicklung.

2.7.4.6 Nachhaltigkeitsmanagement im Personalbereich

Aus der Gesamtbetrachtung aller Funktionsbereiche wird ersichtlich, dass die Relevanz von Nachhaltigkeitsmanagement im Personalbereich eher neutral bewertet wird. In der genaueren Betrachtung ist aber ein differenziertes Bild festzustellen.

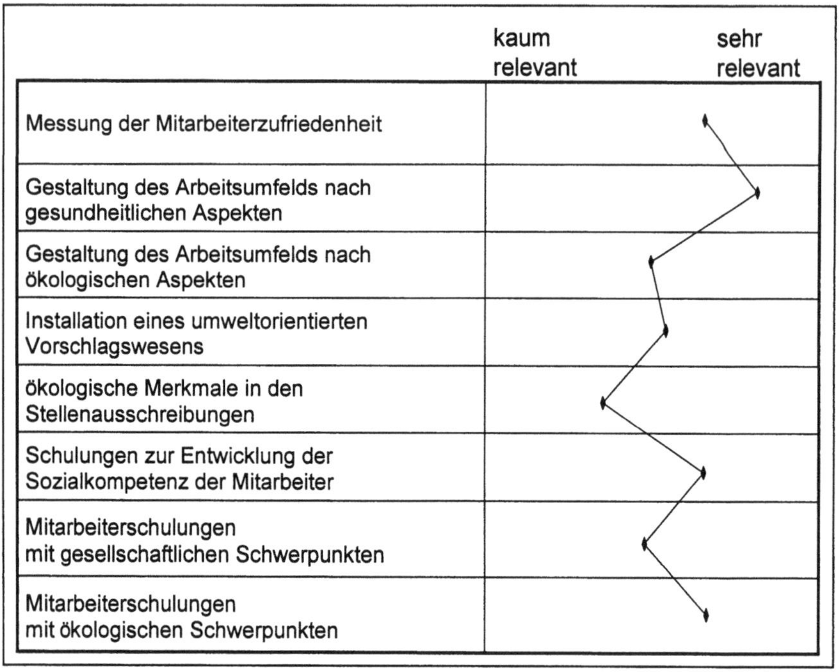

	kaum relevant	sehr relevant
Messung der Mitarbeiterzufriedenheit		
Gestaltung des Arbeitsumfelds nach gesundheitlichen Aspekten		
Gestaltung des Arbeitsumfelds nach ökologischen Aspekten		
Installation eines umweltorientierten Vorschlagswesens		
ökologische Merkmale in den Stellenausschreibungen		
Schulungen zur Entwicklung der Sozialkompetenz der Mitarbeiter		
Mitarbeiterschulungen mit gesellschaftlichen Schwerpunkten		
Mitarbeiterschulungen mit ökologischen Schwerpunkten		

Abbildung 13: Nachhaltigkeit im Personalmanagement
Quelle: Eigene Darstellung

Wie aus obiger Abbildung hervorgeht, wird die Gestaltung des Arbeitsumfelds nach gesundheitlichen Aspekten für besonders wichtig erachtet, während eine Arbeitsplatzgestaltung nach ökologischen Kriterien weniger relevant ist. Mitarbeiterschulungen werden eher mit ökologischen als mit gesellschaftlichen Schwerpunkten durchgeführt und dienen des Weiteren zur Förderung der Sozialkompetenz der Mitarbeiter. Der Installation eines umweltorientierten Vorschlagswesens kommt nur eine mäßige Bedeutung zu. Die Messung der Mitarbeiterzufriedenheit wurde bereits im Zielsystem als durchschnittlich eingestuft, was durch das Ergebnis im Bereich des Personalmanagements bestätigt werden kann. Ökologische Gesichtspunkte in Stellenausschreibungen haben im Personalbereich die geringste Bedeutung.

Aus diesen Ergebnissen lässt sich ableiten, dass im Bereich des Personalmanagements Handlungsbedarf bezüglich nachhaltiger Aktivitäten besteht. Auch wenn ein Nachhaltigkeitsmanagement als „Chefsache" angesehen wird[193], sollten nachhaltige Aspekte auf operativer Ebene manifestiert sein. Der Personalbereich kann hierbei eine tragende Rolle spielen, da die Identifikation der Mitarbeiter mit angestrebten Unternehmenszielen eine verfolgte Nachhaltigkeitsstrategie zusätzlich unterstützen kann. Durch Denkanstöße und Anregungen seitens der Beschäftigten, z.B. im Rahmen eines betrieblichen Vorschlagswesens, kann auch die Sensibilität für Nachhaltigkeitsthemen geweckt werden.

---

[193] Vgl. Kapitel 2.7.4.1

3 Messung des ökonomischen Erfolgs

Dieser Abschnitt widmet sich der Darstellung einer geeigneten Messung des ökonomischen Erfolgs von Unternehmen.[194] Insbesondere muss erläutert werden, warum ein Shareholder Value-orientierter Ansatz für die vorliegende Untersuchung angemessen erscheint. Vor diesem Hintergrund wird eine Reihe von ökonomischen Größen dargestellt und auf ihre Eignung zur Erfassung des Unternehmenswertes geprüft. Zunächst sollen allerdings Ziele und Anforderungen an die Kennzahlen fokussiert werden, damit auf ein Bewertungsgerüst zur Auswahl geeigneter Größen Verwendung zurückgegriffen werden kann.

3.1 Ziele und Anforderungen zur Messung des ökonomischen Erfolgs

Die Messung des ökonomischen Erfolgs soll hier nur anhand des singulären Prinzips der Maximierung des Werts des Eigenkapitals stattfinden. Obwohl, wie in Kapitel 2.7.3, dargestellt die Zielsysteme üblicherweise deutlich komplexer sind, ist diese Shareholder Value-Orientierung im Rahmen der vorliegenden Arbeit sinnvoll, da das wesentliche Erkenntnisziel der Einfluss einer strategischen Berücksichtigung anderer Interessen auf den rein ökonomischen Wert des Unternehmens ist.

Zunehmende Anerkennung bei der Darstellung des Unternehmenswerts findet die Berechnung nach Rappaport:[195]

Unternehmenswert = Fremdkapital + Shareholder Value

Wegen der Schwächen bei der Ermittlung dieses Wertes[196] ist man vielfach auf Größen angewiesen, die nur indirekt auf die Entwicklung des Shareholder Value hindeuten. Die Beurteilung der wirtschaftlichen Lage wird somit häufig anhand der Vermögens-, Finanz- und Ertragslage abgebildet.[197]

---

[194] Der Begriff „ökonomischer Erfolg" ist in diesem Zusammenhang ausschließlich auf die finanzielle Situation des Unternehmens bezogen.

[195] Vgl. Rappaport (1999), S. 39.

[196] Eine formale Darstellung des Unternehmenswerts sowie eine Beurteilung der Eignung dieser Größe befindet sich in Kapitel 3.3.3.

[197] Vgl. Peemöller (2001), S. 219.

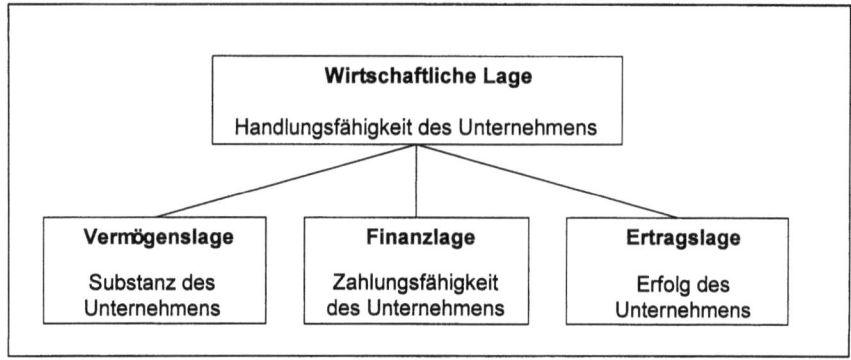

Abbildung 14:   Einzellagen und Gesamtlagen
Quelle: In Anlehnung an Peemöller (2001), S. 219.

Die Substanz eines Unternehmens zu erhalten, muss wesentliche Zielsetzung sein, wenn man den Unternehmenswert langfristig steigern möchte. Kennzahlen zur Analyse der Vermögenslage geben Auskunft, ob die erforderlichen Werte verfügbar sind, die benötigt werden, um die Struktur dynamischen Marktbedürfnissen anzupassen. Die Finanzlage gibt Auskunft über die Zahlungsfähigkeit des Unternehmens. Kennzahlen dieser Gruppe müssen ausdrücken, in wieweit Zahlungsverpflichtungen nachgekommen werden kann. Sie sind damit Ausdruck der finanziellen Stabilität[198] und des Illiquiditätsrisikos, die die Existenz des Unternehmens gefährden können. Letztlich muss natürlich auch der Erfolg abgebildet werden. Dieser wird in der Analyse der Ertragslage ausgewiesen, wobei zu beachten ist, dass vor allem der zukünftig zu erwirtschaftende Erfolg von Interesse ist.[199]

Die Informationen, die durch die Analyse der wirtschaftlichen Lage zur Verfügung gestellt werden, unterliegen im Allgemeinen und insbesondere im Rahmen der vorliegenden Studie neben der Shareholder Value-Orientierung einigen Grundsätzen. So sollten die Daten objektiv messbar sein. Nur wenn die Informationen und die verdichteten Daten nachvollziehbar erhoben und dargestellt werden, ist ein interbetrieblicher Vergleich, der hier angestrebt wird, möglich. Weiterhin sollten alle Analysen langfristig zukunftsorientiert sein. Dieser Grundsatz entspricht dem Ansatz des Shareholder Value, bei dessen Berechnung die diskontierten Erträge der Zukunft

---

[198] Vgl. Coenenberg (2003) S. 962.
[199] Vgl. Peemöller (2001), S. 219.

addiert werden.[200] Mit einer derartigen Berechnung ist auch dem Grundsatz der zeitlichen Präferenzen bei der Erzielung des Erfolges Folge geleistet. Dementsprechend sind die angesprochenen Analysen von Schätzungen und Schätzverfahren abhängig, woraus sich der Grundsatz der Minimierung der Manipulierbarkeit durch die Auswahl eines Schätzverfahrens ergibt. Durch die Betrachtung zukünftiger Ergebnisse gewinnt auch das unternehmerische Risiko an Bedeutung. Der Investor, der der Adressat von Unternehmensbewertungen nach dem Shareholder Value Prinzip ist, muss auch über die Eintrittswahrscheinlichkeit der zukünftigen Zahlungsströme informiert werden. Folgende Eigenschaften fassen die Anforderungen an Kennzahlen zur Messung des ökonomischen Erfolges zusammen:

- Keine Manipulation (Objektivität)
- Einbeziehen des Risikos
- Einbindung von Zeitpräferenzen
- Investor als Adressat

Daneben beschreibt Gladen (2001, S. 66) noch einige formale Anforderungen an Kennzahlen wie Klarheit, Einfachheit und Widerspruchsfreiheit.

3.2 Zielgruppen

Wie erwähnt sollen die finanziellen Erfolgskennzahlen im Rahmen der vorliegenden Untersuchung am Renditemaximierungsziel der Investoren ausgerichtet sein. Da aber gerade im Zusammenhang mit dem Konzept des Sustainable Development auch andere Interessen in Verbindung mit dem Unternehmen stehen, soll im Folgenden darauf eingegangen werden, welchen Ansprüchen sich Betriebe über die finanzielle Seite hinausgehend, gegenübersehen. Es lassen sich im Wesentlichen zwei Gruppen identifizieren, deren Interessen eine grundsätzlich unterschiedliche Orientierung haben. Zum einen sind die Unternehmenseigner beziehungsweise die Investoren zu betrachten und zum anderen alle Anspruchsgruppen, die die Unternehmung auf verschiedene Weise beeinflussen, die so genannten Stakeholder. Zu nennen sind hier beispielsweise Mitarbeiter, Kunden oder Nachbarn. Es ist offensichtlich, dass die beiden Gruppen getrennt voneinander beleuchtet werden müs-

---

[200] Vgl. Reichmann (1995), S. 47.

sen, um Aussagen über den ökonomischen Erfolg aus den verschiedenen Sichtweisen treffen zu können.

3.2.1 Shareholder

Das Interesse der Teilhaber an der Unternehmung ist, eine möglichst hohe Rendite des eingesetzten Kapitals zu erzielen.[201] Genauer formuliert heißt das, dass der Anleger anstrebt, die erwarteten Erlöse, die sich üblicherweise aus der Dividende und Kursgewinnen zusammensetzen, zu maximieren und gleichzeitig das Investitionsrisiko minimieren möchte. Weiterhin sei hier angenommen, dass die Eigentümer langfristig orientiert sind. Häufig wird Akteuren am Kapitalmarkt zur Last gelegt, ihr Interesse sei auf kurzfristige Spekulationsgewinne ausgelegt.[202] Es ist aber unstrittig, dass bei der Mehrzahl der Anleger eine langfristige Orientierung vorherrscht.[203] Mit diesen Überlegungen kann man nun feststellen, dass die Teilhaber eine Steigerung des Wertes des Unternehmens am Kapitalmarkt erreichen wollen. Trotzdem setzen die Methoden zur Ermittlung des Shareholder Value nicht am Börsenwert des Unternehmens an, sondern es werden die Cash-Flow generierenden Aktivitäten herangezogen. Der Grund, die langfristigen Erträge des Unternehmens als Basis zu verwenden, liegt darin, dass die Kursentwicklung eines Anlagepapiers neben der erwarteten wirtschaftlichen Lage des Unternehmens auch noch von anderen Faktoren wie zum Beispiel psychologischen Effekten oder der Kapitalmarktentwicklung abhängt. Diese Einflussgrößen gehen nicht in das langfristige Entscheidungskalkül der hier fokussierten Teilhaber ein.

Das Auswahlproblem des Investors liegt also darin, eine Anlage mit möglichst geringem Risiko und gleichzeitig hoher erwarteter Rendite zu finden. Dabei sollten die Schätzungen der zukünftigen Erlöse auf der langfristig prognostizierten Unternehmenswertsteigerung fußen. Die Schätzung des Risikos sollte demnach ebenfalls auf substanzielle Entwicklung der wirtschaftlichen Lage zurückgreifen. Konkret liegt das Interesse der Shareholder in der Absicherung des Illiquiditäts- und Insolvenzrisikos.

---

[201] Natürlich können Anleger auch andere Beweggründe für ein Engagement in Beteiligungen haben. Sie können beispielsweise emotionale Bindung oder auch altruistische Gründe haben, die man nicht selten auch bei Umweltinvestitionen antreffen kann. Solche Motivationen sollen hier aber außer Acht gelassen werden, damit eine schärfere Abgrenzung zu den Interessen der Stakeholder getroffen werden kann.

[202] Vgl. z.B. Kunz (1998), S. 34 oder Müller (1997), S. 50.

[203] Vgl. Bühner (1997), S. 13,

In der Literatur[204] wird als weitere Motivation der Eigentümer der Schutz vor (feindlichen) Übernahmen genannt. Ein Unternehmen ist dann in Gefahr, gegen den Willen des Managements übernommen zu werden, wenn der Börsenwert unter dem Shareholder Value liegt oder der potenzielle Käufer durch die Akquisition eine Konkurrenzsituation auflösen möchte. Häufig wird ein am Unternehmenswert orientiertes Management auch als Schutz vor solch korrigierenden Mechanismen in Form von Übernahmen angesehen.[205]

3.2.2 Stakeholder

Alle Gruppen, die die Erreichung der Unternehmensziele beeinflussen oder es können, werden als Stakeholder bezeichnet. In der Abbildung 15 sind die wichtigsten Stakeholder-Gruppen aufgeführt.

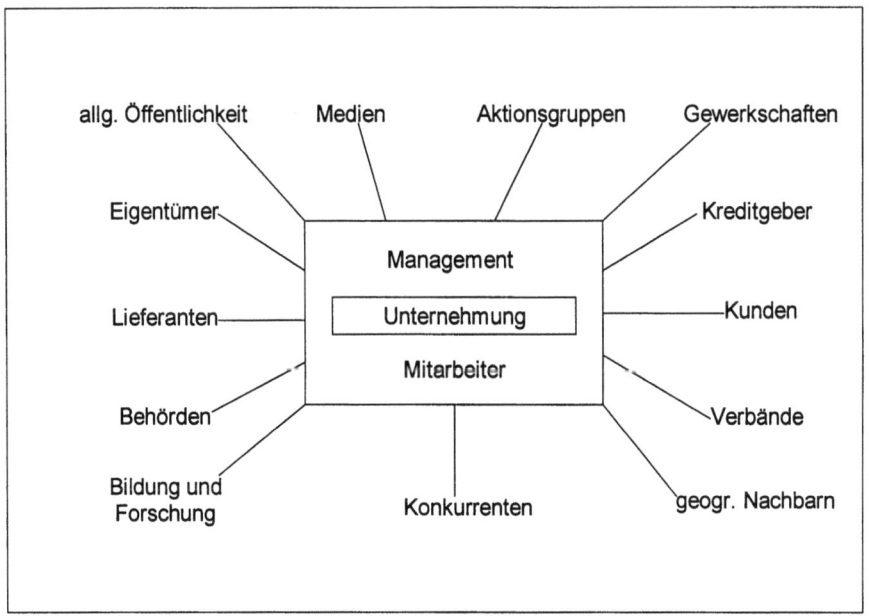

Abbildung 15:   Das Stakeholder-Konzept
Quelle: In Anlehnung an: Hill (1996), S. 416.

---

[204] Vgl. z.B. Becker (1995), S. 122 oder Kühnenberger (1998), S. 302.
[205] Vgl. Rappaport (1999), S. 8.

Unter Stakeholder Value orientiertem Management wird häufig der Ausgleich der Interessen der Anspruchsgruppen verstanden.[206] Damit ähnelt es dem Nachhaltigkeitsmanagement, bei dem die Gleichgewichtung ökonomischer, ökologischer und sozialer Ziele angestrebt wird. Das Konzept des Stakeholder Value geht aber in zweierlei Hinsicht deutlich über das des Sustainable Development hinaus, denn erstens ist die Vielfalt der zu integrierenden Anspruchsgruppen beim Stakeholder Value-Management erheblich größer und zweitens leiten die verschiedenen Gruppen aus ihrer Beziehung zum Unternehmen ein moralisches Recht auf die Berücksichtigung ihrer Ziele im unternehmerischen Umfeld ab.[207] Der Anspruch wird aus den Leistungen, die die Stakeholder für das Unternehmen erbringen, abgeleitet. Beispielsweise erwarten geographische Nachbarn von Betrieben, die sich in ihrer Nähe ansiedeln, dass sie einen Ausgleich für die verloren gegangene Wohnqualität erhalten.[208]

Die Herausforderung einer Stakeholder Value Orientierung ist ein umfassendes Konfliktmanagement.[209] Durch die vielen verschiedenen Ansprüche ist eine Vielzahl an konträren Zielsetzungen unvermeidlich. Diese seien hier exemplarisch anhand der Arbeitnehmerinteressen dargestellt. Die oberste Forderung ist hier die Sicherung der Arbeitsplätze. Liegt nun nach den Maßgaben der Wertschöpfungsoptimierung eine Überbeschäftigungssituation vor, so werden die Mitarbeiter vom Management fordern, bei nötigen Rationalisierungen vom Abbau der Belegschaft abzusehen, um neben ökonomischen Zwängen auch der sozialen Verantwortung gerecht zu werden. Wenn die Existenz des Unternehmens dann allerdings durch weiter wachsenden Wettbewerbsdruck und Subventionierung einer Überbelegschaft bedroht wird, wird es zu Entlassungen, häufig in großem Umfang, kommen müssen. In solchen Fällen sind die Mitarbeiter dann Opfer einer verfehlten Unternehmensführung und leiden gleichzeitig unter einer schwachen gesamtwirtschaftlichen Situation.[210]

Dieses Beispiel verdeutlicht, dass die Verfolgung einer Stakeholder Value Strategie sogar negative soziale Folgen haben kann. Es belegt, dass alle Anspruchsgruppen

---

[206] Vgl. Hill (1996), S. 415.
[207] Vgl. Hill (1996), S. 418.
[208] Vgl. Mann (2003), S. 54f.
[209] Vgl. Mallin (2004), S. 14.
[210] Vgl. Rappaport (1999), S. 10 f.

ein gemeinsames Interesse haben, nämlich einen hohen Unternehmenswert.[211] Die wesentliche Kritik, die die Vertreter der Interessen der Anspruchsgruppen gegen die reine Shareholder Value Ausrichtung üben, richtet sich gegen Gewinnentnahmen der Eigentümer. Nicht thesaurierte Gewinne, so wird kolportiert, dienen ausschließlich der Vermehrung des Privatvermögens und gefährden damit langfristig die Substanz des Unternehmens.[212] Anhänger des Shareholder Value Konzepts halten dem entgegen, dass das entnommene Geld in andere Objekte investiert wird und damit anderen Interessengruppen zu Gute kommt. Sie setzen damit aber zweifellos eine hohe Restrukturierungsfähigkeit der Gesellschaft voraus.[213]

Insgesamt bleibt festzuhalten, dass die Interessen der Stakeholder zu heterogen sind, als dass sich daraus eindeutige Kennzahlen des ökonomischen Erfolgs eines Unternehmens ableiten lassen. Insbesondere im Rahmen der vorliegenden Arbeit, die die ökonomischen Folgen der Nachhaltigkeit beleuchtet, ist es sinnvoll, rein wirtschaftliche Kenngrößen von denen der Nachhaltigkeit möglichst trennscharf zu unterscheiden. Die Auswahl der ökonomischen Maßzahlen soll hier also Shareholder Value-orientiert geschehen.

3.3 Shareholder Value-orientierte Messung des Unternehmenserfolgs

Im Folgenden muss untersucht werden, wie man den Erfolg im Hinblick auf die zukünftigen Renditen der Eigentümer messen kann. Konkret heißt das zu untersuchen, welche Kennzahlen sich als Maßstab zur Shareholder-orientierten Beurteilung alternativer Strategien eignen.

3.3.1 Gewinn

Wenn im Rahmen dieser Arbeit der Gewinn thematisiert wird, ist immer der so genannte bilanzielle Gewinn gemeint. Es ist die in der Erfolgsrechnung (Gewinn- und Verlustrechnung) ausgewiesene Differenz aus Ertrag und Aufwand.[214] Diese Erfolgsgröße spielt im wirtschaftlichen Leben eine erhebliche Rolle. So belegen verschie-

---

[211] Es mag in diesem Punkt Ausnahmen geben, die aber zumeist als relativ unbedeutsam zu bewerten sind. So könnten die geografischen Nachbarn bspw. daran interessiert sein, dass das Unternehmen gar nicht existiert.

[212] Vgl. Kehl (2002), S. 12.

[213] Vgl. Rappaport (1999), S. 8.

[214] Vgl. Wöhe (2000), S. 46.

dene Studien[215], dass der Gewinn oder darauf basierende Größen häufig als Grundlage für die Unternehmenssteuerung verwendet werden. Am Kapitalmarkt stützen Analysten ihre Empfehlungen häufig auf die Entwicklung des Gewinns pro Aktie[216] oder des Kurs-Gewinn Verhältnisses. Doch es ist fraglich, ob der Gewinn tatsächlich die ihm zugesprochene Aussagekraft hat. Auch empirische Untersuchungen, die den statistischen Zusammenhang zwischen dem Shareholder Value und dem Gewinn beleuchten, lassen keine eindeutigen Aussagen zu.[217]

In der Literatur werden verschiedene Unzulänglichkeiten des Gewinns zur Messung des Unternehmenserfolgs diskutiert. So leidet die Aussagekraft der Maßzahl darunter, dass die Unternehmen nach verschiedenen Richtlinien bilanzieren können, international kann zwischen den US-amerikanischen Generally Accepted Accounting Principles (US-GAAP) und dem International Financial Reporting Standard (IFRS) gewählt werden. Daneben gibt es noch Rechnungslegungsvorschriften auf nationaler Ebene, wie zum Beispiel die des HGB, die möglicherweise zu unterschiedlichen Ergebnissen führen.

Auch innerhalb der Normenkreise existieren eine Reihe von Ansatz- und Bewertungswahlrechten, die die Gewinnermittlung beeinflussen. Es gibt verschiedene Gründe, warum eine Unternehmensleitung an einer Steuerung des ausgewiesenen Gewinnes interessiert sein kann. Zumeist gibt es steuerliche Motive, niedrige Gewinne auszuweisen, auch wenn der eigentliche Unternehmenserfolg eine sehr positive Entwicklung genommen hat.

Weitere Mängel, die bei einer Verwendung des Gewinns als Indikator für die wirtschaftliche Lage eines Unternehmens zu beachten sind, ergeben sich aus der Berücksichtigung von Umlauf- und Anlagevermögen. So gehen Investitionen in das Umlaufvermögen wie zum Beispiel eine Zunahme der Lager- oder der Debitorenbestände in den Gewinn ein, obwohl sie erst in späteren Perioden auszahlungswirksam werden. Das Interesse der Shareholder gilt aber der tatsächlichen Verfügbarkeit der Erträge.

---

[215] Vgl. z.B. Hansmann / Kehl (2000), S. 16 oder Bühner (1990), S. 13.
[216] Vgl. Rappaport (1999), S. 15.
[217] Vgl. Kehl (2002), S.15.

Eine Möglichkeit der künstlichen Erhöhung des ausgewiesenen Gewinns ergibt sich aus der Investitionstätigkeit im Unternehmen. Um das Ergebnis einer Berichtsperiode aufzubessern, kann auf Investitionen verzichtet werden. In vielen Fällen sind diese aber Voraussetzung für eine langfristige Existenzsicherung. Wenn das Management also auf einen kurzfristigen Gewinn abzielt und dabei Bedingungen für langfristige Erfolge vernachlässigt, sind die Belange der Shareholder gefährdet.

Die Gewinnorientierung birgt eine weitere Gefahr der Fehlsteuerung durch die Verwendung buchhalterischer Renditen. Wenn eine Investition einen positiven Ertrag bringt, dieser aber unterhalb einer sicheren Verzinsung am Kapitalmarkt bleibt, so würde die Unternehmensleitung wegen des zu erwartenden Gewinns die verfügbaren Mittel für das Investitionsobjekt verwenden. Der Shareholder würde es aber vorziehen, dass das Geld ausgeschüttet wird, damit es am Kapitalmarkt für eine sichere, höher verzinste Anlage verwendet werden kann. Ein positiver Gewinn geht in diesem Fall also nicht mit einer Schaffung von ökonomischem Wert für die Eigentümer einher.[218]

Dieses Argument kann auch als Nicht-Berücksichtigung des Risikos im Rahmen der Gewinnermittlung verallgemeinert werden. Wegen der statischen Betrachtungsweise können weder das Geschäftsrisiko, das sich auf die operativen Tätigkeiten des Unternehmens bezieht[219], noch das finanzielle Risiko, das sich aus dem Verhältnis von Fremd- und Eigenkapital ergibt, in Entscheidungen einbezogen werden. Das finanzielle Rendite erhöht sich, wenn sich der Anteil des Fremdkapitals am Gesamtkapital verringert. Bei gleich bleibendem Gewinn würde der Shareholder demgemäß Investitionen mit einer möglichst geringen Eigenkapitalquote präferieren, ohne dabei das gestiegene Risiko berücksichtigen zu können.

Ebenfalls aus der statischen Sichtweise resultiert das Problem der Vernachlässigung des Zeitwerts der Erträge. Ein Eigenkapitalgeber ist zwar an einer langfristigen Wertsteigerung interessiert, aber nichtsdestotrotz kann man im Allgemeinen davon ausgehen, dass der Nutzen zukünftiger Einnahmen geringer ist als der gegenwärtiger Erträge. Eine Größe zur Messung des Erfolgs eines Unternehmens sollte sich also eines Verfahrens zur Diskontierung zukünftiger Werte bedienen. Der Gewinn allein kann dieser Anforderung der temporären Präferenzen nicht gerecht werden.

---

[218] Vgl. Rappaport (1999), S. 21.

[219] Vgl. Kehl (2002), S. 17.

Insgesamt muss also festgehalten werden, dass der Gewinn trotz großer Akzeptanz in der Praxis so erhebliche Mängel in Bezug auf die Berücksichtigung der Interessen der Eigentümer hat, dass er im Rahmen dieser Untersuchung nicht verwendet werden kann.

3.3.2 Cash Flow

3.3.2.1 Definition und Ermittlung des Cash Flow

Die Ermittlung des Cash Flow eines Unternehmens beruht auf der Grundidee, dass nur die zahlungswirksamen Aktivitäten im Berichtszeitraum von Interesse für den Eigentümer sind und somit in einer Maßzahl abgebildet werden sollen. Genauer werden Cash Flows definiert als „die einzelnen Netto-Zahlungsströme einer Periode aus jeweils der laufenden Geschäftstätigkeit, der Investitionstätigkeit sowie der Finanzierungstätigkeit"[220].[221] Die Summen aus diesen drei Bereichen bilden drei verschiedene Arten des Cash Flow. Es wird zwischen operativem Cash Flow, dem Cash Flow aus Investitionstätigkeit und dem aus Finanzierungstätigkeit unterschieden.[222]

Der operative Cash Flow entsteht aus der laufenden Geschäftstätigkeit und ist die Differenz aus betrieblichen Ein- und Auszahlungen. In der direkten Darstellungsform der Kapitalflussrechnung wird der Cash Flow aus Investitions- bzw. Finanzierungstätigkeit als Saldo von Ein- und Auszahlungen in diesen Bereichen ermittelt.

---

[220] Coenenberg (2003), S. 762.

[221] Bei der vorliegenden Definition spricht man von der so genannten direkten Ermittlung. Bei der indirekten Ermittlung ergibt sich die Verbindung zum zuvor dargestellten Gewinn: Cash Flow = Gewinn + Abschreibungen +/- Rückstellungen (Vgl. Kehl (2002), S. 25))

[222] Die Ermittlung des Cash Flow aus den genannten drei Bereichen entstammt der (indirekten) Berechnung aus der Kapitalflussrechnung. Sie unterscheidet sich strukturell von einer (direkten) Ermittlung aus der Gewinn- und Verlustrechnung, wie sie unten bei der Berechnung der Cash Earnings verwendet wird.

Laufende Geschäftstätigkeit		Einzahlungen von Kunden für den Verkauf von Erzeugnissen, Waren und Dienstleistungen
	-	Auszahlungen an Lieferanten und Beschäftigte
	+/-	Sonstige Einzahlungen, die nicht der Investitions- oder Finanzierungstätigkeit zuzuordnen sind
	+/-	Ein- und Auszahlungen aus außerordentlichen Posten
	=	Cash Flow aus der laufenden Geschäftstätigkeit (1)
Investitionstätigkeit		Einzahlung aus Abgängen von Gegenständen des Sachanlagevermögens
	+	Einzahlungen aus Abgängen von Gegenständen des immateriellen Anlagevermögens
	-	Auszahlungen für Investitionen in das Sachanlagevermögen
	-	Auszahlungen für Investitionen in das immaterielle Vermögen
	+	Einzahlungen aus Abgängen von Gegenständen des Finanzanlagevermögens

	+/-	Einzahlungen/Auszahlungen aus dem Verkauf/Erwerb von konsolidierten Unternehmen und sonstigen Geschäftseinheiten
	+/-	Einzahlungen/Auszahlungen aufgrund von Finanzmittelanlagen im Rahmen der kurzfristigen Finanzdisposition
	=	Cash Flow aus der Investitionstätigkeit (2)
Finanzierungstätigkeit		Einzahlungen aus Eigenkapitalzuführungen
	-	Auszahlungen an Unternehmenseigner und Minderheitsgesellschafter
	+	Einzahlungen aus der Begebng von Anleihen und der Aufnahme von (Finanz-)Krediten
	-	Auszahlungen aus der Tilgung von Anleihen und (Finanz-)Krediten
	=	Cash Flow aus der Finanzierungstätigkeit (3)
Liquiditätssaldo	=	Zahlungswirksame Veränderung des Finanzmittelbestandes [(1) + (2) + (3)]

Tabelle 3: Die Ermittlung des Cash Flow
Quelle: Eigene Darstellung in Anlehnung an Peemöller (2001), S. 346 ff.

Neben den dargestellten Ausprägungen des Cash Flow ist der so genannte freie Cash Flow von Bedeutung. Dieser bildet die frei verfügbaren Zahlungsmittel der betrachteten Periode ab. Es ist damit der Zahlungsstrom, der die an die Eigen- und Fremdkapitalgeber in Form von Dividenden, Kapitalherabsetzungen und Zunahme der liquiden Mittel verteilbaren Einzahlungsüberschüsse bezeichnet.[223] Er berechnet sich aus der Summe von Cash Flow aus laufender Geschäftstätigkeit und dem Cash Flow aus Investitionstätigkeit. Es werden also die Mittel aus dem operativen Geschäft beschrieben, die nach Berücksichtigung von Investitionszahlungen im Unternehmen verbleiben.[224] Trotz eines im Schrifttum relativ übereinstimmenden Grobkonzeptes zur Berechnung des freien Cash Flow bestehen hier Schwierigkeiten hinsichtlich der Terminologie und der zurechenbaren Bestandteile.

Auf eine Modifikation des Cash Flow soll mit den Cash Earnings nach dem DVFA/SG[225]-Bewertungsschema eingegangen werden, die sich wie folgt zusammensetzen:[226]

Jahresüberschuss/-fehlbetrag

+/- Abschreibungen auf Gegenstände des Anlagevermögens

+/- Veränderungen der Rückstellungen für Pensionen bzw. anderer langfristiger Rückstellungen

+/- Veränderungen der Sonderposten im Rücklagenanteil

+/- Latente Ertragsteueraufwendungen bzw. –erträge

+/- Andere nicht zahlungswirksame Aufwendungen und Erträge von wesentlicher[227] Bedeutung

+/- Bereinigung zahlungswirksamer Aufwendungen/Erträge aus Sondereinflüssen

= **Cash Earnings nach DVFA/SG**

---

[223] Vgl. Hachmeister (2000), S. 60.

[224] Vgl. Günther (1997), S. 112ff.

[225] Deutsche Vereinigung für Finanzanalyse und Anlageberatung / Schmalenbach Gesellschaft – Deutsche Gesellschaft für Betriebswirtschaft

[226] Vgl. Coenenberg (2003), S. 975.

[227] Nicht zahlungswirksame Aufwendungen und Erträge sind wesentlich, wenn sie zusammen 5% der durchschnittlichen Cash Earnings der drei vorhergehenden Berichtsjahre übersteigen.

Das entscheidende Merkmal dieser Erfolgsgröße ist die Bereinigung um Sondereinflüsse, auch wenn sie zahlungswirksam sind. Die meisten Definitionen von Cash Flow beziehen diese Beträge mit ein, da sie Bestandteil der Netto-Zahlungsströme sind. Dieses Vorgehen bei der Berechnung erklärt sich dadurch, dass versucht wird, den langfristig erzielbaren Ertrag abzubilden. Aus diesem Grund werden die Cash Earnings nach DVFA/SG auch als "Nachhaltiger Cashflow" bezeichnet.[228]

3.3.2.2 Eignung

Die Eignung einer der Ausprägungen des Cash Flow als Kenngröße für den ökonomischen Erfolg ist an der Möglichkeit zur Abbildung der Interessen der Eigentümer zu messen. Indem der Cash Flow angibt, welche Mittel aus dem Umsatzprozess erwirtschaftet werden, kann abgeleitet werden, wie viel für Investition, Schuldentilgung und Ausschüttung zur Verfügung steht.[229] Es lassen sich damit die Ansprüche der Eigen- und Fremdkapitalgeber des Berichtszeitraums beziffern. Der wirtschaftliche Erfolg, insbesondere das Innenfinanzierungspotenzial, kann mit dem Cash Flow also dargestellt werden. Durch die Orientierung an Ein- und Auszahlungen ist diese Größe deutlich unempfindlicher gegenüber bilanzpolitischen Maßnahmen als beispielsweise der Gewinn.

Für die vorliegende Untersuchung weisen die Cash Earnings nach DVFA/SG durch die ertragsnahe Definition große Vorteile auf. Da hier untersucht werden soll, welchen Einfluss Umwelt- und Sozialmanagement-Strategien auf den langfristigen ökonomischen Unternehmenserfolg haben, ist es von Vorteil, Sondereinflüsse aus der Berechnung heraus zu lassen.

Bei der Verwendung des Cash Flow beziehweise der Cash Earnings ist allerdings zu beachten, dass sie sich nur auf den Zeitraum der Berichtsperiode beziehen. Für die Abbildung des langfristigen Erfolgs ist es aber nötig, eine Betrachtung über die Grenzen eines Geschäftsjahres hinaus vorzunehmen. Für Vergleiche des Erfolgs mehrerer Unternehmen müssen zusätzlich Vermögens- und Kapitalstruktur hinzugezogen werden, da eine ausschließliche Betrachtung von Ein- und Auszahlungen keine Schlüsse auf die Substanz und die Risikosituation zulässt. Das im Folgenden vorgestellte Konzept des Shareholder Value greift auf den Cash Flow zurück, ist

---

[228] Vgl. Coenenberg (2003), S. 975.
[229] Vgl. Peemöller (2001), S. 361.

langfristig orientiert und hinsichtlich der Kapitalstruktur differenziert. Dadurch ermöglicht es intertemporäre als auch interbetriebliche Vergleiche, für die der Cash Flow allein nicht geeignet ist.

3.3.3 Shareholder Value

Das auf Rappaport (1986) zurückgehende Shareholder Value (SV) Konzept soll das Management und die Unternehmenseigner in die Lage versetzen, eine Strategie und deren Auswirkung auf den Unternehmenswert zu beurteilen. Die Leitidee des SV Konzepts ist die Ausrichtung der Unternehmensführung auf die ökonomischen Interessen der Eigentümer.[230] Sie entspricht damit genau der wesentlichen Anforderung an eine Messgröße des ökonomischen Erfolges wie sie in dieser Untersuchung benötigt wird.[231] Idealtypisch wird bei dem Konzept unterstellt, dass die primäre Zielsetzung der Unternehmenseigner die Erhöhung des Marktwertes des eingesetzten Kapitals ist, also die Maximierung des Eigenkapitalmarktwertes.[232] Basierend auf dieser Grundannahme fokussiert das SV Konzept die langfristig orientierte Marktwertmaximierung des Eigenkapitals der Anteilseigner und stellt den Nutzen des Aktionärs als Maßstab des unternehmerischen Handelns in den Vordergrund.[233] Grundlage für die Messung des unternehmerischen Erfolgs ist die zukünftige Wertsteigerung des Unternehmens. Konkret bedeutet das, dass Unternehmensstrategien ex ante hinsichtlich ihrer Wirkung auf den Marktwert des Eigenkapitals bewertet werden müssen. Es werden dazu die in Zukunft zu erwirtschaftenden Cash Flow abdiskontiert[234], woraus sich der Wert des Unternehmens oder eines Projekts ergibt.

3.3.3.1 Definition und Berechnung des Shareholder Value

Die Berechnung des Shareholder Value geschieht im Rahmen der Discounted Cash Flow (DCF) Methode nach folgender Formel:

---

[230] Vgl. Dirrigl (1994), S. 415.

[231] Vgl. Kap. 3.2.1.

[232] Vgl. Günther (1994), S. 13.

[233] Vgl. Bühner (1992), S. 418.

[234] Bei dieser Methode der Ermittlung des Shareholder Value spricht man von der so genannten „Discounted Cash Flow- (DCF-) Methode". Alternative Verfahren brauchen hier aufgrund der hohen Akzeptanz der DCF-Methode und der Ergebnisorientierung dieser Arbeit nicht erwähnt zu werden.

$$SV = \sum_{t=1}^{n} \frac{FCF_t}{(1+WACC)^t} + \frac{Residualwert_n}{(1+WACC)^n} - FK$$

mit:

FCF_t	=	freier Cash Flow zum Zeitpunkt t
WACC	=	Kapitalkostensatz „Weighted Average Cost of Capital"
$Residualwert_n$	=	Wert der ab Periode n (abdiskontierten) Cash Flow
FK	=	Fremdkapital
n	=	Detailprognosezeitraum: Perioden, für die eine explizite Schätzung der Cash Flow erfolgt.

Der Shareholder Value setzt sich bei Berechnung nach der DCF-Methode aus drei Termen zusammen. Im ersten Teil werden die abgezinste freien Cash Flow des so genannten Detailprognosezeitraumes, für den die erwirtschafteten Ein- und Auszahlungen einer jeden Periode explizit geschätzt werden können, addiert. Als Zinssatz werden hier die gewichteten Kosten für Eigen- und Fremdkapital (WACC) verwendet.[235] Im zweiten Term wird der so genannte Residualwert abgezinst. Dieser umfasst alle Cash Flow der nach dem Detailprognosezeitraum erwirtschafteten Cash Flow. Die Summe der beschriebenen Bestandteile entspricht dem Unternehmenswert, von dem das eingesetzte Fremdkapital abgezogen werden muss, um den Marktwert des Eigenkapitals zu ermitteln.

---

[235] Eine nähere Erläuterung des verwendeten Kapitalkostensatzes erfolgt in Kapitel 3.3.3.1.2.

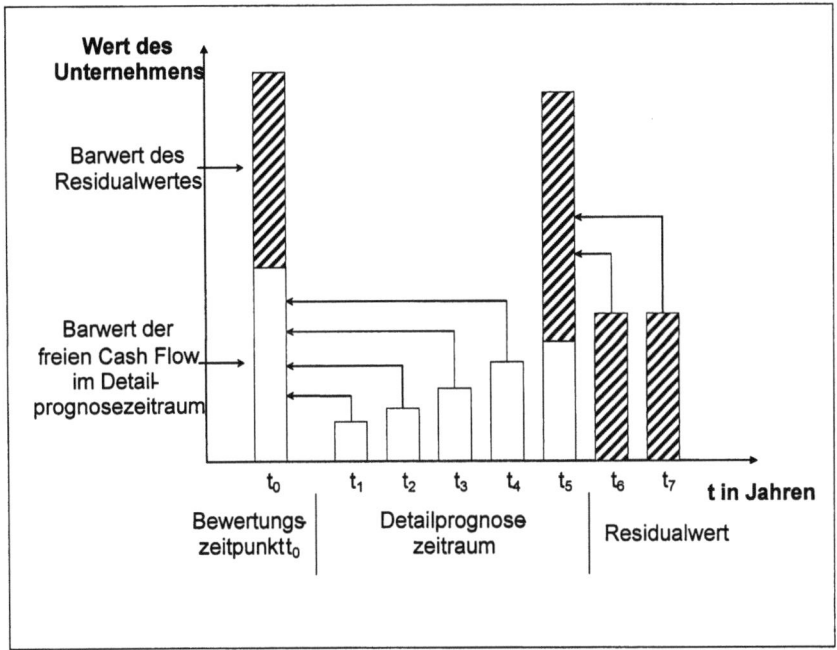

Abbildung 16: Der Unternehmenswert gemäß DCF-Verfahren
Quelle: In Anlehnung an Bühner/Weinberger (1991), S. 192.

In Anlehnung an diese dargestellte Formel sollen im Folgenden die einzelnen Bestimmungsgrößen näher erläutert werden.

3.3.3.1.1 Schätzung der freien Cash Flow

Die Berechnung der freien Cash Flow (FCF) einer Berichtsperiode erfolgt nach den in Kapitel 3.3.2.1 beschriebenen Methoden. Werden die Werte für Vergleiche von verschiedenen Unternehmen verwendet, so ist darauf Acht zu geben, dass im Jahresabschluss unter diesem Terminus die gleichen Inhalte verstanden werden. Eventuell müssen die einzelnen Bestandteile des FCF nach eigenen Erhebungen zusammengefasst werden, was zu Werten führen kann, die von den in der Kapitalflussrechnung ausgewiesenen abweichen können.

Bei der Schätzung der zukünftigen FCF unterscheidet man methodisch die mittelfristigen Prognosen von den langfristigen. Für eine Spanne von 5 -10 Jahren, dem so genannten Detailprognosezeitraum, werden explizite Werte angegeben, die sich aufgrund von Vergangenheitswerten oder inhaltlichen Analysen des Unternehmen abschätzen lassen. Die Qualität der Vorhersagen nimmt mit zunehmender Prognoselänge ab. Die DCF-Methode trägt dem Rechnung, indem zu den abgezinsten Werten der Detailprognose ein Rest- oder Residualwert addiert wird. Dieser repräsentiert den Fortführungs- oder bei Verkauf den Liquidationswert des Unternehmens, der ebenfalls diskontiert werden muss. Damit wird deutlich, dass für die Ermittlung des SV der Kalkulationszinssatz und damit die Kapitalkosten von wesentlicher Bedeutung sind.

3.3.3.1.2 Schätzung der Kapitalkosten

Der zur Diskontierung der FCF verwendete Kalkulationszinsfuß entspricht im Rahmen der DCF-Methode den Kosten des eingesetzten Kapitals, das sich sowohl aus Eigen- als auch aus Fremdkapital zusammensetzt.[236] Da für die unterschiedlichen Kapitalquellen zumeist divergierende Verzinsungen zu unterstellen sind, wird ein gewichteter Kapitalkostensatz (WACC) angesetzt, der sich folgendermaßen errechnet:

$$WACC = i_{EK} \times \frac{EK}{GK} + i_{FK} \times \frac{FK}{GK}$$

mit:

WACC	=	Gesamtkapitalkostensatz
i_{EK}	=	Kosten des Eigenkapitals (geforderte Rendite der Eigenkapitalgeber)
i_{FK}	=	Kosten des Eigenkapitals (geforderte Rendite der Eigenkapitalgeber)
EK	=	Marktwert des Eigenkapitals
FK	=	Marktwert des Fremdkapitals
GK	=	Unternehmensgesamtwert

Auch die für den WACC verwendeten Größen müssen prognostiziert werden. Zu schätzen sind Eigen- und Fremdkapitalzinssätze sowie die Kapitalstruktur des Unternehmens. Zur Bestimmung des Eigenkapitalzinssatzes wird üblicherweise das so

---

[236] Mandl / Rabel (1997), S. 321.

genannte „Portfoliotheorie" nach Markowitz[237] verwendet. Dies soll an dieser Stelle nicht näher erläutert werden, da es in der Literatur hinreichend beschrieben ist.[238] Hier soll der Hinweis genügen, dass die Daten des Modells auf Vergangenheitswerten beruhen und somit in der Verwendung zur Bestimmung zukünftiger Kapitalkosten auch Schätzfehlern unterliegen.

Die Prognose der Fremdkapitalkosten ergibt sich aus den aufgenommenen kurz- und langfristigen Fremdkapitalpositionen, sowie den in den jeweiligen Perioden gehaltenen Summen der Fremdkapitalarten. Die Höhe der zu zahlenden Zinsen hängt maßgeblich von der Risikostruktur des Unternehmens ab. In die Bestimmung der Fremdkapitalkosten müssen also Bonitätsbeurteilungen einfließen, die von verschiedenen Ratingagenturen bezogen werden können.[239] Darüber hinaus werden noch langfristige Marktzinsentwicklungen benötigt, um die Fremdkapitalzinsen eines Unternehmens valide schätzen zu können.

3.3.3.1.3 Schätzung der Kapitalstruktur

Grundlage der Kapitalstrukturauswertung stellt das auf der Passivseite der Bilanz ausgewiesene Eigen- und Fremdkapital des Unternehmens dar. Während das Eigenkapital aus dem gezeichneten Kapital, den Gewinn- und Kapitalrücklagen, dem Gewinn- bzw. Verlustvortrag sowie dem Jahresüberschuss besteht, umfasst das Fremdkapital die bereits genannten kurz- und langfristigen Fremdkapitalarten.[240] Die in der Bilanz angesetzten Positionen sind allerdings Buchwerte, die sich von den zugehörigen Marktwerten unterscheiden können. Es kann unterstellt werden, dass die Konditionen des verzinsten Fremdkapitals marktüblich sind, so dass die Buchwerte des aktuellen Fremdkapitals dessen Marktwerten entsprechen. Den Marktwert des Eigenkapitals zu bestimmen erweist sich als deutlich komplizierter, denn nach dem in Kap. 3.3.3.1 entwickelten Verständnis des Shareholder Value ist dieser genau der gesuchte Wert SV. Dieses Problem wird häufig als Zirkularitätsproblem bezeichnet, da für die Berechnung des Marktwertes des Eigenkapitals genau dieser Wert in der Bestimmungsformel wieder auftaucht. Es werden zwei Lösungsvor-

---

[237] Vgl. Markowitz (1952), S. 77ff.

[238] Vgl. z.B. Perridon / Steiner (1993), S. 447ff.

[239] Die Agentur Standard & Poor's bspw. bietet short-term und long-term Ratings an.

[240] Bei Unternehmen, die nach dem HGB bilanzieren, wird zwischen kurz-, mittel- und langfristigen Fremdkapitalarten unterschieden.

schläge für dieses Problem gegeben. Ein Ausweg wird in der Vorgabe einer Zielkapitalstruktur gesehen. Tatsächlich veröffentlicht das Management im Jahresabschluss häufig eine angestrebte Eigenkapitalquote. Es ist jedoch unbefriedigend, diese als Grundlage der Unternehmensbewertung zu verwenden, da dann das Management große Manipulationsmöglichkeiten zur Verbesserung des Unternehmenswertes hat. Ein zweiter Ansatz ist eine Berechnung der Kapitalkosten mit Hilfe eines Iterationsverfahrens, was beginnend mit einem frei zu wählenden Startwert für den Marktwert des Eigenkapitals unter gewissen Bedingungen gegen den tatsächlichen Wert konvergiert.[241]

3.3.3.2 Eignung

Der Shareholder Value hat in der Vergangenheit große Akzeptanz erfahren, weil durch das DCF-Verfahren die Mängel der gewinnorientierten Kennzahlen nicht mehr zu Tage treten. Weil die Berechnung des SV auf Grundlage der Cash Flow geschieht, können die Bewertungsfreiräume in sehr engen Grenzen gehalten werden. Weder die Verwendung der verschiedenen Rechnungslegungsnormen nach IFRS, US-GAAP oder in Deutschland nach dem HGB noch die Ausnutzung der Bewertungswahlrechte zur Minimierung der Steuergrundlage haben wesentlichen Einfluss auf den SV. Auch die Höhe des Ansatzes von Anlage- und Umlaufvermögen spielt keine Rolle, da sie nicht direkt auf Ein- und Auszahlungen zurückzuführen sind. Die Risikosituation eines Unternehmens wird durch die Verwendung des SV als Kennzahl für ökonomischen Erfolg berücksichtigt. Durch die Abzinsung der zukünftigen Cash Flow mit Hilfe des WACC wird die geforderte Eigenkapitalrendite in das Kalkül einbezogen. Diese ist aber wiederum abhängig von der Risikosituation des Unternehmens, denn bei einem hohen Risiko erwartet ein Eigenkapitalgeber auch eine hohe Rendite. Somit wird der SV bei geringen positiven Buchgewinnen, die unterhalb der gewichteten Kapitalkosten liegen, eine negative Entwicklung aufweisen, was einen weiteren Vorteil dieser Kennzahl ausmacht. Anders als die traditionellen Erfolgsgrößen basiert der SV auf einer langfristigen Betrachtungsweise. Während es beispielsweise bei kurzfristiger Gewinnorientierung einen Anreiz geben kann, Investitionen zurückzuhalten, um hohe Überschüsse ausweisen zu können, kann man einen hohen SV nur erreichen, wenn auch die zukünftige Ertragssituation posi-

---

[241] Vgl. Kaden et al. (1997), S. 504f.

tiv ist. Somit besteht weniger Gefahr von Investitionsstaus. Rappaport[242] weist darauf hin, dass auch notwendige aber unangenehme Umstrukturierungen des Unternehmens durch Orientierung des Managements am SV weniger zögerlich initiiert werden. Nach Abwägen der Kriterien, die am Gewinn bemängelt werden mussten, lässt sich feststellen, dass der SV eine sehr gute Aussagekraft besitzt.

Erhebliche Probleme treten allerdings bei der konkreten Ermittlung des Wertes auf. Während Gewinn und Cash Flow direkt aus den Geschäftsberichten der Unternehmen zu beziehen sind, ist der SV ausschließlich auf Schätzwerte angewiesen. Für die zukünftigen Cash Flow, den WACC und auch das Fremdkapital müssen Methoden gefunden werden, die auf zuverlässige Werte schließen lassen. Zu berücksichtigen sind dabei sowohl Entwicklungen im Unternehmen, die sich auf den Cash Flow, die Eigenkapitalquote und die Eigenkapitalzinsen niederschlagen, als auch Marktentwicklungen, die die Fremdkapitalzinsen beeinflussen. Wie schwierig es ist, daraus verlässliche Werte zu erhalten, belegen die Bewertungen von Unternehmen vor Börsengängen, bei denen häufig ein erhebliches Spekulationspotenzial bleibt. Es ist festzuhalten, dass die Abhängigkeit des SV von der zur Verfügung stehenden Datenbasis und den verwendeten Prognosemethoden zu verschiedenen Manipulationsmöglichkeiten führt, die die Verwendung des Shareholder Value als grundlegende Kennzahl für den unternehmerischen Erfolg trotz der konzeptionellen Vorzüge in einem problematischen Licht erscheinen lassen.

3.3.4 ROI

Der Return on Investment (ROI) ist eine Ausprägung einer Gesamtkapitalrendite, bei der der Gewinn vor Steuern und Zinsen (EBIT) mit dem durchschnittlich in der Periode gebundenen Kapital ins Verhältnis gesetzt werden:[243]

ROI = EBIT / durchschnittliches Gesamtkapital[244]

Grundsätzlich kann der ROI für die Bewertung von Unternehmen, aber auch für Geschäftseinheiten und Investitionsprojekte verwendet werden. Das gebundene Kapital entspricht je nach Definition dem Buchwert der Aktiva oder dem betriebsnotwendi-

---

[242] Vgl. Rappaport (1999), S. 9f.

[243] Vgl. Coenenberg (2003), S. 1052.

[244] Es existiert für die Definition des ROI aber keine einheitliche Meinung. So setzt z.B. Gladen (2001, S. 69f.) ROI = Gewinn / Kapitaleinsatz.

gen Vermögen (NOA[245]),[246] ersteres wird in dieser Arbeit verwendet. Der ROI wurde 1919 vom amerikanischen Konzern Du Pont entwickelt.[247] Dort wurde der Wert als Spitzenkennzahl eines Systems zur Unternehmensanalyse verwendet und folgendermaßen definiert:

ROI = Umsatzrendite * Umschlagshäufigkeit des betriebsnotwendigen Vermögens

= EBIT / Umsatz * Umsatz / durchschnittliches Gesamtkapital

Diese Definition entspricht der oben angegebenen Darstellung.

Bei Verwendung des ROI gilt ein Projekt oder Unternehmen als erfolgreich, wenn der Wert größer als die Kapitalkosten ist (ROI > WACC).

Der ROI ist eine Kennzahl, die auf dem ausgewiesenen Gewinn aufbaut. Damit ist diese Größe ebenfalls beträchtlichen Mängeln hinsichtlich der bilanzpolitischen Manipulierbarkeit durch Abschreibungen oder Rückstellungen ausgesetzt. Weitere Probleme entstehen durch die Quotientenbildung von EBIT und gebundenem Kapital. Während sich der Gewinn ausschließlich auf den Berichtszeitraum bezieht, ist ein Großteil des Kapitals längerfristig gebunden. Die entstehenden Probleme sollen anhand eines Beispiels erläutert werden.

Ein Unternehmen wird mit einem investierten Kapital von 100 Mio. € gegründet. Nach vier Jahren stellt sich die Ertragssituation wie in Tabelle 4 aufgeführt dar.

---

[245] NOA = Net Operating Assets

[246] Vgl. Coenenberg (2003), S. 1061ff. und Peemöller (2001), S. 389.

[247] Vgl. Peemöller (2001), S. 242.

	Anfang Jahr 1	Ende Jahr 1	Ende Jahr 2	Ende Jahr 3	Ende Jahr 4
Umsatz		38,6	38,6	38,6	38,6
Abschreibungen		25,0	25,0	25,0	25,0
EBIT		13,6	13,6	13,6	13,6
Vermögen	100	75	50	25	0
ROI		13,6 %	18,2 %	27,2 %	54,5 %

Tabelle 4: Entwicklung des ROI im Projektzeitraum
Quelle: Eigene Darstellung

Dieses Beispiel zeigt, dass der ROI von Jahr zu Jahr steigt, obwohl der Umsatz und die Ertragssituation gleich bleiben. Es wird deutlich, dass Investitionen, deren Erfolgsbeiträge erst in den folgenden Perioden zu erwarten sind, bei einer Orientierung am ROI zurückgehalten werden könnten, auch wenn sie die langfristige Ertragssituation verbessern könnten.[248] Es lässt sich also eine Kurzfristorientierung als Schwäche des ROI feststellen.[249]

Trotz dieser gravierenden Mängel des ROI weisen empirische Studien nach, dass die Maßzahl in der Praxis große Akzeptanz findet.[250] Auch das groß angelegte PIMS-Programm (Profit Impact of Market Strategies)[251] verwendet den ROI als Kennziffer für den strategischen Erfolg, weil sie sich trotz der beschriebenen Mängel als sehr aussagekräftig erwiesen hat.[252]

3.3.5 CFROI

Der Cash Flow Return on Investment (CFROI) ist wie auch der ROI eine relative Erfolgskennzahl, die aber auf dem Cash Flow basiert. Sie wird wie folgt definiert:

---

[248] Vgl. Peemöller (2001), S. 244.
[249] Vgl. Gladen (2001), S. 71.
[250] Vgl. Hansmann / Kehl (2000), S. 16.
[251] Vgl. Buzzell / Gale (1989), S. 3.
[252] Vgl. Hansmann (2006), S. 47.

CFROI = (Brutto Cash Flow – Abschreibungen) / gebundenes Kapital [253]

Das gebundene Kapital wird im Rahmen der Berechnung dieser Kennzahl zumeist durch das investierte Kapital zu inflationsbereinigten, historischen Anschaffungskosten abgebildet.[254] In der Anwendung wird die Kennzahl den Kapitalkosten des Unternehmens gegenübergestellt. Wenn der CFROI diese übersteigt, dann gilt die Geschäftseinheit als erfolgreich.[255]

Durch die Orientierung am Cash Flow ist der CFROI als Erfolgsmaßstab weniger bilanzpolitisch manipulierbar und damit eher geeignet als der ROI. Eine mögliche Fehlerquelle ist die Bestimmung der Kapitalkosten, bei der die Risikosituation des Unternehmens eingeschätzt werden muss. Zudem sind, wie auch beim ROI, wegen der statischen Betrachtungsweise[256] keine Aussagen über die periodenübergreifende Wertschöpfung möglich, was zu einer Überbewertung von kurzfristigen Erfolgen führen kann.[257]

3.3.6 EVA und CVA

Die Wertentwicklungen, die der ROI und der CFROI als prozentuale Größen abbilden, finden ihre Entsprechung im Economic Value Added (EVA) und Cash Value Added (CVA) als absolute (Geld-)Werte. Beide haben zum Ziel den Mehrwert, der über die Kapitalkosten hinausgeht, zu messen.

Die Definition des EVA ist an den ROI angelehnt und somit auch gewinnbasiert:

EVA = EBIT - (WACC × gebundenes Kapital)[258]

Mit dem EVA können ähnliche Aussagen hinsichtlich des Erfolges von Projekten oder Unternehmen getroffen werden wie mit Hilfe des ROI. Dementsprechend sind

---

[253] Vgl. Peemöller (2001), S. 391. Der Brutto Cash Flow ist eine Maßgröße für die Innenfinanzierungskraft des Unternehmens. Er zeichnet sich im Wesentlichen dadurch aus, dass Investitionen bzw. Desinvestitionen ins Anlage- und Umlaufvermögen nicht enthalten sind. Vgl. Gebhardt / Mansch (2005), S. 124.

[254] Vgl. Coenenberg (2003), S. 1059.

[255] Vgl. Peemöller (2001), S. 392.

[256] Vgl. Körnert (2003), S. 86.

[257] Vgl. Peemöller (2001), S. 392.

[258] Eigene Definition in Anlehnung an Coenenberg (2003), S. 1053 und Peemöller (2001), S. 389.

hier auch die genannten Mängel - die Beschränkung auf die Berichtsperiode und die bilanzpolitische Manipulierbarkeit - zu verzeichnen.

Die auf Ein- und Auszahlungen basierende absolute Wertsteigerung des Unternehmens ist der CVA. Er ist folgendermaßen definiert:

CVA = Brutto Cash Flow - Abschreibungen - (WACC × gebundenes Kapital)[259]

Die Vor- und Nachteile dieser Größe entsprechen denen des CFROI, da beide Kennzahlen auf den gleichen Grundüberlegungen beruhen.

3.3.7 Börsenwert

Unter der Annahme, dass der Börsenkurs die Ertragserwartungen eines Unternehmens abbildet, erfüllt er die Anforderungen an eine eigentümerorientierte Erfolgsgröße sehr gut. Der Börsenwert ist dann der am Markt objektivierte Betrag, den die Anleger bereit sind zu zahlen.[260] Damit ist eine Unabhängigkeit gegenüber Modellannahmen gegeben, die bei zuvor genannten Konzepten, wie beispielsweise dem SV, problematisiert werden mussten und sich als Schwäche herausgestellt haben. Auch der Anspruch, dass eine Erfolgsgröße nicht bilanzpolitisch manipulierbar sein sollte, kann weitgehend erfüllt werden. Den Kurs einer Aktie beeinflussende Maßnahmen des Managements wie eine Kapitalerhöhung oder der Rückkauf von Aktien, können zwar Einfluss auf den Börsenwert des Unternehmen haben, werden aber den Eigentümern durch Publizitätsverpflichtung solcher Maßnahmen transparent gemacht. Marktmechanismen bringen den Börsenkurs wieder auf ein Niveau, so dass der Marktwert unbeeinträchtigt bleibt. Damit kann festgehalten werden, dass der Börsenwert unter der Prämisse, dass er die abgezinsten Erträge der Zukunft widerspiegelt, das Investitionskalkül, insbesondere die langfristigen Rendite- und Risikoerwartungen der Eigentümer, berücksichtigt.

Allerdings muss davon ausgegangen werden, dass Anleger auch ein Spekulationskalkül in ihre Entscheidungen einbeziehen. Es ist unstrittig, dass kurzfristige Gewinnchancen und die übergeordnete Kapitalmarktentwicklung erheblichen Einfluss auf Kurse nehmen. Dementsprechend ist es eine wesentliche Aufgabe von Aktienanalysten, den Einfluss des Marktes von der substanziellen Bewertung des Unter-

---

[259] Eigene Definition in Anlehnung an Coenenberg (2003), S. 1059 und Peemöller (2001), S. 392.

[260] Vgl. Peemöller (2001), S. 232.

nehmens zu trennen, um so einschätzen zu können, ob ein Papier über- oder unterbewertet ist. Trotz der Bemühungen zur Festlegung eines fairen Wertes von Unternehmensanteilen hängt die Nachfrage letztlich einzig von den unterschiedlichen Erwartungen der potenziellen Anleger ab. Damit wird der gebildete Preis als „Mittelwert" der Erwartungen nicht mit dem tatsächlichen Erfolg übereinstimmen. Festzuhalten ist, dass die Ertragssituation der Unternehmen als erklärende Variable des Börsenkurses nicht ausreicht und dieser somit als Erfolgsmaßstab erhebliche Mängel aufweist.[261] Häufig werden deshalb Faktormodelle zur Erklärung von Aktienkursen verwendet, die potenzielle Einflussfaktoren mit Kurswerten in einen funktionalen Zusammenhang bringen.[262]

3.4 Auswahl der Erfolgsgrößen

Die ökonomischen Erfolgsgrößen gehen in der weiterführenden Untersuchung in eine Kausalanalyse ein, die mit Hilfe des Partial Least Square Verfahrens durchgeführt wird, und in eine Benchmark-Studie, die auf der Data Envelopment Analysis fußt. Beides sind multivariate Methoden, mit denen mehrere ökonomische Größen simultan verarbeitet werden können, so dass man sich nicht auf eine Kennzahl beschränken muss.

Bei der Auswahl der Erfolgsgrößen müssen einige Aspekte beachtet werden, die im Design der Studie begründet liegen und über die in Kapitel 3.1 beschriebenen Anforderungen hinausgehen. Da die ökonomischen Situationen vieler Unternehmen verglichen werden sollen, ist es nicht möglich, absolute Erfolgskennzahlen der Unternehmen zu verwenden. Es müssen Relationen zum jeweils eingesetzten Kapital hergestellt werden, die die Ertragssituation unabhängig von der Größe des Unternehmens vergleichbar machen. Zudem sollen die Kennzahlen Aussagen über die langfristige Ertragslage zulassen, damit die Effekte der Nachhaltigkeitsstrategie gemessen werden können.

Diese Überlegungen führen dazu, dass der nachhaltig erzielbare Ertrag, also die Cash Earnings, als Grundlage für die Messung des ökonomischen Erfolgs dienen.

---

[261] Vgl. Laux (2003), S. 3.

[262] Vgl. Spremann / Gantenbein (2005), S. 178f.

Um die notwendige Langfristigkeit in die Analyse zu integrieren, wird in der Empirie ein Zeitraum von 5 Jahren betrachtet.[263]

Die erhaltenen Werte werden mit dem arithmetischen Mittel des Buchwertes des Eigenkapitals[264] ins Verhältnis gesetzt. Damit ist ein geeignetes Maß für die Rendite der Eigentümer gefunden. Weiterhin soll die langfristige Entwicklung der gesamten Geschäftstätigkeit des Unternehmens abgebildet werden. Hierzu werden die Cash Earnings ebenfalls in ein Verhältnis zum Gesamtkapital[265] gesetzt. Mit der Betrachtung von Eigen- und Gesamtkapital ist auch dem Einfluss der Kapitalstruktur Rechnung getragen. So werden hohe Eigenkapitalrenditen, die mit Ausnutzung des Leverage-Effektes durch Erhöhung des Fremdkapitals erreicht wurden, durch niedrige Fremdkapitalrenditen korrigiert. Dies ist im Sinne einer nachhaltigen ökonomischen Entwicklung, da hohe Fremdkapitalquoten mit großem finanziellem Risiko einhergehen.

Die erhobenen Ergebnisse der ökonomischen Analyse finden sich in Tabelle 5.

---

[263] Es wurden die Jahresabschlüsse der Jahre 1999 bis 2003 herangezogen.

[264] Der tatsächliche Wert des Eigenkapitals ist der Shareholder Value. Den zu ermitteln ist, wie in Kapitel 3.3.3 beschrieben, aber mit einer Reihe von Prognosefehlern verbunden, was die Aussagekraft so erheblich einschränkt, dass die Maßzahl für die vorliegende Untersuchung ungeeignet macht..

[265] Auch beim Gesamtkapital wurde der Buchwert herangezogen. Genauso wie zuvor wurden hier die Durchschnittswerte der letzten fünf Jahre verwendet.

Unternehmen	CE / EK in %	CE / GK in %
UntA	83,1	15,1
UntB	62,0	9.0
UntC	60,6	10,8
UntD	72,2	6,0
UntE	46,3	10,6
UntF	46,7	15,6
UntG	36,2	11,3
UntH	49,6	14,9
UntI	37,2	11,2
UntJ	52,3	11,6
UntK	36,4	15,9
UntL	52,8	17,2
UntM	68,7	6,1
UntN	54,7	19,7
UntO	61,1	19,3
UntP	28,0	6,1
UntQ	39,4	11,9
UntR	47,0	11,4
UntS	56,7	11,0
UntT	43,0	6,1
UntU	58,2	14,9

Tabelle 5: Finanzwirtschaftliche Bewertung
Quelle: Eigene Darstellung

4 Beziehungen zwischen Nachhaltigkeitsmanagement und wirtschaftlichem Erfolg

Die wesentliche betriebswirtschaftliche Herausforderung Nachhaltiger Entwicklung ist die gleichrangige Integration ökologischer, sozialer und ökonomischer Ziele. Dieses Kapitel widmet sich nun mit Rückgriff auf die theoretischen und empirischen Befunde der vorherigen Abschnitte der Zusammenführung dieser drei Zieldimensionen. Nach der folgenden Darstellung der volks- und betriebswirtschaftlichen Notwendigkeit von methodischen und praktischen Ansätzen, die das Umwelt- und Sozialmanagement in einen traditionellen ökonomischen Kontext bringen, werden bestehende Maße und Methoden als Controlling-Instrumente des Nachhaltigkeitsmanagements vorgestellt und hinsichtlich ihrer Eignung, insbesondere für die vorliegende Empirie, bewertet. Den Schwerpunkt dieses Kapitels bildet die Entwicklung und Schätzung eines Kausalmodells, dessen methodischer Fortschritt in der Möglichkeit zur Quantifizierung von Interdependenzen liegt. Mit Hilfe dieser Analyse werden dann die empirischen Befunde um die Zusammenhänge zwischen ökologischen, sozialen und ökonomischen Bestrebungen des Unternehmens erweitert.

4.1 Zielsetzung der Untersuchung von Interdependenzen

Globale Zielsetzungen der Nachhaltigkeit sind zumeist in einem übergeordneten politischen oder volkswirtschaftlichen Rahmen formuliert worden.[266] Sie können aber immer nur als Richtlinien für Operationalisierungsansätze fungieren. Denn erst mit konkret umsetzbaren Konzepten können die Akteure, die die ökologischen und sozialen Entwicklungen direkt beeinflussen, Nachhaltigkeit in ihr Handeln integrieren. Es ist nun Aufgabe der Wissenschaft, betriebswirtschaftlich nutzbare Methoden und Maße zu finden, mit denen die Nachhaltige Entwicklung gesteuert werden kann. Volkswirtschaftlich muss ermittelt werden, wo Zielkonflikte dazu führen können, dass natürliche und soziale Ressourcen über ein langfristig verantwortungsvolles Maß hinaus ausgenutzt werden. Die Erkenntnisse sollten dann Grundlage für wirtschaftspolitische Eingriffe sein.

Aus betriebswirtschaftlicher Sicht werden Methoden zur Planung, Steuerung und Kontrolle benötigt, die die Identifikation von Zusammenhängen auf einer individuali-

---

[266] Vgl. United Nations (1987), United Nations (1992) oder United Nations (1997).

sierten betrieblichen Ebene ermöglichen. Nur wenn das Management Synergiepotenziale und Zielkonflikte zwischen ökologischen, sozialen und ökonomischen Zielsetzungen im eigenen Unternehmen identifizieren kann, ist es in der Lage vorhandene Ressourcen effizient zu nutzen und somit einen Beitrag zur Zielharmonisierung zu leisten.

4.2 Bestehende Maße und Methoden

Das Zentrum für Nachhaltigkeitsmanagement der Universität Lüneburg hat in der Vergangenheit drei Konzepte entwickelt, die die drei Säulen der Nachhaltigkeit gleichwertig in die Unternehmensführung einbeziehen sollen. Mit dem Environmental Shareholder Value (ESV)[268], dem Sustainable Value Added (SVA)[269] und der Sustainable Balanced Scorecard (SBSC)[270], die im Folgenden aufgegriffen werden, verarbeiten die Autoren methodisch traditionelle Ansätze, die sie um Anforderungen aus der Nachhaltigkeitsidee erweitern.

4.2.1 Environmental Shareholder Value

Schaltegger/Figge (1999) entwickelten mit dem Konzept des ESV eine Methode, die direkt die Verbindung zum Shareholder Value-orientierten Management herstellen soll. Aufbauend auf dem klassischen Shareholder Value-Netzwerk nach Rappaport (1999, S. 67 f.) sieht sich dabei das Nachhaltigkeitsmanagement der Frage gegenüber, welchen Einfluss die Entscheidungen des Ökomanagements auf die Werttreiber des Shareholder Value haben, um daraus die Auswirkungen auf den Unternehmenswert ableiten zu können.

---

[268] Vgl. Schaltegger / Figge (1997)
[269] Vgl. Figge / Hahn (2002)
[270] Vgl. Figge et al. (2001)

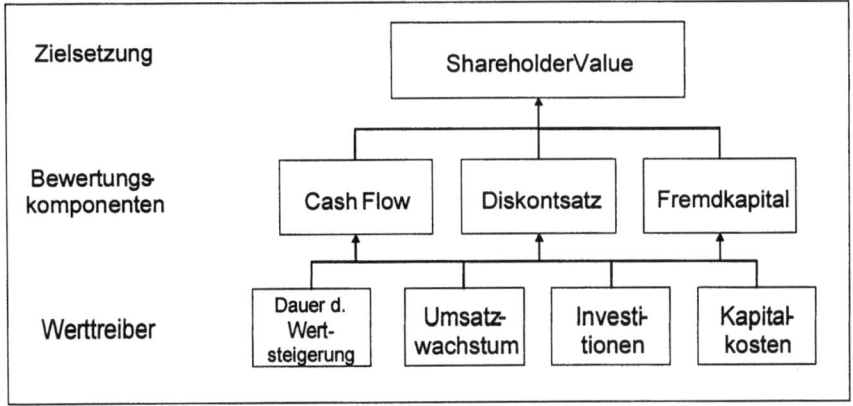

Abbildung 17:   Das Shareholder Value Netzwerk
Quelle: Rappaport (1999), S. 68.

In den vorliegenden Ausführungen werden die Überlegungen des ESV um Aspekte des Sozialmanagements erweitert. Bei Anwendung dieses Konzepts müssen Korrelations- und Kausalbeziehungen zwischen Elementen des Nachhaltigkeitsmanagements und den Werttreibern des Shareholder Value konstatiert werden. Die Autoren verweisen dabei einseitig auf verschiedene Shareholder Value steigernde Einflüsse des Öko- und Sozialmanagements[271], die im Folgenden aufgeführt werden, vernachlässigen aber negative Wirkungszusammenhänge.

Als erstes soll der Frage nachgegangen werden, wie die Netto-Zahlungsströme durch nachhaltiges Wirtschaften beeinflusst werden. Schaltegger / Figge (1997, S.12) verweisen in diesem Zusammenhang auf eine ökologisch motivierte Preisdifferenzierung, die den Absatz fördert, und damit die Umsatzerlöse beziehungsweise die Cash Flow vermehrt werden können. Dazu ist allerdings zu bemerken, dass dadurch nur der Verkauf der nachhaltig hergestellten Produkte gefördert wird. Es sind schwerlich Aussagen möglich über die Erzeugnisse, die von der Preisdifferenzierung nicht betroffen sind. Weniger zweifelhaft ist die positive Wirkung ressourcenschonenden Wirtschaftens auf die Zahlungsströme. Sicher können durch Energieeinsparung und Abfallvermeidung Kosten gesenkt und Cash Flow erhöht werden.

---

[271] Vgl. Schaltegger / Figge (1997) oder Bundesministerium für Umwelt, Naturschutz und Reaktorsicherheit (2002a), S. 51.

Auch auf die Verwendung des Kapitals nimmt das Nachhaltigkeitsmanagement Einfluss. Davon ausgehend, dass ein ausgeprägtes Umweltmanagement nur mit intelligenten Technologien und effizienten Anlagen möglich ist, benötigen die Unternehmen in der Regel weniger Vorräte. Es müssen also geringere Investitionen ins Umlaufvermögen getätigt werden. Andererseits darf nicht vergessen werden, dass dafür zunächst in moderne Technologien investiert werden muss. Die Investitionen ins Anlagevermögen werden sich bei dieser Strategie also tendenziell erhöhen.[272] Gesellschaftlich verantwortungsvolles Handeln wird in vielen Fällen staatlich unterstützt, z.B. durch steuerliche Anreize, die im Unternehmen dazu führen, dass die Cash Flow gesteigert werden können, wenn die entsprechenden Anforderungen erfüllt werden.

Auch Entscheidungen aus dem Sozialmanagement können die Cash Flow des Unternehmens steigern. So ist es plausibel, dass eine hohe Mitarbeiterzufriedenheit die Produktivität zum Beispiel durch geringere Krankenstände erhöht, was sich wiederum in der Kostensituation positiv niederschlagen wird.

Wie in Kapitel 2 festgestellt, wird das Risikomanagement im Rahmen nachhaltigen Verhaltens immer wichtiger. Wenn Unternehmen wirksame Maßnahmen ergreifen, um Regressansprüche nach Unfällen mit großen ökologischen Schäden zu vermeiden und damit Umsatzeinbußen durch die negative Wirkung auf die Öffentlichkeit umgehen, wird sich das Kreditrating von Banken, das die operativen Risiken des Unternehmens bewertet, positiv entwickeln, was zu einer geringeren Fremdkapitalverzinsung führt.

Sicherlich können neben diesen wichtigen Einflussfaktoren des Nachhaltigkeitsmanagements auf die Bestimmungsgrößen des SV noch eine Vielzahl weiterer abgeleitet werden. Mit der Einschätzung von Schaltegger / Figge (1997, S. 17), dass insgesamt ein positiver Zusammenhang festzustellen ist, sollen die genannten Aspekte hier genügen.

Mit dem Konzept des ESV konkretisieren die Autoren die Wirkung von Elementen des Umwelt- und Sozialmanagements auf die Werttreiber des Unternehmens. Es werden Aussagen über die Effekte auf das Renditeinteresse der Eigentümer möglich, allerdings nur auf qualitativer Ebene. Es ist nicht möglich, allgemeingültig zu formulieren, welche quantitativen Schlüsse die verschiedenen Elemente des Nach-

---

[272] Dieser Aspekt wird von den Autoren des ESV ausgelassen.

haltigkeitsmanagements auf die Unternehmenswertentwicklung zulassen. Besonders relevant wird dieser Kritikpunkt, wenn Entscheidungen gleichzeitig auf mehrere Werttreiber Einfluss nehmen oder wenn sowohl positive als auch negative Effekte berücksichtigt werden müssen. Wenn beispielsweise wie oben beschrieben moderne Technologien zum Einsatz kommen, werden sinkende Investitionen in das Umlaufvermögen durch größeres Anlagevermögen erkauft.

Insgesamt bleibt festzuhalten, dass das Konzept des ESV zwar als Grundmuster für eine unternehmerische Denkweise geeignet ist, die verhilft, Entscheidungen aus dem Nachhaltigkeitsmanagement mit den Renditezielen der Eigentümer zu verknüpfen. Für eine konkrete Analyse aber, in der auch unternehmensübergreifende Aussagen getroffen werden sollen, ist das Konzept ungeeignet.

4.2.2 Sustainable Value Added

Mit dem Ansatz des Sustainable Value Added (SVA) folgen Figge / Hahn (2002) der Idee des EVA[273], indem sie die ökonomische Wertsteigerung des Unternehmens (VA) mit den bei der Wertschöpfung angefallenen ökologischen und sozialen Kosten in Beziehung setzen. Damit sollen auch die Aspekte der Nachhaltigkeit integriert werden, die über das betriebswirtschaftliche Kalkül der Unternehmen hinausgehen. Die Autoren unterscheiden dabei in eine absolute und eine relative Messung des SVA.

Bei der absoluten Variante (SVA_{abs}) werden ökologische (EIA) und soziale Kosten (SIA)[274] von der rein ökonomischen Wertsteigerung des Unternehmens abgezogen. Weiterhin werden Opportunitätskosten (K_{opp}) eingebunden, die angeben, welchen Wert man mit den aufgewendeten Mitteln hätte erzielen können, wenn die ökonomischen, ökologischen und sozialen Ressourcen nicht in den abgebildeten Wertschöpfungsprozess eingebunden worden wären. Figge / Hahn (2002, S. 7) verwenden für den SVA folgende formale Darstellung:

$$SVA_{abs} = VA - EIA - SIA - K_{opp}$$

---

[273] Vgl. Kap. 3.3.6.

[274] Figge und Hahn (2002, S. 9) gehen davon aus, dass ein Wertschöpfungsprozess nicht nur negative ökologische und soziale Folgen mit sich bringt. Sie beziehen in ihre Betrachtungen positive Folgen ein, indem sie die hier als ökologische und soziale Kosten benannten Größen als Environmental (EIA) und Social Impact Added (SIA) bezeichnen.

Bei diesem Konzept muss beachtet werden, dass die verschiedenen Größen der Nachhaltigkeit sich gegenseitig kompensieren können, also schwache Nachhaltigkeit vorliegt. Die damit verbundenen Schwächen erschweren entsprechend die Anwendung des absoluten Sustainable Value Added.

Bei der relativen Variante des Sustainable Value Added (SVA_{rel}) wird die ökonomische Wertsteigerung des Unternehmens mit dem ökologischen und sozialen Input in ein Verhältnis gebracht. Da die zu entwickelnde Relation ohne einen Vergleichswert keinerlei Aussagekraft hat, werden Werte eines Benchmarks in die Berechnung einbezogen. Das Vergleichsobjekt kann dabei beispielsweise ein konkurrierendes Unternehmen oder der Marktdurchschnitt sein.

Die Ermittlung des SVA_{rel} erfolgt dann in vier Schritten. Zunächst wird für das zu untersuchende Unternehmen eine Nachhaltigkeitseffizienz ermittelt. Dazu teilt man die Summe der ökologischen und sozialen Kosten durch die ökonomische Wertsteigerung, die das Unternehmen dadurch erreichen konnte: $VA_U /(EIA_U + SIA_U)$. Die gleiche Kalkulation erfolgt im nächsten Schritt zur Errechnung der Nachhaltigkeitseffizienz des Benchmarks durch: $VA_B /(EIA_B + SIA_B)$. Im Anschluss werden die Quotienten voneinander abgezogen. Die erhaltene Differenz gibt Auskunft darüber, wie viel Wertsteigerung je Einheit ökologischer und sozialer Kosten das Unternehmen verglichen mit dem Benchmark generieren konnte. Im vierten und letzten Schritt wird der erhaltene Wert noch mit den eingesetzten ökologischen und sozialen Ressourcen multipliziert, um einen absoluten Wert als SVA_{rel} zu erhalten:

$$SVA_{rel} = \left(\frac{VA_U}{EIA_U + SIA_U} - \frac{VA_B}{EIA_B + SIA_B} \right) \cdot (EIA_U + SIA_U)^{275}$$

Grafisch stellt sich das Konzept wie folgt dar:

---

[275] Vgl. Figge / Hahn (2002), S.11.

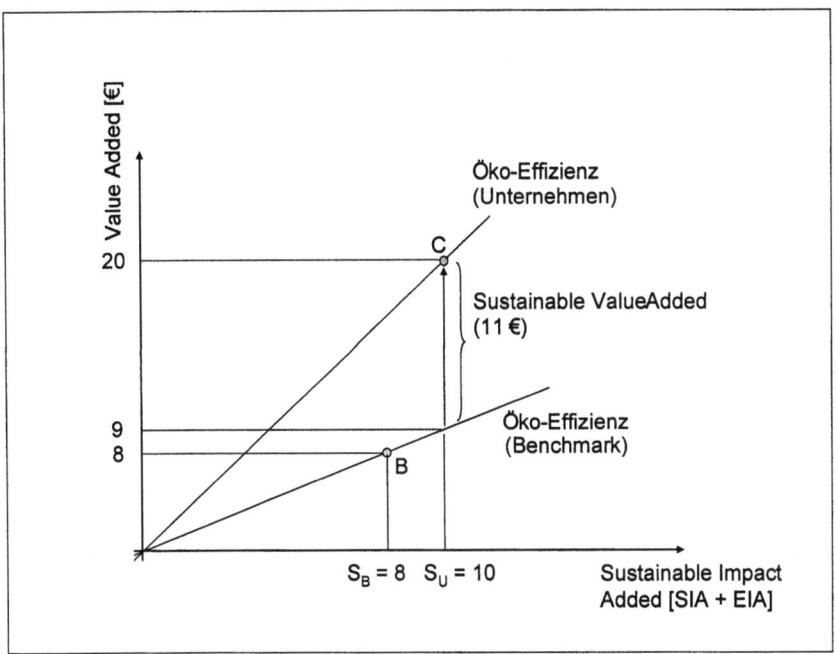

Abbildung 18: Sustainable Value Added
Quelle: In Anlehnung an Figge / Hahn (2002), S. 10.

Beim relativen Ansatz des Sustainable Value Added sind ökonomische Größen nicht wie bei der absoluten Variante additiv mit teilweise nicht sinnvoll monetär messbaren ökologischen und sozialen Kosten verknüpft. Dennoch müssen zur Ermittlung des EIA bzw. des SIA die verschiedenen ökologischen bzw. sozialen Implikationen miteinander verrechnet werden, was erhebliche Schwierigkeiten bereitet. Weiterhin ist die Objektivität des SVA_{rel} dadurch beeinträchtigt, dass der Wert wesentlich von der Wahl des Benchmarks abhängt. Diese wird in vielen Fällen eher von der Verfügbarkeit der benötigten Daten als von der Sinnhaftigkeit eines Vergleichs abhängen.

Neben diesen Problemen bei der Ermittlung eines realitätsnahen SVA muss das Konzept bewertend daran gemessen werden, wie gut die verschiedenen Aspekte der Nachhaltigkeit integriert werden und wie die Effektivität und Effizienz des Einsatzes natürlicher und sozialer Ressourcen abgebildet werden. Es ist zunächst festzuhalten, dass der SVA keine Aussagen über die Effektivität des Ressourceneinsatzes zulässt. Zudem existieren, wie in Kapitel 4.4.5.3 empirisch nachgewiesen werden wird, Korrelationsverhältnisse zwischen ökonomischen, ökologischen und sozialen

Größen. Der SVA kann aber keine Informationen darüber liefern, wie sich bei Veränderung einer Größe die anderen bewegen.

Weiterhin weisen Figge / Hahn (2002, S. 27) auf den widersinnigen Effekt hin, dass sich trotz einer höheren Umweltbelastung[276] ein gestiegener SVA ergeben kann. Dieser Fall tritt ein, wenn die Entwicklung des SVA in erster Linie durch ein Umsatzplus induziert wird.

4.2.3 Sustainable Balanced Scorecard

Wie der SVA ist auch die Sustainable Balanced Scorecard (SBSC) eine Weiterentwicklung eines Controlling-Instruments, das zur Planung, Steuerung und Kontrolle rein ökonomischer Zielsetzungen entwickelt wurde. Kaplan/Norton (1997, S. 11f.) haben erkannt, dass Visionen und Strategien Auswirkungen auf alle Unternehmensbereiche haben, insbesondere auch auf solche, die nicht sinnvoll direkt in eine wirtschaftliche Erfolgsrechnung eingehen können. Zur ganzheitlichen Erfassung des Betriebes erstreckt sich eine Balanced Scorecard (BSC) über vier Perspektiven, die ausgewogen betrachtet werden sollen und zunächst in separaten Kennzahlsystemen erfasst werden. Neben der finanziellen Seite werden die Visionen und Strategien auch aus der Markt- („Kunde"), Prozess- („interne Geschäftsprozesse") und Entwicklungsperspektive („Lernen und Entwicklung") operationalisiert.

Die Autoren der BSC legen besonderen Wert darauf, dass mit diesem Ansatz auch nicht-monetäre Größen in das Controlling einbezogen werden können und müssen, wodurch der umfassende Blick auf das Unternehmen erst ermöglicht wird.[277]

Die Struktur der Messung soll in den einzelnen Perspektiven möglichst gleich sein. Für jede muss zunächst eine Anzahl an Zielgrößen definiert werden, die mit Hilfe von ausgewählten Kennzahlen gemessen werden. Weiterhin dienen abgeleitete Zielvorgaben als Grundlage für Soll-Ist Analysen. Schließlich sind auf der BSC auch Maßnahmen fixiert, die zur Erreichung der Ziele durchgeführt werden sollen oder bereits durchgeführt wurden.

Bei der Entwicklung einer BSC ist darauf zu achten, dass der Umfang der Kennzahlsysteme der einzelnen Perspektiven in etwa gleich ist, damit den Grundsätzen der

---

[276] Gleiches gilt auch für gestiegene soziale Kosten.

[277] Vgl. Körnert (2003), S. 25.

Ausgewogenheit und Ganzheitlichkeit Rechnung getragen wird. Weil die vier Sichtweisen des Unternehmens nicht isoliert betrachtet werden können, sondern vielmehr Zusammenhänge zwischen ihnen bestehen, sehen Kaplan und Norton auch Verknüpfungen der Perspektiven vor, die Ursache-Wirkungsketten abbilden. Damit sollen Ergebnisgrößen und Leistungstreiber identifiziert werden.

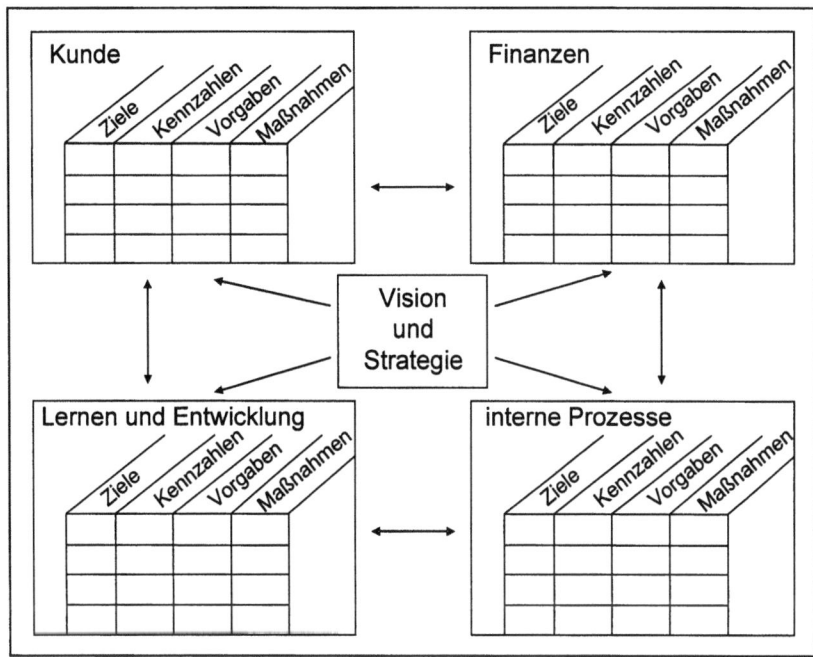

Abbildung 19: Balanced Scorecard
Quelle: In Anlehnung an Kaplan / Norton (1997), S. 9.

Aufgrund der Ausgewogenheit verschiedener, auch nicht-monetärer Perspektiven im Unternehmen scheint das Grundgerüst einer BSC für die Erfassung des Nachhaltigkeitsmanagements im Unternehmen geeignet, denn auch dort gibt es vielschichtige Interessen und Interessengruppen, die gleichrangig behandelt werden sollen.

Figge et al. (2001) schlagen drei Varianten der BSC vor, in denen das ökologische und soziale Umfeld des Unternehmens integriert wird, um zu der so genannten Sustainable Balanced Scorecard zu gelangen. Als erste Alternative kann man die BSC um eine Nicht-Marktperspektive erweitern. Die Autoren tragen damit dem Sachverhalt Rechnung, dass ein ineffizienter Verbrauch ökologischer und sozialer Ressourcen dadurch entsteht, dass durch Marktversagen viele ökologische und soziale Aspekte nicht in das unternehmerische Kalkül eingebunden werden, sofern ausschließlich monetäre Ziele verfolgt werden. Durch Einbeziehung der Nicht-Marktperspektive in ein entscheidungsvorbereitendes Controlling-Instrument soll diesem Umstand entgegen gewirkt werden.

Eine weitere Möglichkeit der Erweiterung ist die Integration der Belange der Nachhaltigkeit in die einzelnen Perspektiven. So ist beispielhaft vorstellbar, dass ökologische Produkteigenschaften als Zielgröße in die Marktperspektive aufgenommen werden oder Umweltkosten explizit in die finanzielle Sichtweise eingehen.

Wenn im Unternehmen Umwelt- und Sozialaspekte von besonderer Relevanz sind, dann halten Hahn / Wagner (2002, S.56) als dritte Alternative auch eine Öko- und Sozialcard für sinnvoll, die neben der traditionellen BSC geführt werden soll. Dabei werden wieder Perspektiven gebildet, die mit Zielen, Kennzahlen, Vorgaben und Maßnahmen operationalisiert werden, die ausschließlich dem Nachhaltigkeitsmanagement entstammen.

Mit der Verwendung einer SBSC ist ein Unternehmen gezwungen, seinen ökologischen und sozialen Einfluss auf das Umfeld zu identifizieren. Durch die Herstellung kausaler Verknüpfungen sollen Schlüsse auf die Erfolgsrelevanz, insbesondere auch auf die Erfolgswirkungen von Maßnahmen aus dem Nachhaltigkeitsmanagement ermöglicht werden. Allerdings beruhen alle Ursache-Wirkungsketten lediglich auf Hypothesen, die zur Einrichtung einer SBSC aufgestellt werden müssen. Da aber unternehmerische Strukturen so kompliziert sind, dass nur selten monokausale Zusammenhänge identifizierbar sein werden, ist deren Quantifizierung ohne eine methodische Grundlegung kaum möglich. Sicher wäre eine vorgeschaltete komplexe Kausalanalyse notwendig, um diesem Kritikpunkt valide zu begegnen.

Die SBSC kann zwar den Blick für die ganzheitliche Betrachtung des Unternehmens schärfen, es ist aber zweifelhaft, inwieweit unternehmerische Entscheidungen tatsächlich von den abgeleiteten Kennzahlen beeinflusst werden. Dies trifft besonders für Bereiche zu, in denen die Gesetze des Marktes nicht greifen. Mithin bleibt die Wirksamkeit einer SBSC im Nachhaltigkeitsmanagement fragwürdig.

4.3 Methodische Grundlagen zur Entwicklung eines Kausalmodells zur Bewertung von Nachhaltigkeitsmanagement

Zur Untersuchung der Wirkungen von Umwelt- und Sozialmanagement auf den wirtschaftlichen Erfolg eines Unternehmens wird in der vorliegenden Arbeit eine Kausalanalyse durchgeführt. Die folgenden methodischen Grundlagen dienen der Eignungsprüfung der zur Verfügung stehenden Verfahren.

Zunächst werden die Ziele einer Kausalanalyse und die modellübergreifenden Gemeinsamkeiten der vorgestellten Varianten dargestellt. Im Anschluss sind das in Literatur und Anwendung weit verbreitete Verfahren der Kovarianzstrukturanalyse (LISREL) und die Partial Least Squares-Methode (PLS) im Fokus der Ausführungen. Damit sind dann die nötigen Voraussetzungen für eine Modellauswahl zur Analyse der vorliegenden empirischen Daten geschaffen.

Nach der Entwicklung eines Hypothesenmodells, das die verschiedenen Aspekte der Nachhaltigkeit miteinander in Beziehung setzt, liefert die PLS-Methode Schätzergebnisse, die statistische Ursache-Wirkungszusammen-hänge zwischen ökologischen, sozialen und ökonomischen Aktivitäten von Unternehmen abbilden.

4.3.1 Ziel und Aufbau der Kausalanalyse

Das Ziel einer Kausalanalyse ist die Identifikation von Ursache-Wirkungszusammenhängen. Es handelt sich dabei um einen konfirmatorischen Ansatz. Das bedeutet, dass theoretisch vermutete Abhängigkeiten durch das Modell bestätigt werden sollen.

Ohne tiefer auf die wissenschaftstheoretische Bedeutung von Kausalität eingehen zu wollen, ist es notwendig, den Begriff derart zu definieren, wie er in den betrachteten Ansätzen verwendet wird. In Anlehnung an Blalock (1985, S. 24f.) sagt man, dass X_2 kausal von X_1 abhängig ist, wenn eine Veränderung von X_2 durch X_1 hervorgerufen wird und alle anderen Variablen, die nicht kausal von X_2 abhängen, in einem Kausalmodell konstant gehalten werden. Diese Beziehung kann auch funktional abgebildet werden. Im Falle einer linearen Beziehung schreibt man dann

$X_1 \rightarrow X_2$ mit $X_2 = a + bX_1$.

Eine typische Eigenschaft von Kausalmodellen ist, dass sie so genannte latente Variable enthalten. Latente Variable sind theoretische Konstrukte, die nicht direkt beobachtbar sind. Beispiele aus den Wirtschaftswissenschaften hierfür sind Kaufverhalten, Qualitätsbewusstsein oder Umwelteinstellung. Zur Beschreibung derartiger Größen werden in der Literatur häufig griechische Bezeichnungen gewählt:

$\xi \rightarrow \eta$ mit $\eta = \zeta + \beta\xi$

In diesem Zusammenhang bezeichnet man mit ξ die exogene oder erklärende und η die endogene oder erklärte Variable. ζ ist ein Ausdruck für den Messfehler des Modells. Graphisch werden diese Beziehungen häufig in so genannten Pfaddiagrammen dargestellt:

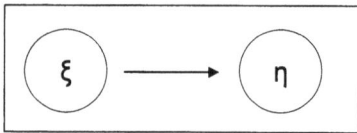

Abbildung 20: Pfaddarstellung einer Kausalbeziehung
Quelle: Eigene Darstellung

Natürlich sind im Allgemeinen komplexere Kausalzusammenhänge zu beleuchten. So können drei Variable auch die folgende Struktur aufweisen:

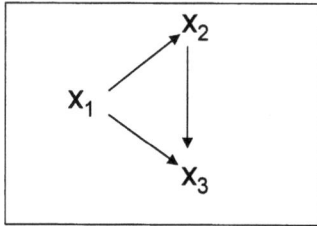

Abbildung 21: Indirekte Kausalstrukturen
Quelle: Eigene Darstellung

In diesem Beispiel besteht nicht nur eine direkte Ursache-Wirkungsbeziehung zwischen X_1 und X_3. X_1 beeinflusst X_3 auch indirekt über den Einfluss auf X_2, das zu X_3 wiederum eine direkte Beziehung hat.

Um dieses Beispiel algebraisch darzustellen sind dann zwei Gleichungen notwendig:

(1) $\quad x_2 = a_1 + b_{21} x_1$

(2) $\quad x_3 = b_2 + b_{31} x_1 + b_{32} x_2$

In Matrix- bzw. Vektorenschreibweise schreibt man für latente Variable allgemein:

$\eta = B\eta + \Gamma\xi + \zeta$

In dieser Gleichung werden die exogenen (endogenen) Variablen in den Vektoren ξ (η) zusammengefasst. B bezeichnet die Koeffizientenmatrix für die kausalen Beziehungen zwischen zwei erklärten latenten Variablen, während die Matrix Γ die Koeffizienten der Beziehungen zwischen exogenen und endogenen Variablen enthält. Strukturmodelle, die die verschiedensten (auch indirekten) kausalen Beziehungen darstellen können, werden auch durch lineare Gleichungssysteme ausgedrückt werden, die der Matrix- bzw. Vektorenschreibweise entsprechen.

Die nächste Frage, der man sich zuwenden muss, ist die Messung der latenten Variablen. Wie oben beschrieben, zeichnen sich die untersuchten Größen dadurch aus, dass sie nicht direkt beobachtbar sind. Es sind also theoretische Überlegungen notwendig, die zu Messmodellen führen, in denen die latenten Variablen mit Hilfe von so genannten Indikatoren (oder Indikatorvariablen) ausgedrückt werden können.

Grundsätzlich unterscheidet man reflektive und formative Modelle. Erstere werden auch als Konstrukte bezeichnet.[278] Dabei unterstellt man, dass die manifesten Variablen die zugehörige latente Variable abbilden. In der algebraischen Formulierung schreibt man im Falle der Darstellung von exogenen latenten Variablen durch manifeste

$x = \Lambda_x \xi + \delta$.

Wenn sich das Konstrukt auf eine endogene Variable bezieht, schreibt man

$y = \Lambda_y \eta + \varepsilon$.

In dieser Bezeichnungsweise sind δ bzw. ε die Vektoren der Störvariablen.

Graphisch lassen sich reflektive Konstrukte wie folgt in die Pfaddarstellung integrieren:

---

[278] Vgl. Eggert / Fassot (2003), S. 4f.

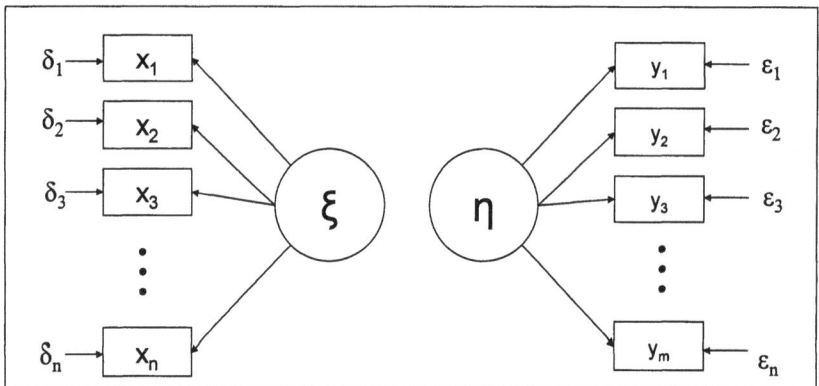

Abbildung 22: Pfaddarstellung reflektiver Konstrukte
Quelle: Eigene Darstellung

Da es sich bei Messung einer latenten Variablen mit dem reflektiven Modell um einen faktoranalytischen Ansatz handelt, werden die Elemente der Matrizen Λ_x und Λ_y auch als Ladungen bezeichnet.

Formative Messmodelle, auch als Indizes bezeichnet, werden in Anlehnung an die Regressionsanalyse formuliert. Hier gilt

$\xi = \Pi_\xi x + \delta_\xi$.

für exogene latente Variable, während die Bestimmungsgleichung bei endogenen Variablen lautet:

$\eta = \Pi_\eta y + \delta_\eta$

Im Rahmen der formativen Indizes wird davon ausgegangen, dass eine latente Variable von den zugehörigen manifesten Variablen generiert, beziehungsweise ‚geformt', wird. Die graphische Darstellung entspricht der Abbildung 22 mit dem Unterschied, dass die Pfeilrichtungen zwischen latenten und manifesten Größen umgedreht werden müssen.

Bei der konkreten Anwendung der beiden Modellvarianten ist eine Reihe formaler Prämissen zu beachten. Da die zu treffenden Annahmen von dem Schätzverfahren abhängen, mit dem die Modelle evaluiert werden, werden diese erst in den folgenden Abschnitten bei der Vorstellung der Methoden erläutert.

Damit sind die Beziehungen zwischen den latenten Variablen eines Kausalmodells, die auch als inneres Modell bezeichnet werden, und zwischen latenten und manifesten Größen, die das äußere Modell generieren, hinreichend beschrieben, so dass sie in ein Gesamtmodell gefasst werden können.

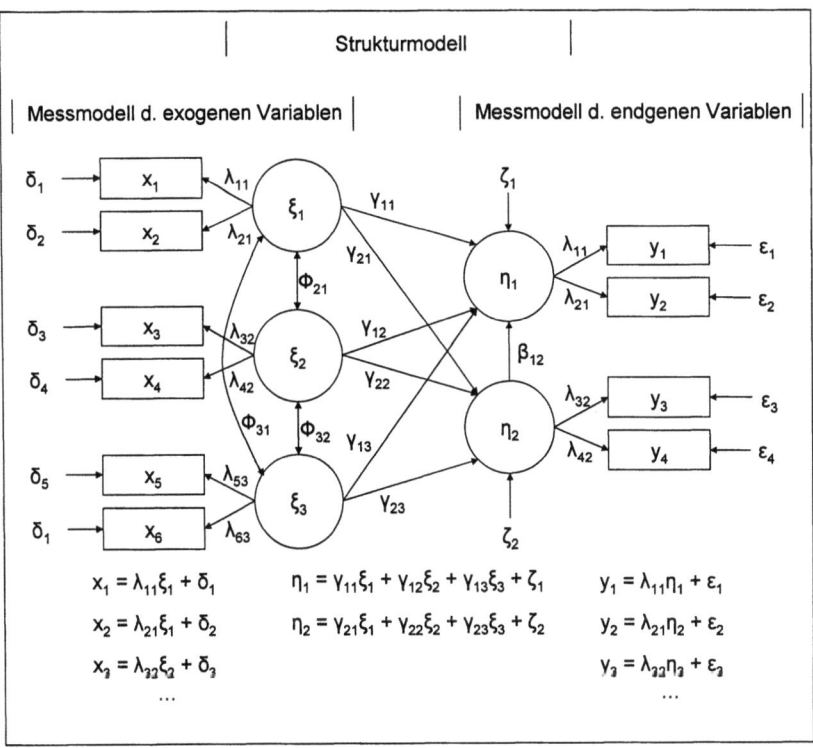

Abbildung 23: Vollständiges Kausalmodell
Quelle: In Anlehnung an Homburg / Hildebrandt (1998), S.15.

Bevor die verschiedenen Ansätze zur Messung von Kausalmodellen erläutert werden, soll an dieser Stelle noch auf das Vorgehen zur Durchführung einer Kausalanalyse eingegangen werden. Homburg / Pflesser (2000, S. 646) strukturieren den Ablauf in die in Abbildung 24 aufgeführten Schritte.

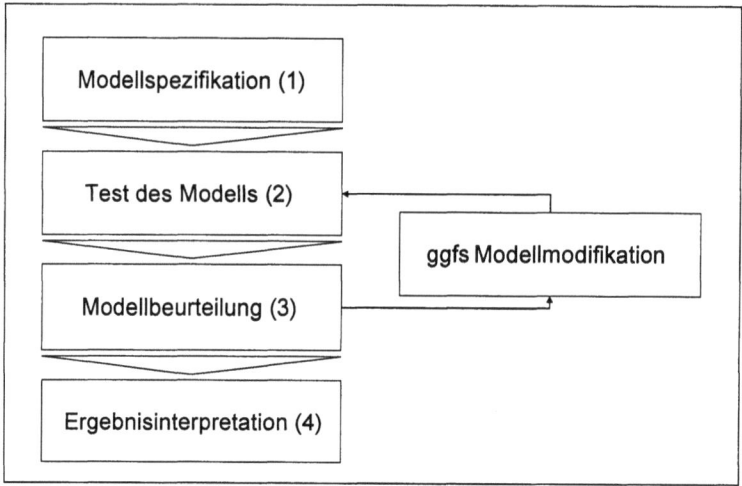

Abbildung 24: Vorgehensweise im Rahmen einer Kausalanalyse
Quelle: Homburg / Pflesser (2000), S. 646.

Für diese Struktur werden in der Literatur verschiedene Verfeinerungen vorgeschlagen.[279] Diese Ansätze beziehen sich in erster Linie auf eine weitere Untergliederung der Modellspezifikation, die im Rahmen dieser kurzen Einführung in die Methodik von Strukturgleichungsmodellen aber nicht notwendig ist.

Da Kausalanalysen nur konfirmatorisch sein können und somit Hypothesen zu validieren sind, müssen zunächst diese Hypothesen aus theoretischen Überlegungen abgeleitet und formuliert werden. Dabei werden als erstes die latenten Variablen definiert und zueinander in Beziehung gesetzt. Es ist also die Art und Richtung der Dependenzen zwischen den latenten Variablen festzulegen. Dann gilt es, die nicht direkt beobachtbaren Größen in den Messmodellen zu operationalisieren. Das geschieht durch die Bestimmung der manifesten Variablen, die beispielsweise mit Fragebögen oder Interviews erhoben werden können.

Im Anschluss muss ein geeignetes Verfahren zur Messung von Kausalmodellen ausgewählt werden.[280] In diesem zweiten Schritt werden die Modell-Parameter ge-

---

[279] Backhaus et al. (2003), S. 352 stellen den Ablauf sechsstufig dar. Ringle (2002), S. 285 sieht sogar neun Stufen vor.

[280] In dieser Arbeit werden in Kap. 4.3.2 und 4.3.3 das LISREL-Verfahren und die Partial-Least-Square Methode vorgestellt.

schätzt. Die erhaltenen Werte müssen allerdings noch hinsichtlich ihrer Güte beurteilt werden, was in Schritt (3) geschieht. Dabei wird untersucht, inwieweit sich die Modellstruktur an den Datensatz anpasst. Bei Ergebnissen, die keine Aussagen zur Validierung der Hypothesen zulassen, ist es möglich, das Modell zu modifizieren und einen weiteren Testlauf durchzuführen. Dieses „Modell-Trimming" ist allerdings nicht unbegrenzt empfehlenswert, da man mit steigender Anzahl der Anpassungsschritte Gefahr läuft, das Modell losgelöst von inhaltlichen Erwägungen zu modifizieren und damit das Hypothesen-System und die Spezifikation der Messmodelle durch die manifesten Variablen als theoretische Grundlage an Bedeutung verlieren.

Nach der statistischen Beurteilung erfolgt in Schritt (4) die qualitative Auswertung des Modells. Zum einen werden dabei Aussagen zur Validierung der Hypothesen gemacht, zum anderen können auch die Gütemaße, die in Schritt (3) ermittelt wurden, bewertet werden.

Im Folgenden sollen zwei Methoden zur Messung von Kausalmodellen beleuchtet werden, um die Grundlage für die konkrete Auswahl eines Verfahrens für die empirische Untersuchung zu schaffen. Der häufig verwendete LISREL-Ansatz und die Partial-Least-Square Methode werden anhand ihrer Modellannahmen, der Vorgehensweisen und den Bedingungen, die an den untersuchten Datensatz zu stellen sind, voneinander abgegrenzt. Da die Darstellung der Methoden hier nur dem grundlegenden Verständnis für die durchgeführte Untersuchung dient, wird an dieser Stelle nicht der Versuch unternommen, die Theorie erschöpfend auszuführen. Im Hinblick auf den ergebnisorientierten Aufbau der Arbeit und die nach gründlicher Modellauswahl tatsächlich verwendete Methode wird die Beschreibung des LISREL-Ansatzes kürzer gehalten als die zum PLS-Verfahren.

4.3.2 Der LISREL-Ansatz

Der LISREL-Ansatz, in der Literatur häufig auch als Kovarianzstrukturmodell bezeichnet, ist die am häufigsten verwendete Methode zur Messung theoretisch hergeleiteter Kausalmodelle. Hier soll kurz umrissen werden, welche Überlegungen diesem Ansatz zu Grunde liegen und welche Prämissen und Anforderungen an die Datenbasis erfüllt sein müssen. Schließlich werden noch einige Gütemaße vorgestellt, die Aussagen über die Qualität der Ergebnisse einer Parameterschätzung zulassen.

Das LISREL-Verfahren verknüpft faktoranalytische Ansätze, mit denen die Messmodelle der endogenen und exogenen Konstrukte evaluiert werden, und ein Regressionsmodell, mit dem die Beziehungen zwischen den latenten Variablen geschätzt werden.

Wie in Abschnitt 4.3.1 beschrieben, lassen sich ausschließlich reflektive Modelle mit Hilfe der Faktoranalyse messen. Es wird dabei davon ausgegangen, dass die Korrelationen auf die latenten Variablen zurückführbar sind. Innerhalb der Messmodelle stellen die zu schätzenden Parameter λ_{ij} die Korrelationen zwischen den einzelnen Indikatorvariablen und den jeweils zugehörigen Konstrukten dar. Sie geben also an, wie gut die manifeste Variable i die latente Variable j abbildet. Die implizite Faktorenanalyse greift ausschließlich auf zentrierte Variable zurück, es wird also die Abweichung vom Mittelwert bewertet.[281] Die Schätzparameter β_{ij}, γ_{ij} und Φ_{ij} kennzeichnen die direkten Beziehungen zwischen den latenten Variablen. Gemäß dem Fundamentaltheorem der Pfadanalyse[282] können darüber hinaus auch die indirekten Beziehungen zwischen den latenten Variablen abgeleitet werden.

Neben der Kennzeichnung der Methode zur Schätzung der Messmodelle unterscheidet sich der LISREL- vom PLS-Ansatz auch hinsichtlich der Struktur der Konstrukte. Da die Auswertung der empirischen Indikatoren auf der Faktorenanalyse basiert, können nur reflektive Messmodelle evaluiert werden.

Eine weitere Implikation dieses Ansatzes ist die Forderung eines großen Stichprobenumfangs. Für valide Schätzungen wird in der Literatur ein Stichprobenumfang von mindestens 200 Fällen gefordert.[283] Allerdings ist die Anzahl der benötigten Datensätze auch von der Komplexität des Modells abhängig. Insofern scheint die bei Bentler / Chou (1987, S. 91) zu findende Empfehlung von einem Verhältnis zwischen Stichprobenumfang und Anzahl der zu schätzenden Parameter von 5:1 eher geeignet.

Gemäß Abbildung 24 erfolgt im dritten Schritt einer Kausalanalyse die Modellbeurteilung. In dieser Phase ist die Qualität der Erfassung der latenten Größen durch die Indikatoren zu überprüfen. Als Kriterien werden in der Literatur die Zuverlässigkeit, die so genannte Reliabilität, und die Gültigkeit, die Validität, vorgeschlagen. Bei Reliabilitätsprüfungen wird die Schätzung auf Genauigkeit und Wiederholbarkeit unter-

---

[281] Eine weitere wesentliche formale Bedingung an eine valide Schätzung der Parameter ist, dass zumindest annähernd normalverteilte Variablen vorliegen.

[282] Vgl. Wright (1934).

[283] Vgl. Ringle (2004a), S. 15.

sucht. Die Validität dagegen ist das Ausmaß, mit dem die Indikatorvariablen tatsächlich das theoretische Konstrukt erfassen.[284]

Man unterscheidet bei der Modellbeurteilung weiterhin zwischen lokalen Gütemaßen und Tests, die die Anpassungsgüte von Teilstrukturen beleuchten, und globalen Kriterien, die sich auf das vollständige Modell beziehen. Maße zur partiellen Beurteilung der Güte der Messung latenter Variablen durch die zugehörigen Indikatoren sind die Indikatorreliabilität, die Faktorreliabilität, die durchschnittlich erfasste Varianz eines Faktors, ein Signifikanztest der Faktorladungen und das so genannte Fornell/Larcker-Kriterium. Lokale Gütemaße haben das Ziel zu überprüfen, inwieweit die Varianz der endogenen Variablen durch die Varianz der latenten exogenen Variablen erklärt wird. Üblicherweise wird hierfür die quadrierte multiple Korrelation verwendet.[285]

Globale Maße zur Beurteilung der Güte von Strukturgleichungsmodellen sind der Chi-Quadrat Test, der Goodness of Fit Index und der Adjusted Goodness of Fit Index.[286] Sie alle geben Auskunft über den Unterschied zwischen den empirischen und den vom Modell reproduzierten Kovarianzen.

Ein weiteres Beurteilungskriterium befasst sich mit dem Problem, dass bei einer potenziellen Modellmodifikation datenorientiertes „Modell-Trimming" zu einer Entfernung von theoretisch abgeleiteten Überlegungen hinsichtlich der Kausalitätsbeziehungen führt. Zum Test der Stabilität der Schätzergebnisse sollte das Modell auf eine zweite unabhängige Instanz aus der gleichen Population angewendet werden. Diese so genannte Kreuzvalidierung kann allerdings nur durchgeführt werden, wenn eine genügend große Stichprobe zur Verfügung steht.

Insgesamt ist zum LISREL-Ansatz zu sagen, dass er grundsätzlich geeignet ist, theoretisch abgeleitete Hypothesen zu überprüfen. Backhaus/Büschken (1998, S. 167) weisen darauf hin, dass das Modell neben den konfirmatorischen Möglichkeiten durch eine sukzessive Modellanpassung in gewissem Rahmen auch einen explorativen Charakter hat. Allerdings sind aufgrund der recht hohen Komplexität des Verfahrens umfassende Anforderungen an das zugrunde liegende Datenmaterial zu

---

[284] Vgl. Völckner (2003), S. 171.

[285] Vgl. Homburg / Baumgartner (1998), S. 361f.

[286] Vgl. Hansmann / Ringle (2003), S. 72.

stellen. Die Beschränkung auf reflektive Messmodelle, die Normalverteilungsbedingung der Indikatoren und der große Stichprobenumfang schränken die Anwendbarkeit von Kovarianzstrukturmodellen in vielen Fällen deutlich ein.

4.3.3 Der PLS-Ansatz

Obwohl der LISREL-Ansatz sehr hohe Anforderungen an das Datenmaterial stellt, die in der Forschungsrealität häufig nicht gegeben sind, ist es in der Praxis das dominierende Verfahren. Als Alternative soll mit der PLS-Pfadmodellierung im Folgenden eine Methode vorgestellt werden, die eine Kausalanalyse auch bei Daten und Modellstrukturen ermöglicht, die weniger restriktive Voraussetzungen erfüllen.

Auch bei diesem Ansatz wird zwischen Strukturmodell (inneres Modell) und den Messmodellen (äußere Modelle) unterschieden. Während das Strukturmodell analog zum LISREL-Ansatz konstruiert wird und mit Hilfe theoretischer Vorüberlegungen abgeleitet werden muss, finden sich in den Messmodellen grundlegende Unterschiede hinsichtlich des Aufbaus und der verwendeten Schätzverfahren.

Das PLS-Verfahren kann reflektive und formative Messmodelle sowie Pfadmodelle, in denen latente Variablen formativ und reflektiv gemessen werden, verarbeiten. Die unterschiedlichen Beziehungen zwischen den nicht direkt beobachtbaren Variablen und deren Indikatoren werden in drei verschiedenen Modi dargestellt.

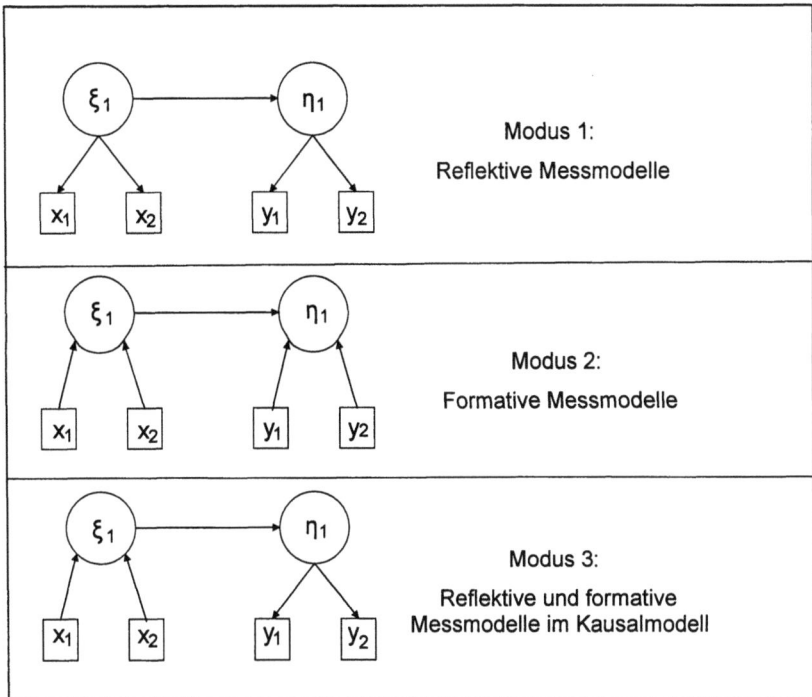

Abbildung 25: Die drei Modi der Messmodelle des PLS-Ansatzes
Quelle: Fornell / Bookstein (1982), S. 441.

Die Ausführungen zu den Modi 1 und 2 finden sich in Kapitel 4.3.2. Der Modus 3 ist eine Kombination dieser beiden. Es ist dabei zu beachten, dass alle Indikatoren die gleiche Beziehung zu der zugehörigen latenten Variable haben, also die Pfeilrichtung die gleiche ist. Da es sich bei der empirisch abgeleiteten Kausalbeziehung zwischen der exogenen und der endogenen Variable formal lediglich um eine Korrelation handelt, die naturgemäß symmetrisch ist, können exogene und endogene Messmodelle sowohl formativ als auch reflektiv formuliert sein.[287]

Die Aufgabe des PLS-Algorithmus ist es Schätzwerte für die latenten Variablen zu finden, die sich gleichzeitig möglichst gut an die zugehörigen manifesten Variablen und die verbundenen latenten Größen anpassen. Als Grundlage der Analyse wer-

---

[287] In die ursprüngliche Darstellung beziehen Fornell / Bookstein (1982, S. 441) formative endogene Modelle nicht ein.

den nicht wie beim LISREL-Ansatz die Kovarianzen, sondern direkt die Rohdaten verwendet. Alle Schätzungen basieren lediglich auf der Methode der kleinsten Quadrate. Dementsprechend kommt das Modell ohne Verteilungsanforderungen an den Datensatz aus. Damit ergibt sich als weiterer Vorteil, dass eine kleinere Datenbasis ausreicht, um zuverlässige Ergebnissen zu erhalten. Auch bei diesem Verfahren sollte der geforderte Umfang der Stichprobe an die Komplexität des Modells angepasst werden. Als grobe Richtgröße geben Barclay et al. (1995, S. 292) zehn Datensätze multipliziert mit der Anzahl der Regressoren der komplexesten Regression an.

Wie beim Kovarianzstrukturmodell spielt die Modellbeurteilung eine wesentliche Rolle, um die Aussagekraft der Schätzergebnisse des Kausalmodells bewerten zu können. Leider ist es bei diesem Verfahren nicht möglich, das Modell global zu beurteilen.

Da die Resultate dieses Modells auf Regressionsanalysen aufbauen, ist das Bestimmtheitsmaß (R^2) der Ausgangspunkt für die Evaluierung von PLS-Pfadmodellen.[288] Die Pfadwerte zwischen den exogenen und endogenen latenten Variablen lassen sich zwar genauso wie bei gewöhnlichen Regressionen als Anteil der erklärten Streuung interpretieren, die Anforderungen an die Höhe der R^2-Werte sind wegen der hohen Komplexität des Gesamtmodells allerdings etwas geringer. Konkret sind die geforderten Werte allerdings stark von dem Untersuchungsgegenstand abhängig. Entsprechend groß ist die Schwankungsbreite der empfohlenen Werte, die von 0,1, ein Wert, der in einer Studie von Lohmöller (1989, S. 60 f.) auftritt, bis 0,67, was Chin (1998, S. 323) als substanziell bezeichnet.

Wenn ein Kausalmodell komplexe Beziehungsstrukturen aufweist, in denen endogene Variable von mehreren exogenen beeinflusst werden, ist es hilfreich, die substanzielle Wirkung einer einzelnen unabhängigen Variablen zu extrahieren. Das entsprechende Maß wird als Effektstärke (f^2) bezeichnet und mit Hilfe des Bestimmtheitsmaßes definiert:[289]

$$f^2 = \frac{R^2_{incl} - R^2_{excl}}{1 - R^2_{incl}}$$

---

[288] Vgl. Henseler (2005), S. 74.

[289] Vgl. Chin (1998), S. 316.

Dabei bezeichnen R^2_{incl} und R^2_{excl} die Bestimmtheitsmaße unter Einschluss und Ausschluss exogener latenter Variablen, die mit der untersuchten endogenen in Beziehung stehen. Cohen (1988, S. 412 ff.) quantifiziert f²-Werte für eine exogene latente Variable, die geringen, mittleren oder starken Einfluss auf eine zu ihr in Beziehung stehende Variable haben, mit 0,02, 0,15 und 0,35.

Wie bei den Kovarianzstrukturmodellen liefert die Literatur auch hier Methoden, die die Ideen zur Überprüfung der Allgemeingültigkeit der Parameterschätzungen mit Hilfe einer Kreuzvalidierung aufgreift.[290] Der Ansatz im Rahmen des PLS-Verfahrens ist eine so genannte Blindfolding-Prozedur, bei der zufällig eine Anzahl an Fällen[291] aus dem Datensatz entfernt und anschließend das Modell neu berechnet wird.[292] Im nächsten Schritt ermittelt man die Summen der quadrierten Fehler für die geschätzten Werte (E) sowie die der quadrierten Fehler für den Durchschnittswert der Schätzung (O). Mit der Definition

$$Q^2 = 1 - \frac{\sum_D E_D}{\sum_D O_D}$$

lässt sich dann schließen, wie gut die beobachteten Werte durch das Modell rekonstruiert werden können. Ist dieser Wert kleiner 0, so weist das Konstrukt aus latenter Variable mit den zugehörigen Indikatoren eine fehlende Schätzrelevanz auf. In solch einem Fall muss die Bestimmung der latenten Variable als unsicher angesehen werden.[293]

Jackknifing und Bootstrapping sind zwei weitere Verfahren, mit denen die Reliabilität der Schätzergebnisse festgestellt werden kann. Bei beiden Methoden werden durch Auslassung einer Anzahl an Fällen Teildatensätze produziert.[294] In weiteren Schrit-

---

[290] Die hier umrissene Technik wurde von Geisser (1974) und Stone (1974) entwickelt.

[291] Die Anzahl der ausgelassenen Fälle wird über ein vom Anwender festzulegenden Parameter D beschrieben. Über D wird der Anteil an der Gesamtheit der Fälle bestimmt. So besagt z. B. D=5, dass jeder fünfte Fall ausgelassen wird. Wold (1982) empfiehlt je nach Größe der Stichprobe, ein D zwischen 5 und 10 zu wählen.

[292] Eine detaillierte Darstellung der einzelnen Schritte der Blindfolding-Prozedur liefert Chin (1998, S. 317).

[293] Vgl. Ringle (2004), S. 307.

[294] Während beim Bootstrapping eine bestimmte Anzahl zufällig ausgewählter Teildatensätze herangezogen wird, werden beim Jackknifing alle möglichen Teildatensätze in die Berechnung einbezogen. Häufig wird aus der Gesamtheit der Fälle einer herausgelassen, so dass eben so viele Teildatensätze wie die Anzahl der Fälle möglich sind.

ten[295] lässt sich dann die Signifikanz der Schätzergebnisse ermitteln, die Aussagen über deren Stabilität zulässt.

Wie bei der Kovarianzstrukturanalyse ist auch hier im Rahmen der faktoranalytischen Teile des Modells zur Messung der reflektiven Konstrukte eine Analyse der Faktorreliabilität wichtig. Der Wert ρ_c mit

$$\rho_c = \frac{\left(\sum_i \lambda_i\right)^2}{\left(\sum_i \lambda_i\right)^2 + \sum_i \text{var}(\varepsilon_i)}$$

lässt auf die Eignung eines Indikators zur Erklärung einer latenten Variable schließen. Man bezeichnet diese Größe damit auch als Maß für die interne Konsistenz einer reflektiv gemessenen latenten Variablen.[296] Dabei sind λ_i die Ladungen der manifesten Variablen und $\text{var}(\varepsilon_i)$ ist gleich $1 - \lambda_i$.[297]

Bei einer Bewertung des PLS-Ansatzes lässt sich festhalten, dass er grundsätzlich ebenso wie der LISREL-Ansatz geeignet ist, um theoretisch ausgearbeitete Kausalmodelle zu schätzen. Wesentlich sind jedoch zwei Vorzüge des Partial-Least-Square Verfahrens. Zum einen lassen sich neben Wirkungsmodellen (reflektiv) auch Indizes (formativ) schätzen. Zum anderen genügt wegen der einfacheren Methodik eine deutlich kleinere Stichprobe.[298] Als Mangel des PLS-Verfahren bleibt festzuhalten, dass keine globalen Gütemaße zur Beurteilung des Modells existieren.[299] Für die vorliegende empirische Untersuchung kommt trotzdem aufgrund des kleinen Stichprobenumfangs nur die PLS-Methode in Frage.

---

[295] Zur detaillierten Vertiefung der Verfahrensschritte vgl. Chin (1998), S. 319.

[296] Häufiger verwendet wird Cronbachs Alpha. Vgl. Völckner (2003), S. 173. Chin (1998), S. 320 hebt aber die höhere Messgenauigkeit von ρ_c hervor.

[297] Als weiteres (sehr ähnliches) Gütemaß wird in diesem Zusammenhang häufig die durchschnittlich erfasste Varianz (AVE) angegeben: $\text{AVE} = \frac{\sum_i \lambda_i^2}{\sum_i \lambda_i^2 + \sum_i \text{var}(\varepsilon_i)}$ (Vgl. z. B. Chin (1998), S. 321).

[298] Vgl. Henseler (1995), S. 74f.

[299] Vgl. Henseler (1995), S. 75.

4.3.4 Entwicklung eines Kausalmodells auf Basis der empirischen Erhebung

Gemäß dem in Abbildung 24 aufgeführten Ablauf einer Kausalanalyse werden im Folgenden die theoretischen Überlegungen zur Ableitung der Hypothesen des Strukturmodells ausgeführt. Die Messmodelle spezifizieren die latenten Variablen dann, indem ihnen Indikatoren zugewiesen werden. Es folgen die Schätzung des Modells mit Hilfe des PLS-Verfahrens sowie die Beurteilung der Ergebnisse durch ausgewählte Gütemaße, ehe eine Interpretation durchgeführt werden kann.

4.3.4.1 Ableitung des Strukturmodells

Zur Ableitung der Beziehungen zwischen den Elementen des Nachhaltigkeitsmanagements müssen Verknüpfungen zwischen ökologischem und sozialem Engagement der Unternehmen und dem ökonomischen Erfolg abgeleitet werden. Übertragen in ein Pfadmodell müssen den Verbindungen der drei latenten Variablen aus Abbildung 26 hypothetisch Kausalrichtungen zugewiesen werden, um sie im Anschluss der konfirmatorischen Analyse unterziehen zu können.

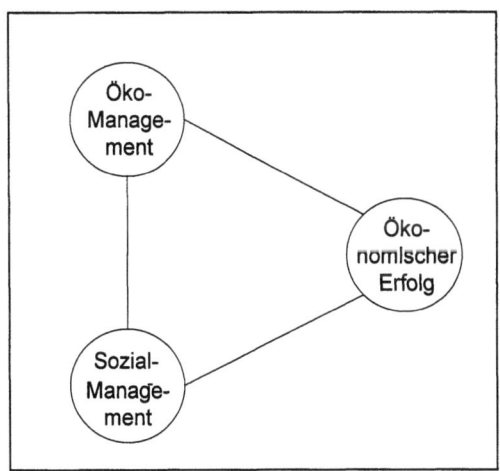

Abbildung 26:   Verbindungen der latenten Variablen
Quelle: Eigene Darstellung

4.3.4.1.1 Die Beziehung zwischen ökologisch orientiertem Management und ökonomischem Erfolg

Das unternehmerische Umweltmanagement ist vielfältig und facettenreich. Dementsprechend treten ökologisch induzierte Veränderungen in verschiedensten Formen zu Tage, die hinsichtlich ihrer Wirkung auf den Shareholder Value beleuchtet werden müssen. In der Literatur[300] findet sich kein einheitliches Bild hinsichtlich der Wirkungsrichtung und -stärke. Einigkeit besteht lediglich darin, dass ein Zusammenhang zwischen der ökologischen Ausrichtung des Unternehmens und dessen Erfolg besteht.[301] Es muss nun im Einzelnen betrachtet werden, wie Maßnahmen des Umweltmanagement die Werttreiber des Shareholder Value beeinflussen.

Aufbauend auf die Definition des SV aus Kapitel 3.3.3 ergibt sich nach Rappaport[302] ein Werttreiber-Modell, das wie in Abbildung 27 zusammengefasst werden kann. Damit kann dann im Folgenden die Wirkung der verschiedenen Aspekte des ökologisch orientierten Managements auf die Werttreiber hypostasiert werden.

---

[300] Einen Überblick über die Studien liefert BMBF (2001), S. 177ff. Die Meinungen befinden sich in einem Kontinuum, das sich zwischen einem einseitigen positiven Zusammenhang, der beim Environmental Shareholder Value Konzept voraus gesetzt wird, bis zu Umweltschutzaktivitäten, die als Nicht-Rendite-Investitionen bezeichnet werden. Vgl. Friedemann (1998), S. 93.

[301] Vgl. BMBF (2001), S. 8f.

[302] zitiert in Schaltegger / Figge (1998), S. 18.

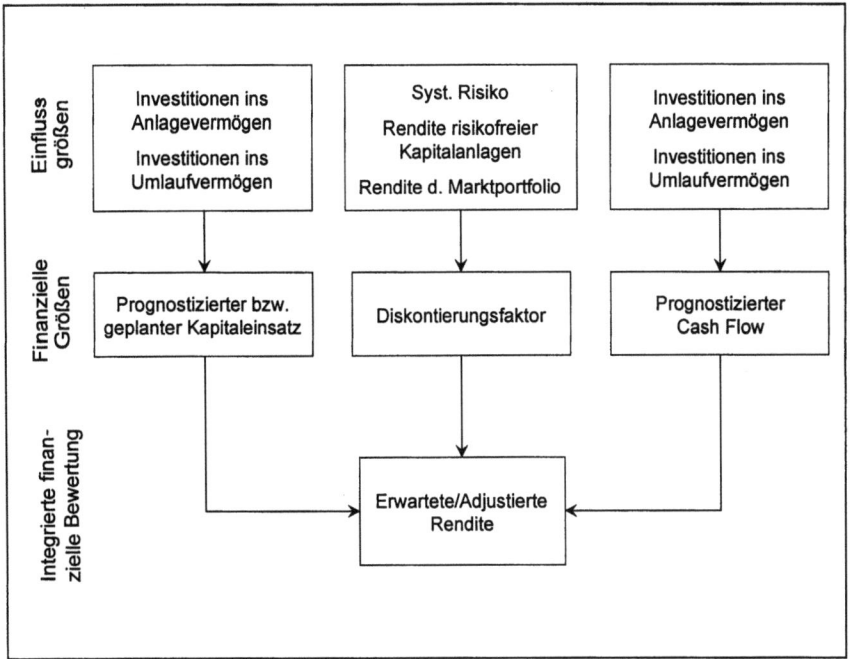

Abbildung 27: Werttreiber-Modell zur Beurteilung von Umweltschutzmaßnahmen
Quelle: In Anlehnung an Schaltegger/Figge (1998), S. 19.

Wesentlicher Bestandteil des Umweltmanagements ist der schonende Umgang mit den Ressourcen. Hierunter fällt der sparsame Umgang mit Roh- und Hilfsstoffen, der sich in ökologisch optimierten Prozessen, aber auch in der umweltgerechten Gestaltung der Produkte auswirkt. Weniger Abfälle und eine geringere Ausschussquote durch höhere Qualitätsanforderungen lassen vermuten, dass Einsparungen bei den Investitionen ins Umlaufvermögen erzielt werden können. Die Reduktion des Ressourceneinsatzes wird also einen positiven Einfluss auf den SV nehmen.

Weiterer wesentlicher Bestandteil eines Umweltmanagements insbesondere in Industriebetrieben ist der Einsatz von End-of-Pipe Technologien, wie Klär- und Filteranlagen. Diese Investitionen in das Anlagevermögen verursachen zunächst einmal Kosten, die nur in den seltensten Fällen an die Kunden weitergegeben werden können. Hier müssen also negative Folgen für den ökonomischen Erfolg des Unternehmens in Kauf genommen werden. Wird mit dem Einsatz solcher Technologien im

Sinne eines offensiven Umweltmanagements[303] gesetzlichen Bestimmungen vorgegriffen, können sich allerdings langfristig auch Wettbewerbsvorteile ergeben.

In der Praxis erhält das Risikomanagement auch im Umweltmanagement zunehmende Bedeutung. Die Unternehmen wollen sich durch präventive Prozesse und Notfallprozeduren gegen große ökologische Störfälle absichern. In der Vergangenheit hatten Unternehmen, in denen Unfälle mit umfangreichen ökologischen Folgen geschahen, auch erhebliche ökonomische Einbußen durch Regressansprüche oder Umsatzrückgänge in Folge einer Kaufzurückhaltung hinzunehmen. Ökologisch motivierte NGO versuchen häufig, durch Hinweise auf verantwortungsloses Verhalten von Unternehmen und Aufrufe zu Produktboykotts Einfluss auf das Käuferverhalten zu nehmen. Insofern ist der dauerhaft kooperative Kontakt zu NGO auch als ein Aspekt des umweltorientierten Risikomanagements zu sehen. Ein funktionierendes Risikomanagementsystem wird von Fremdkapitalgebern mit geringeren Zinsen honoriert. Bezogen auf den SV bedeutet das, dass der Diskontierungsfaktor der zukünftigen Cash Flow langfristig gesenkt werden kann und somit der SV steigt.

Ökologisch engagierte Unternehmen müssen aus verschiedenen Gründen ihr Umweltmanagement extern und intern kommunizieren. Zum einen können positive Imageeffekte erwartet werden, zum anderen sind leistungsfähige Umweltinformationssysteme Bedingung für Zertifizierungsstandards wie ISO 14001ff. oder EMAS. Da beide Aspekte in den meisten Fällen zu Umsatzsteigerungen, also zu höheren Cash Flow, führen, ist zu vermuten, dass die Wirkung von Umweltinformationssystemen auf den ökonomischen Erfolg positiv ist.

In der Industrie werden unter anderem durch gesetzliche Vorgaben Rücknahmekonzepte immer wichtiger. Da dadurch kaum verkaufsfördernde Wirkung erreicht werden kann, auf die Unternehmen aber ein erheblicher Mehraufwand zukommt, scheint durch die Entsorgung ein negativer Einfluss auf die Cash Flow zu wirken.

Insgesamt können hier nicht alle Aspekte des Umweltmanagements hinsichtlich ihrer Wirkung auf den SV beleuchtet werden. Es ist durch die Darstellung der wichtigsten Elemente aber deutlich geworden, dass entscheidend ist, welcher Umweltschutz

---

[303] Das offensive Umweltmanagement bezeichnet in Abgrenzung zum defensiven Umweltmanagement eine Unternehmensstrategie, in der Maßnahmen über das gesetzlich erforderliche Maß hinaus getroffen werden, um Emissionen zu senken. Die ökologische Orientierung wird dabei als langfristige Chance zur Schaffung von Wettbewerbsvorteilen begriffen. (Vgl. Hansmann (1998) S. 106)

betrieben wird.³⁰⁴ Die Differenzierung würde noch umfangreicher ausfallen, wenn Unterschiede zwischen einzelnen Branchen in die Betrachtung aufgenommen würden.

Hinsichtlich einer globalen Wirkung von Umweltschutz auf den SV soll hier trotzdem hypostasiert werden, dass insgesamt ein positiver Zusammenhang zwischen ökologisch orientiertem Management und ökonomischem Erfolg besteht. Gestützt wird diese Sicht durch den Kapitalmarkt. Wie später in Kapitel 5.3.1 erörtert werden wird, ist festzustellen, dass sowohl ökologisch orientierte Indizes als auch Umweltfonds eine bessere Entwicklung am Markt zu verzeichnen haben, als marktumfassende Indizes. Damit ist im Kausalmodell die folgende Hypothese zu verifizieren.

Hypothese 1: Ökomanagement wirkt sich positiv auf den ökonomischen Erfolg des Unternehmens aus.

4.3.4.1.2 Die Beziehung zwischen ökologisch und sozial orientiertem Management

Die Argumentation für den Zusammenhang zwischen ökologisch und sozial orientiertem Management setzt beim volkswirtschaftlichen Zweig der Umweltökonomie an. Definiert wird diese Teildisziplin als „die Wirtschaftswissenschaft, deren Aufgabe es ist, ökonomische Hilfestellung dabei zu leisten, den gesellschaftlichen Wohlstand unter Berücksichtigung der sehr wichtigen Wohlstandskomponente ‚hohe Umweltqualität' zu maximieren."³⁰⁵ Die Umwelt wird dabei als Gemeingut betrachtet. Entnahmen von Umweltgütern und Emissionen beeinflussen die Umweltqualität erheblich und stellen in vielen Fällen betrieblich induzierte Umweltbelastungen dar. Dem Problem der extensiv genutzten freien Umweltgüter³⁰⁶ begegnet die staatliche Umweltpolitik mit dem Vorsorge- und Verursacherprinzip, womit eine Vermeidung von Umweltschädigungen bzw. die Übertragung der Umweltschutzkosten auf den Verursacher erreicht werden soll. Trotz dieser beiden Grundsätze gibt es einen erheblichen Teil an potenziellen Umweltbelastungen, die nach dem Gemeinlastprinzip der Allgemeinheit aufgebürdet werden.

In der ökonomischen Kalkulation eines Unternehmens treten nur diejenigen Umweltbelastungen auf, die über das Verursacherprinzip Kosten induzieren. Durch die

---

[304] Vgl. Schaltegger / Figge (1998), S. 4.

[305] Wicke et al. (1992), S. 17.

[306] Vgl. Hansmann (2006), S. 168. In der volkswirtschaftlichen Literatur wird das Zusammenspiel von Umwelt und betrieblicher Aktion auch mit der Theorie der „Externen Effekte" analysiert. Vgl. z. B. Varian (2001), S. 531.

Wahrnehmung der gesellschaftlichen Aufgabe, Vorsorge zu leisten und die ökologischen Gemeinkosten zu minimieren, zeichnet sich die Intensität des betrieblichen Umweltmanagements ab. Aus diesem Blickwinkel wird der positive Zusammenhang zwischen ökologisch und sozial orientiertem Management deutlich.

Hinsichtlich der kausalen Beziehung dieser beiden latenten Variablen ist nun eine Hypothese zu formulieren, die auf einen Zusammenhang der in den Unternehmen verwendeten Konzepte und Instrumente abhebt. Vor dem Hintergrund der beschriebenen sozialen Aspekte des Umweltmanagements scheint es plausibel, dass Unternehmen, die die natürliche Umwelt stark berücksichtigen, auch die soziale Umwelt in ihr Handeln integrieren. In das Strukturmodell der Kausalanalyse geht damit die folgende Hypothese ein.

Hypothese 2: Ökomanagement wirkt sich positiv auf das Sozialmanagement aus.

4.3.4.1.3 Die Beziehung zwischen sozial orientiertem Management und ökonomischem Erfolg

Zur theoretischen Ableitung einer Beziehung zwischen Sozialmanagement und der Entwicklung des Shareholder Value müssen analog zum Umweltmanagement die Einflüsse der einzelnen Instrumente und Konzepte des Sozialmanagements auf ihre ökonomische Wirkung überprüft werden. Auch hier können wieder nur die wichtigsten Aspekte betrachtet werden. Ebenso kann an dieser Stelle nicht auf die Vermutung eingegangen werden, dass die kausalen Zusammenhänge zwischen ökonomischer und sozialer Performance in verschiedenen Branchen Unterschiede aufweisen. Die hier ausgewählten Sozialkriterien wurden vom Bundesministerium für Bildung und Forschung als besonders relevant eingeschätzt.[307]

Zunächst einmal muss sich das Management eines Unternehmens zur sozialen Verantwortung bekennen. Durch solch ein „Commitment der Geschäftsleitung"[308] können die grundsätzlichen Fragen der Mitarbeiterführung, aber auch die externe Verantwortung in Bahnen gelenkt werden, die hinsichtlich der gesellschaftlichen Rolle des Unternehmens differenziert werden können. Der direkte Einfluss einer Integration sozialer Aspekte in die strategische Zielsetzung auf den ökonomischen Erfolg ist schwer einzuschätzen. Da Kunden eher Produkteigenschaften als das Unter-

---

[307] Vgl. BMBF (2001), S.125.

[308] BMBF (2001), S.125.

nehmen selbst in die Kaufentscheidung einbeziehen, ist es unwahrscheinlich, dass die Umsätze stark vom Sozialmanagement beeinflusst werden. Auch die Kosten einer solchen Ausrichtung auf der Ebene der Unternehmensleitung können als irrelevant betrachtet werden. Der Einfluss auf die ökonomische Performance wird eher indirekt von den organisatorisch nachgelagerten konkreten Maßnahmen induziert.

Als besonders wichtig kann in diesem Bereich die Schaffung sozial verträglicher Arbeitsbedingungen erachtet werden. Die Vermutung, dass die Arbeitsleistung sich qualitativ und quantitativ verbessert, wenn sie in einem als angenehm empfundenen Umfeld erbracht wird, ist plausibel. In ähnlicher Weise können eine übertarifliche Entlohnung und über das gesetzlich vorgegebene Maß hinausgehende Sozialleistungen zu erhöhter Arbeitsproduktivität führen.

Ebenso Bestandteil eines Sozialmanagements ist die Förderung von Aus- und Weiterbildung der Belegschaft. Diese Maßnahmen erhöhen die Kompetenzen der Mitarbeiter, die dann in den Arbeitsprozess eingebunden werden können und sich somit positiv auf das Unternehmen auswirken. Hinzu kommt, dass Fortbildungen auch als Belohnungen für vergangene Arbeitsleistungen empfunden werden. Diese Aspekte wirken vermutlich förderlich auf den ökonomischen Erfolg. Negative Auswirkungen könnten sich daraus ergeben, dass kontinuierlich qualifizierte Mitarbeiter auch für andere Unternehmen attraktiv werden und somit die Mitarbeiterfluktuation steigt.

Eine zwiespältige Rolle bekommt das Sozialmanagement immer dann, wenn sich das Unternehmen in einer ökonomischen Krise befindet. Die soziale Performance zeichnet sich dann besonders bei Entlassungen durch Mitspracherechte der Mitarbeiter aus, die sich dafür einsetzen werden, dass bei nötigen Freisetzungen zumindest angemessene Sozialpläne angeboten werden. Diese Maßnahmen sind häufig kostenintensiv und können höchstens langfristig zu einer Verbesserung der wirtschaftlichen Situation führen.

Neben diesen Aspekten des unternehmensinternen Sozialmanagements haben auch die Beziehungen im unternehmerischen Umfeld große Bedeutung. Allgemein wird ein gutes Verhältnis zu den Stakeholdern des Unternehmens für sehr wichtig gehalten.[309] Dieses kann auf verschiedene Weise gefördert werden. Mitgliedschaft in sozialen Organisationen, Sponsoring von Sozialprojekten oder Spendentätigkeit von Untenehmen sind einige Möglichkeiten, die unterschiedlichen Gruppen finanziell zu

---

[309] Vgl. BMBF (2001), S. 127.

unterstützen. Es gibt Einschätzungen[310], wonach sich die resultierenden Ausgaben nicht refinanzieren. Ein kommunikativer Kontakt zu sozial orientierten NGO kann allerdings ähnlich wie im Rahmen des Umweltmanagements zu ökonomischen Vorteilen führen, weil sich die Akzeptanz bei den Stakeholdern erhöht, wenn sie an Entscheidungen des Unternehmens beteiligt werden.

Die Kunden gehören zu den maßgeblichen Anspruchsgruppen des Unternehmens. Weil der Fokus bei Kaufentscheidungen auf der Bewertung des Produktes liegt, kommt den sozial orientierten Eigenschaften des Erzeugnisses eine besondere Bedeutung zu. Im Bereich der Kundenbeziehungen können „Kundenservice", „Reguläre Erhebungen von Kundenzufriedenheit" und „Produktsicherheit" beziehungsweise „Verbraucherschutz" als wichtigste Werttreiber angesehen werden.[311] Es ist offensichtlich, dass entsprechende Produkteigenschaften die Kaufentscheidung von Erstkäufern und insbesondere auch von Wiederholungskäufern positiv beeinflussen und die Umsatzerlöse langfristig steigern können.

Die vorstehenden Erläuterungen liefern die theoretische Grundlage für die Vermutung, dass die Umsatz und Arbeitsproduktivität fördernden Bestandteile eines langfristig angelegten Sozialmanagements die kostenintensiven Aspekte überwiegen. Damit lässt sich die Hypothese einer positiven Korrelation zwischen der Intensität des Sozialmanagements und ökonomischem Erfolg formulieren.

Hypothese 3: Sozialmanagement wirkt sich positiv auf den ökonomischen Erfolg des Unternehmens aus.

Damit sind alle Hypothesen für das Strukturmodell der Kausalanalyse abgeleitet. In der grafischen Darstellung ergibt sich folgendes Bild:

---

[310] Vgl. BMBF (2001), S. 125.

[311] Vgl. BMBF (2001), S. 125.

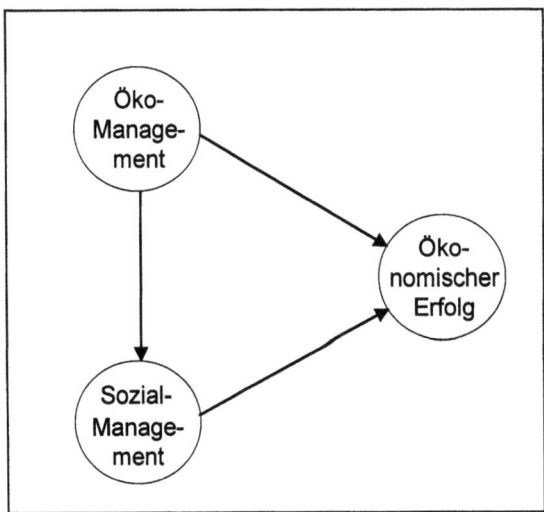

Abbildung 28: Strukturmodell mit Kausalbeziehungen
Quelle: Eigene Darstellung

Um nun die Hypothesen überprüfen zu können, müssen im Folgenden Indikatoren festgelegt werden, mit denen das Modell dann geschätzt und evaluiert werden kann.

4.3.4.2 Ableitung der Messmodelle

Um die Spezifikation des Kausalmodells zu vervollständigen, müssen die Messmodelle für die latenten Variablen abgeleitet werden. Dazu ist es notwendig geeignete Größen für die nicht direkt beobachtbaren Konstrukte zu finden. Die Grundlage für das Sozial- und Umweltmanagement liefert die im Rahmen dieser Arbeit durchgeführte Befragung. Da die Struktur des Fragebogens an die organisatorischen Funktionen der Betriebe angepasst ist, müssen die Daten gemäß dem Strukturmodell nach ökologischen und sozialen Fragestellungen umgeordnet werden. Aus der Vielzahl der abgefragten Aspekte muss eine geeignete Teilmenge herausgefiltert werden, die für eine Kausalanalyse mit Hilfe der PLS-Methode geeignet ist. Für die Darstellung des ökonomischen Erfolgs werden die veröffentlichten Geschäftsberichte der Unternehmen herangezogen, um eine möglichst objektive Bewertung losgelöst von den Einschätzungen des Führungspersonals zu erhalten.

Die ausgewählten Daten sollten die latente Variable möglichst umfassend abbilden. Es ist klar, dass nicht alle Facetten der in diesem Fall sehr vielschichtigen nichterklärbaren Größen Sozial- und Umweltmanagement erfasst werden können.

Nichtsdestotrotz sollte versucht werden, Indikatoren zu finden, die der zuvor theoretisch abgeleiteten Vorstellung der Konstrukte möglichst gut entsprechen.

Eine weitere Forderung an die verwendeten manifesten Variablen ist, dass sie die Unternehmen möglichst stark differenzieren sollten. Es kann zu keinen verwertbaren Ergebnissen führen, wenn Kriterien ausgewählt werden, die von allen bzw. keinem Unternehmen erfüllt werden. Beispielhaft sind hier die Zertifizierungen nach den Umweltstandards EMAS und ISO 14001ff., die alle Unternehmen nachweisen können, und der Sozialstandard AA 8000, der noch keinerlei Eingang in die unternehmerische Praxis gefunden hat, zu nennen.

Wie in Kapitel 4.4.3 erläutert, ist die maximale Anzahl der manifesten Variablen je Konstrukt abhängig von der Anzahl der zur Verfügung stehenden Datensätze. An der vorliegenden Untersuchung haben sich 21 Unternehmen beteiligt, so dass nicht mehr als zwei bis drei Indikatoren je latenter Variable verwendet werden dürfen, um valide Ergebnisse zu erhalten. Weiterhin muss für jedes Messmodell entschieden werden, ob ein reflektives oder formatives Modell verwendet werden soll. Wegen der relativ geringen Anzahl an manifesten Größen können nur schwerlich Variablen gefunden werden, die die sehr heterogenen latenten Variablen vollständig bilden können wie es im Falle formativer Modelle notwendig ist. Aus diesem Grund werden in den Messmodellen nur reflektive Indikatoren verwendet.

4.3.4.2.1 Ableitung des Messmodells für das Sozialmanagement

Um möglichst umfassende Messgrößen für das Sozialmanagement zu erhalten, werden hier drei Variablen verwendet, von denen eine aus dem unternehmensinternen und eine aus dem externen Einflussbereich eingeht. Eine weitere bezieht die Integration sozialer Belange in strategische Entscheidungen ein.

Hinsichtlich der These, dass Nachhaltigkeit „Chefsache" ist, sind sich alle befragten 21 Unternehmen weitgehend einig, dass die ökologische und soziale Verantwortung auf einer sehr hohen Hierarchiestufe angesiedelt ist. Insofern sollte das Sozialmanagement eine erhebliche Rolle im Zielsystem des Unternehmens einnehmen. Entsprechend scheint es sinnvoll, die Frage nach der Relevanz sozialer Belange in Führungsgrundsätzen als Indikator für das Sozialmanagement zu verwenden.

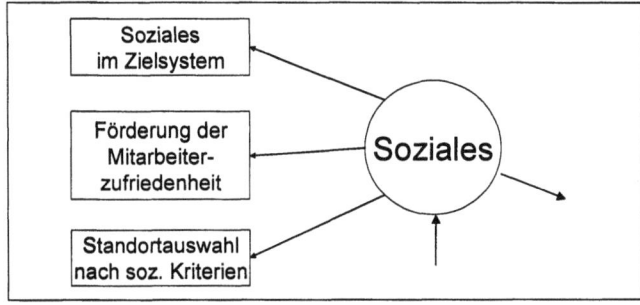

Abbildung 29: Das Messmodell für das Sozialmanagement
Quelle: Eigene Darstellung

Als unternehmensinterne Messgröße für den Grad des sozialen Engagements im Unternehmen wird hier die Relevanz der Förderung und der regelmäßigen Messung der Mitarbeiterzufriedenheit herangezogen. Diese Größe ist geeignet, weil sie selbst sehr umfassend ist. Die Zufriedenheit der Mitarbeiter selbst wird durch eine Reihe von Umständen aus dem Arbeitsumfeld beeinflusst. Beispielhaft kann dafür die Architektur des Arbeitsplatzes, die Entlohnung oder die persönlichen Beziehungen zu Vorgesetzten genannt werden.

Als unternehmensexterne Messgröße wird in dem vorliegenden Modell die Relevanz sozialer Kriterien bei der Standortwahl verwendet. Wenn solche Belange relevant sind, dann übernimmt das Unternehmen gesellschaftliche Verantwortung, indem es beispielsweise Investitionen in strukturschwachen Regionen durchführt, obwohl es aus dem Kostenminimierungskalkül unter Umständen günstigere Produktionsstätten gäbe. Die Beachtung sozialer Kriterien ist auch Teil eines nachhaltigen Nachbarschaftsmanagement, bei dem die Produktion in räumlicher Nähe zu Absatzschwerpunkten durchgeführt wird.

4.3.4.2.2 Ableitung des Messmodells für das Umweltmanagement

Wie im vorherigen Abschnitt sind auch die Indikatoren des Umweltmanagements aus dem internen, dem externen und dem unternehmensübergreifenden Einflussbereich entnommen. Analog zum Sozialmanagement ist auch hier die Fixierung ökologischer Interessen im Zielsystem der Unternehmen von entscheidender Bedeutung.

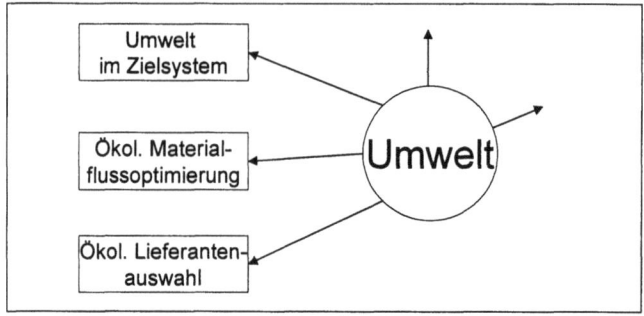

Abbildung 30:   Messmodell des Umweltmanagements
Quelle: Eigene Darstellung

Als interner Indikator wird die Relevanz von ökologischen Kriterien bei der Materialflussoptimierung verwendet. Diese Größe hat im Hinblick auf die Interpretation der Untersuchung den Vorzug, dass sie alle Prozesse, die für die Umwelt von Bedeutung sind, integriert und somit Bezüge zur ganzen Wertschöpfungskette im Unternehmen möglich werden. Diese manifeste Variable beinhaltet auch so zentrale Begriffe wie Abfallvermeidung oder eine ökologisch motivierte Lagerhaltung, was die Eignung zur Analyse des Umweltverhaltens unterstreicht.

Der Einfluss ökologischer Kriterien bei der Auswahl der Lieferanten geht als unternehmensexterne Größe in das Messmodell ein. Industriell hergestellte Produkte bestehen mit wachsendem Anteil aus Zulieferteilen. In Deutschland ist der Anteil der selbst produzierten Wertschöpfung bis auf 39% gefallen.[313] Wenn aber immer mehr Vorprodukte in die Erzeugnisse eingehen, stellt sich die Einkaufsstrategie auch für das Umweltmanagement zunehmend als Herausforderung dar.

4.3.4.2.3 Ableitung des Messmodells für den ökonomischen Erfolg

Die Messgrößen für den ökonomischen Erfolg sind den veröffentlichten Geschäftsberichten der Unternehmen zu entnehmen. Hier sollen in erster Linie die ökonomischen Interessen der Eigentümer, also die Rendite des eingesetzten Kapitals, abgebildet werden. Damit ist dieses Messmodell im Gegensatz zu den beiden vorherigen recht klar definiert, so dass hier zwei Indikatorvariablen genügen.

---

[313] Vgl. Sinn (2005), S. 39.

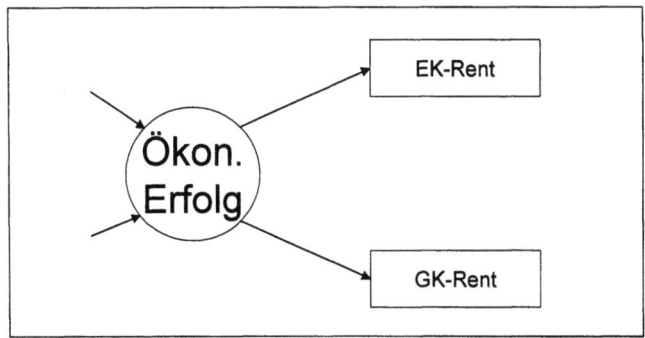

Abbildung 31: Messmodell des ökonomischen Erfolgs
Quelle: Eigene Darstellung

Da auch in ökonomischer Hinsicht die Grundprinzipien nachhaltigen Wirtschaftens gelten, wird hier als Grundlage der Erfolgsmessung mit den Cash Earnings der „nachhaltig erzielbare Ertrag"[314] verwendet. Die Eigenkapitalrendite erhält man, indem man diesen Wert durch den Buchwert des Eigenkapitals dividiert. Da im vorliegenden Kausalmodell die Wirkung des Nachhaltigkeitsmanagements gemessen wird, ist es aufgrund der Langfristigkeit vieler ökologischer und sozialer Entscheidungen sinnvoll einen längeren Zeitraum als eine Berichtsperiode zu betrachten. Aus diesem Grund wird hier die durchschnittliche Eigenkapitalrendite der letzten fünf Jahre verwendet.

Nun ist aber auch von Interesse, welche Effekte das Nachhaltigkeitsmanagement auf das gesamte Unternehmen hat, daher sollte nicht ausgeblendet werden, wie das Fremdkapital eingesetzt wird. Zudem soll in der Untersuchung sichergestellt sein, dass hohe Eigenkapitalrenditen nicht durch die Nutzung des Leverage-Effektes erreicht werden. Es wäre nicht im Sinne der Nachhaltigkeit, wenn wegen der Renditeerwartungen der Eigentümer ein übermäßig großes Risiko durch eine hohe Verschuldung eingegangen werden muss. Aus diesen Gründen dient die Gesamtkapitalrendite, die die Cash Earnings mit der Summe aus Eigen- und Fremdkapital in Beziehung setzt, als zweiter Indikator für den wirtschaftlichen Erfolg des Unternehmens.

Insgesamt ergibt sich damit das in Abbildung 32 dargestellte vollständige Pfadmodell.

---

[314] Coenenberg (2003), S. 974.

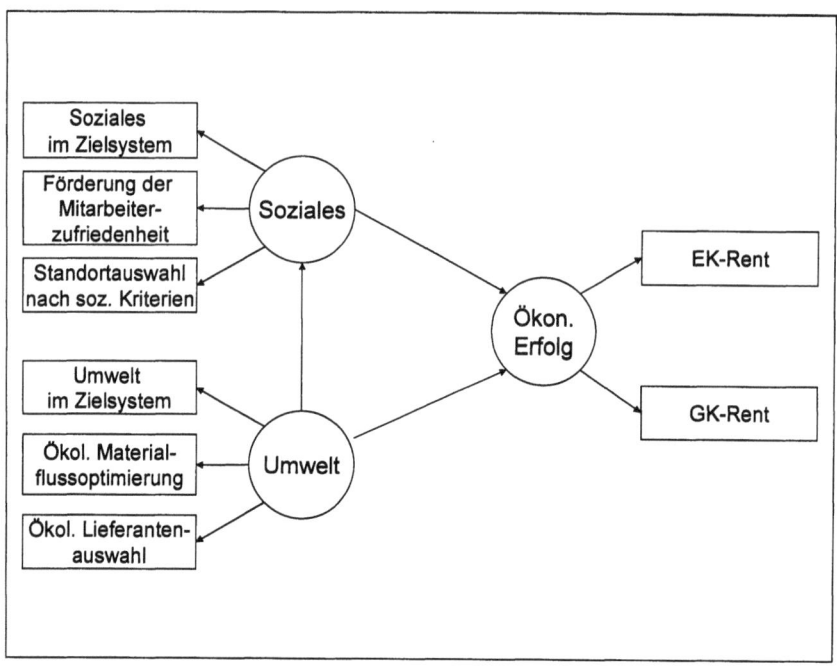

Abbildung 32: Das gesamte Kausalmodell
Quelle: Eigene Darstellung

4.3.4.3 Schätzung und Beurteilung des Modells mit Hilfe des PLS-Ansatzes

Zur Schätzung des entwickelten Modells mit Hilfe der PLS-Methode wurde die Software SmartPLS 2.0[315] verwendet. Diese Software ist besonders geeignet, da sie alle relevanten Schätzergebnisse zuverlässig liefert, eine sehr benutzerfreundliche Anwendungsoberfläche hat und zudem frei verfügbar im Internet erhältlich ist. Die Ergebnisse der Schätzung sind in Abbildung 33 dargestellt.

---

[315] Vgl. Ringle et al. (2005).

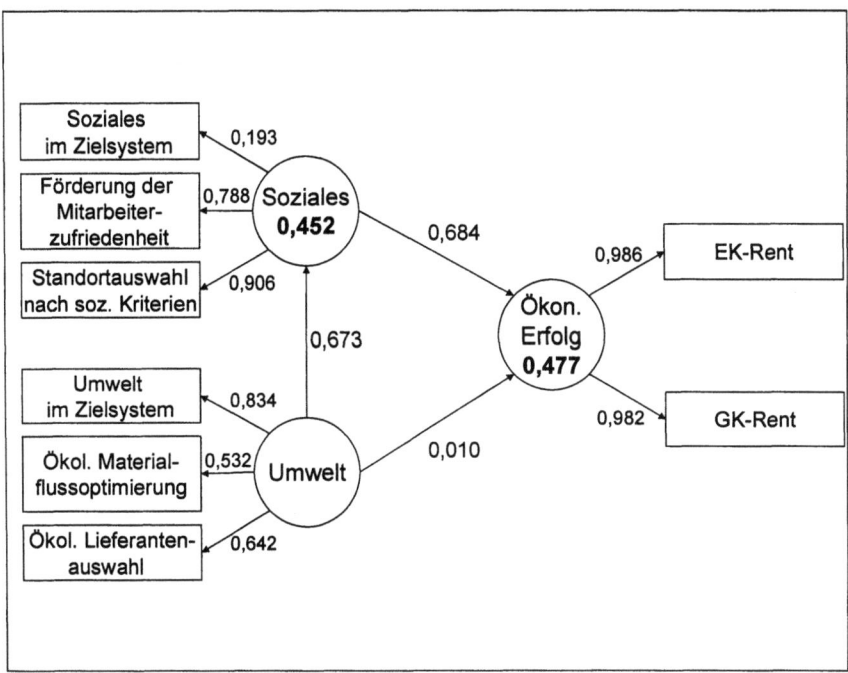

Abbildung 33: Schätzung des Kausalmodells
Quelle: Eigene Darstellung

Die größte Bedeutung bei der Beurteilung der Erklärungskraft des Kausalmodells hat das Bestimmtheitsmaß (R^2). Es misst die Güte der Anpassung der zugrunde liegenden Regressionsfunktion an die empirischen Daten, indem der Anteil der erklärten Streuung an der Gesamtstreuung gemessen wird.[316] Chin (1998, S. 323) bezeichnet Bestimmtheitsmaße für endogene Variablen in Höhe von 0,67 als "substanziell". Werte von 0,33 bzw. 0,19 werden als "mittelgut" bzw. "schwach" eingeschätzt. Demnach schätzt das vorliegende Kausalmodell die erklärten Variablen mittelgut bis substanziell.

Die Gewichte auf den Pfaden zwischen den latenten Variablen geben Auskunft über deren Korrelation. Damit werden diese Ergebnisse verwendet, um die Hypothesen aus Kapitel 4.3.4.1 zu verifizieren, sofern sich die Werte bei der Beurteilung durch die entsprechenden Gütemaße als substanziell erweisen. An dieser Stelle ist zu-

---

[316] In Kausalmodellen wird das Bestimmtheitsmaß genauso wie in traditionellen Regressionsmodellen interpretiert.

nächst festzuhalten, dass mit 0,673 und 0,684 sehr hohe Zusammenhänge zwischen Umwelt- und Sozialmanagement sowie zwischen Sozialmanagement und dem ökonomischen Erfolg festzustellen sind. Wegen der ermittelten t-Werte ($t_{Env/Soc}$ = 3,96 und $t_{Soc/Eco}$ = 2,97) kann davon ausgegangen werden, dass die Irrtumswahrscheinlichkeit für die Bestätigung der beiden Hypothesen bei unter 5% liegt. Der vermutete positive direkte Zusammenhang zwischen intensivem Umweltmanagement und guter Ertragslage der Unternehmen kann bei einem Wert von nur 0,010 sicher nicht bestätigt werden, zumal auch die Irrtumswahrscheinlichkeit dieser Korrelation bei einem t-Wert von 0,04 extrem hoch ist. Allerdings ergibt sich nach dem Theorem der Pfadmodellierung[317] eine indirekte Wirkung ökologischer Aspekte auf den wirtschaftlichen Erfolg. Der indirekte Zusammenhang ist 0,673 x 0,684 = 0,460.[318] Somit kann auch der Hypothese 2 empirisch Substanz nachgewiesen werden.

Als letztes müssen nun die Schätzergebnisse der Messmodelle eingeordnet werden. Da in allen Messmodellen ausschließlich reflektive Modelle verwendet werden, müssen die Koeffizienten auf den Pfaden zwischen den latenten und manifesten Variablen gemäß dem Vorgehen bei einer Faktorenanalyse bewertet werden. Die Faktorladungen, die eine Maßgröße für die Korrelation sind, geben dabei Auskunft über die Eignung der ausgewählten manifesten Variablen zur Abbildung des Faktors, wie die latenten Variablen in diesem Zusammenhang genannt werden. In der Literatur[319] werden dabei häufig Werte über 0,6 als gut erachtet. Die Faktorreliabilität der Messmodelle wird in dieser empirischen Untersuchung mit der durchschnittlich erklärten Varianz (AVE_i) und der internen Konsistenz (ρ_i) gemessen. Homburg / Pflesser (2000, S. 651) empfehlen für die Anpassungsmaße die Anforderungen $AVE_i \geq 0,5$ und $\rho_i \geq 0,6$.

Im Messmodell des Faktors Sozialmanagement erweist sich besonders die Standortwahl nach sozialen Kriterien und die Förderung der Mitarbeiterzufriedenheit als geeignet. Diese Aspekte sind demnach außerordentlich gute Indikatoren, wenn man

---

[317] Vgl. Kap. 4.3.1.

[318] Formal können nach dem Fundamentalsatz der Pfadmodellierung die Gewichte aller gerichteten Wege von der exogenen zur endogenen Variable addiert werden, so dass sich hier insgesamt ein Wert von 0,673 x 0,684 + 0,010 = 0,470 ergibt.

[319] Vgl. z.B. Veniak et al. (2003)

[321] Vgl. Camp (1992), S. 3.

einschätzen möchte, wie intensiv sich ein Unternehmen im Sozialmanagement engagiert. Soziale Anforderungen im Zielsystem zu fixieren, führt aus dem statistischen Blickwinkel nicht zu dem geforderten Ergebnis. Um allerdings die inhaltliche Konsistenz der nicht beobachtbaren Variable "Soziales" im Hinblick auf das theoretisch abgeleitete Modell zu wahren, muss diese manifeste Variable dennoch integriert bleiben. Die abgeleiteten Maße zur Beurteilungen der Faktorreliabilität des Messmodells liegen mit AVE_{Soc} = 0,49 und ρ_{Soc} = 0,60 knapp in der geforderten Größenordnung, so dass insgesamt von akzeptablen Schätzergebnissen gesprochen werden kann.

Da eine Faktorladung der Variable "Einbindung sozialer Elemente in das Zielsystem" von nur 0,193 die Qualität der Ergebnisse einschränkt, sollte in einem weiteren Untersuchungsschritt durch Modifikation des Kausalmodells versucht werden, eine bessere Erklärung des wirtschaftlichen Erfolgs zu finden. Hier bietet sich als explorative Verbesserung des Grundmodells an, die problematische Variable als direkt erklärende Variable des ökonomischen Erfolgs zu verwenden. Durch Herauslösen der Variable "Einbindung sozialer Elemente in das Zielsystem" aus dem Bündel der manifesten Variablen des Sozialmanagement ergibt sich dann das folgende Pfadmodell mit den zugehörigen Schätzergebnissen.

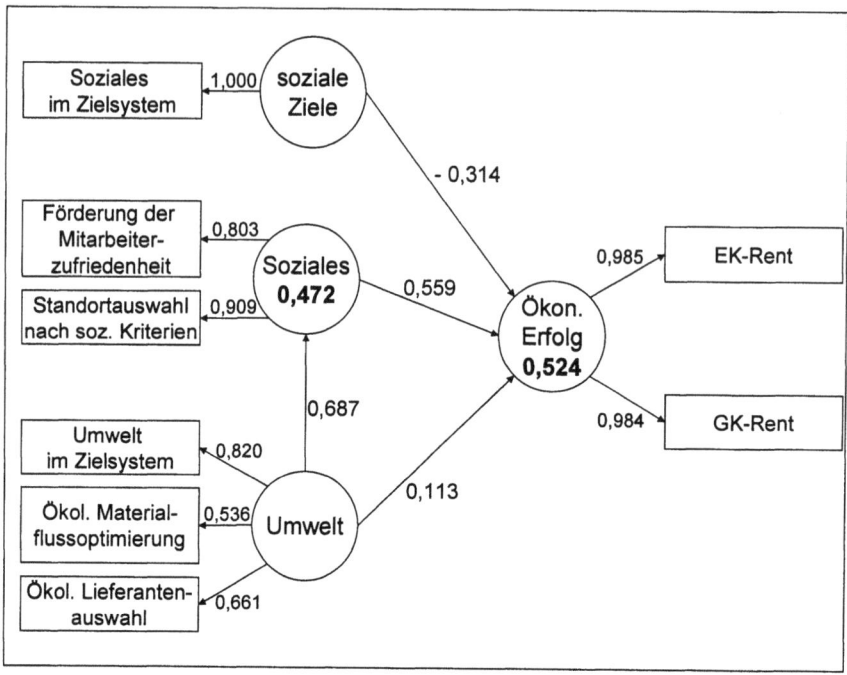

Abbildung 34: Modifikation des Grundmodells
Quelle: eigene Darstellung

Das wichtigste Resultat des modifizierten Modells ist der negative Pfadkoeffizient, der auf einen negativen Zusammenhang zwischen sozialen Zielsetzungen und wirtschaftlichem Erfolg schließen lässt. Die übrigen Pfadkoeffizienten verändern sich durch die Modifikation nur unwesentlich. Weiterhin bleibt zu bemerken, dass sich die Faktorreliabilität der latenten Variable "Soziales", ausgedrückt durch die durchschnittlich erklärte Varianz mit $AVE_{Soc} = 0{,}73$, und die interne Konsistenz $\rho_{Soc} = 0{,}75$ erheblich verbessern.

Die Faktorladungen im Messmodell des Umweltmanagements sind ebenfalls in einem mittleren bis guten Bereich. Am besten kann anhand der Art und Weise, wie ökologische Belange im Zielsystem verankert sind, ersehen werden, wie intensiv das Ökomanagement im Unternehmen betrieben wird. Auch die Faktorreliabilitäten sind mit $AVE_{Env} = 0{,}46$ und $\rho_{Env} = 0{,}71$ knapp in den empfohlenen Größenordnungen.

Die besten Ergebnisse weist das Messmodell des wirtschaftlichen Erfolgs auf. Mit 0,985 und 0,984 gehen sehr hohe Faktorladungen mit ebenfalls sehr hohen Faktorreliabilitäten (AVE_{Eco} = 0,97 und ρ_{Eco} = 0,98) einher. Diese guten Resultate überraschen kaum, da das Verständnis von wirtschaftlichem Erfolg recht eindeutig und klar umgrenzt werden kann. Umwelt- und Sozialmanagement dagegen sind sehr viel weiter greifende Perspektiven, die sich aus einer Vielzahl unterschiedlicher Bereiche, die hier durch die manifesten Variablen abgebildet werden, zusammensetzen.

4.3.4.4 Implikationen der Ergebnisse

Zunächst ist festzuhalten, dass es in der empirischen Untersuchung trotz des geringen Datenumfangs gelungen ist, substanzielle Ergebnisse zu erhalten, die die theoretisch abgeleiteten Hypothesen im Wesentlichen bestätigen. Mit einem Bestimmheitsmaß von 0,472 wirkt sich Umweltmanagement auf das soziale Engagement der Unternehmen aus. Damit zeigt sich, dass die isolierte Betrachtung dieser beiden Säulen des Nachhaltigkeitsmanagements nicht sinnvoll ist und in der betrieblichen Praxis bereits integriert betrachtet wird.

Auch die Vermutung, dass sich ein intensives Sozialmanagement positiv auf den ökonomischen Erfolg auswirkt, kann hier bestätigt werden. Da die wirtschaftliche Leistung im vorliegenden Strukturmodell nicht monokausal durch das Sozialmanagement erklärt wird, sondern auch das Umweltmanagement einbezogen wird, kann der durch soziales Engagement hervorgerufene ökonomische Ertrag nicht genau beziffert werden. Nichtsdestotrotz weisen die hohe Korrelation und das hohe Bestimmtheitsmaß der exogenen latenten Variable darauf hin, dass der wirtschaftliche Erfolg eines Unternehmens durch intensives Sozialmanagement erheblich verbessert werden kann. Allerdings sind die sozial relevanten Wirkungsfelder so vielschichtig, dass es nicht verwundert, dass es bei einem positiven Gesamtzusammenhang auch einzelne Aspekte gibt, die einen negativen Einfluss auf wirtschaftliche Erfolgsgrößen ausüben. Hier wurde die Integration sozialer Belange in das Zielsystem als erfolgsmindernd identifiziert. Der Grund dafür liegt in Konflikten, die zwischen sozialen und ökonomischen Zielsetzungen bestehen können. Wenn Unternehmen ausschließlich nach wirtschaftlichen Gesichtspunkten handeln, wie es zum Beispiel beim Shareholder Value Management der Fall ist, dann werden die untergeordneten sozialen Ziele nur dann Berücksichtigung finden, wenn sie in einem komplementären Verhältnis zu den ökonomischen stehen.

Die niedrige Korrelation zwischen Umweltmanagement und dem ökonomischen Erfolg des Unternehmens zeigt, dass die bei der theoretischen Ableitung der Hypothese 1 formulierten Zweifel offenbar berechtigt sind. Über den indirekten Zusammenhang lässt sich die These dennoch bestätigen. Inhaltlich bleibt festzustellen, dass

Umweltmanagement eine noch heterogenere Struktur als das Sozialmanagement aufweist und somit die Wirkung des Gesamtkonstrukts schwer zu beziffern ist.

In Bezug auf die Zielsysteme in Unternehmen lässt sich eine Verbindung zu den zuvor durchgeführten Häufigkeitsanalysen herstellen. Wie in Kapitel zwei festgestellt, erachten die Befragten eine Integration ökologischer Zielsetzungen für wichtiger als die Einbindung sozialer Aspekte in das Zielsystem. Will man gemäß den Grundsätzen der Nachhaltigkeit handeln, ist es angesichts der empirischen Ergebnisse aber wichtiger, soziale Ziele zu integrieren, da insbesondere konkurrierende Ziele, wie sie hier offenbar vorliegen, gleichberechtigt zu behandeln sind. Im Hinblick auf ökologische Zielgrößen kann eine höhere Zielharmonie mit ökonomischen Größen nachgewiesen werden.

Aus dem Blickwinkel der Struktur der vorliegenden Arbeit haben die Ergebnisse aus der Kausalanalyse Auswirkungen auf die Anwendung der Data Envelopment Analysis (DEA) im Rahmen der in Kapitel 5 folgenden Benchmark-Analyse. Eine wesentliche und nicht triviale Voraussetzung für die Verwendung dieser Methode ist, dass Sozial- bzw. Umweltmanagement und der ökonomische Erfolg in einem Input-Output Verhältnis stehen. Da nunmehr von einer Ursache-Wirkungs-Beziehung gesprochen werden kann, stützt das untersuchte Kausalmodell die geforderte Prämisse.

4.3.4.5 Kritische Würdigung des Kausalmodells

In diesem Kapitel konnte gezeigt werden, dass es bisher methodisch nicht gelungen ist, die Wirkungszusammenhänge der Dimensionen der Nachhaltigkeit ausreichend abzubilden. Zwar liefern die Ansätze der Integration von Aspekten des Sustainable Development in bestehende ökonomische Konzepte wertvolle Erkenntnisse über das Zusammenspiel von Ökonomie, Ökologie und Sozialem, aber sie bleiben immer auf die rein qualitative Ebene beschränkt.

Die Kausalanalyse ermöglicht dagegen die Herstellung der gesuchten Beziehungen auch auf quantitativer Ebene und zur Schätzung dieser Modelle steht mit PLS ein Verfahren zur Verfügung, das aufgrund seiner Modelleigenschaften besonders gut für den hier untersuchten Problemkreis geeignet ist. Insbesondere liefert die Methode auch schon bei relativ kleinen Datensätzen substanzielle Ergebnisse, die in der vorliegenden Anwendung die theoretischen Überlegungen im Wesentlichen bestätigen konnten. Methodisch ist bedauerlich, dass für die PLS bislang noch kein globales Gütemaß zur Beurteilung des Kausalmodells zur Verfügung steht. Die Geschwindigkeit, mit der Statistiker in den letzten Jahren an dem Verfahren Entwicklungsfortschritte erzielt haben, macht aber Hoffnung, dass auch ein solches Maß bald zur Verfügung stehen wird. In der speziellen Anwendung in der vorliegenden Empirie ist anzumerken, dass aufgrund der geringen Grundgesamtheit einige Ansätze zur Bewertung des Modells nicht zur Anwendung kommen konnten. Die betrifft im Wesentlichen die Verfahren Blindfolding, Bootstrapping und Jackknifing, die häufig zur Bestätigung von Kausalmodellen verwendet werden, indem Teile des Datensatzes extrahiert werden, mit denen das Modell durch einen Vergleich der Ergebnisse anschließend evaluiert wird.

Ebenfalls an den methodischen Möglichkeiten setzt die Kritik zu den Wirkungsrichtungen im Strukturmodell an. Dort konnte zwar die Pfadausrichtung theoretisch plausibel abgeleitet werden. Es kann aber nicht abschließend die Vermutung umgekehrter Kausalzusammenhänge widerlegt werden. So scheint auch die Meinung, dass es sich bei Nachhaltigkeit um ein „Schönwetterphänomen" handelt, eingängig. Dabei wird die Ansicht vertreten, dass sich Unternehmen Investitionen in die Nachhaltigkeit nur dann leisten können, wenn es ihnen wirtschaftlich gut geht, was implizieren würde, dass im Strukturmodell alle Kausalbeziehungen vom finanziellen Erfolg, der dann zu einer exogenen Variable würde, ausgingen. Diesem Standpunkt kann man argumentativ entgegen halten, dass eine Gleichgewichtung der Dimensionen der Nachhaltigkeit auch implizieren kann, dass Bereichen, in denen besonders große Probleme vorherrschen, besonderes Engagement zukommt.

Bei der Definition der Messmodelle musste aus der Vielzahl der Aspekte zu den latenten Variablen eine Teilmenge herausgefiltert werden, die die nicht direkt beobachtbaren Größen besonders gut abbilden kann. Nach verschiedenen plausiblen Kriterien konnten wichtige manifeste Variable extrahiert werden, die das Gesamtmodell zu guten Ergebnisse geführt haben. Es sei aber darauf hingewiesen, dass die Auswahl zwar möglichst repräsentativ, aber nicht vollständig erfolgen konnte.

Insgesamt liefert das entwickelte Kausalmodell wichtige Erkenntnisse hinsichtlich der quantitativen Beziehungen der Dimensionen der Nachhaltigkeit. Es ist allerdings wahrscheinlich, dass ein größerer Datensatz zu weiteren Erkenntnissen bezüglich des Sustainable Development und zur besseren Absicherung der erzielten Ergebnisse, geführt hätte.

5 Benchmark-Analyse der Effizienz des Nachhaltigkeitsmanagements

Ziel dieses Kapitels zur vergleichenden Analyse des Nachhaltigkeitsmanagements in den beleuchteten Aktiengesellschaften ist zunächst die Einschätzung der Effizienz des Einsatzes ökologischer und sozialer Ressourcen. Im Weiteren werden dann Ineffizienzen sowie deren verursachende Bereiche und Prozesse identifiziert, damit im Anschluss Wege aufgezeigt werden können, auf denen die Unternehmen sich verbessern können. Den Rahmen für diese Analyse bildet eine Benchmarking-Untersuchung. Mit der Erkenntnis der Kausalanalyse des vorherigen Kapitels über den positiven Einfluss, den Umwelt- und Sozialmanagement auf den finanziellen Erfolg des Unternehmens ausübt, bietet sich die Möglichkeit die Evaluation des Benchmarking mit Hilfe der Data Envelopment Analysis durchzuführen, die methodisch im Hinblick auf die Suche nach Ineffizienzen sehr leistungsfähig ist.

Im Folgenden werden zunächst die Grundlagen einer Benchmarking-Analyse gelegt, um aus der Vielzahl von Untersuchungsansätzen einen geeigneten auswählen zu können. Weiterhin umfasst dieses Kapitel das methodische Fundament der Data Envelopment Analysis als Vorbereitung zur Modellauswahl. Damit ist die Voraussetzung für die Darstellung der empirischen Ergebnisse inklusive ihrer strategischen Implikationen gegeben. Den Abschluss des Kapitels bilden dann kritische Bemerkungen zur Methodik und zur Empirie.

5.1 Grundlagen zum Benchmarking

In diesem Kapitel zu den Grundlagen von Benchmarking-Analysen wird nach einführenden Bemerkungen zu Zielen und Begrifflichkeiten zunächst der Frage nachgegangen, was im Allgemeinen mit Hilfe eines solchen Ansatzes untersucht werden kann, indem potenzielle Benchmarking-Objekte vorgestellt werden. In der Darstellung der Benchmarking-Arten werden dann die Möglichkeiten aufgezeigt, wie diese vergleichend analysiert werden können. Schließlich folgt noch eine Einordnung, welcher methodische Benchmarking-Ansatz am besten in den Kontext des Nachhaltigkeitsmanagements passt.

5.1.1 Zielsetzung und Methodik des Benchmarking

Als der Produzent von Kopiergeräten Rank Xerox Corporation Ende der siebziger Jahre Verluste an Marktanteilen gegenüber japanischen Herstellern hinnehmen musste, wurde im Jahr 1979 das "Leadership through Quality" Programm[321] ins Leben gerufen, in dem die hergestellten Geräte hinsichtlich ihres Leistungsumfangs, ihrer Funktionalität und ihrer Produktionskosten mit denen der Konkurrenz verglichen wurden.[322] Der große Erfolg des Projekts führte dazu, dass der Begriff Benchmarking schnellen und umfangreichen Eingang in die betriebswirtschaftliche Literatur gefunden hat. Verschiedene Studien zeigen, dass heute nahezu alle großen Unternehmen Benchmarking-Aktivitäten durchführen und sich davon großen Erfolg versprechen.[323] Die Schwerpunkte liegen dabei im Vergleich von Produkten, Prozessen und der Logistik.[324] Das Lernen von erfolgreichen Unternehmen ist heute aber nicht nur auf Qualitätsverbesserungs- und Kostensenkungsprogramme beschränkt. Es findet zunehmend auch Eingang in Bereiche außerhalb der klassischen ökonomischen Suche nach höherer Effizienz und Effektivität, indem es beispielsweise auch in Non-Profit Organisationen der öffentlichen Wirtschaft[325] und wie in der vorliegenden Arbeit im Umwelt- und Sozialmanagement Anwendung findet.

Das Ziel von Benchmarking-Projekten muss immer die Steigerung einer betrieblichen Leistung sein. Dies betrifft die absolute Leistungsfähigkeit einer Unternehmung, aber insbesondere auch die gegenüber dem Wettbewerb.[326] In diesem Zusammenhang wird schlagwortartig häufig der Wunsch, "der Beste in der Klasse" werden zu wollen, geäußert.[327] Einige Autoren[328] vertreten die Auffassung, dass die Identifizierung, Messung und Beurteilung von Leistungsunterschieden zu den Zielsetzungen des Benchmarking gehören. Das Lernen von anderen wird ebenfalls häufig als Ziel deklariert. Dies sind aber lediglich Mittel und Methoden, die im Rahmen des Benchmarking zu einer Leistungssteigerung führen sollen. Es ist unstrittig, dass das organisationale Lernen ein wesentlicher Bestandteil des Benchmarking ist, es dient aber nicht nur einem Selbstzweck, sondern ist wirtschaftlichen Zielen untergeordnet.

---

[322] Vgl. Ulrich (1998), S. 11.

[323] Vgl. Lasch (1995), S. 6.

[324] Vgl. Lasch (1995), S. 6 und Wildemann (1996), S. 9.

[325] Vgl. Staat (2000), S. 123.

[326] Vgl. Ulrich (1998), S. 16.

[327] Vgl. Balm (1992), S.16.

[328] Eine Übersicht über verschiedene Auffassungen von Benchmarking liefert Ulrich (1998), S. 205 – 219.

Der Leistungsbegriff hat im Benchmarking eine zentrale Bedeutung. Er setzt sich im betriebswirtschaftlichen Verständnis aus den vier grundlegenden Bestandteilen Qualität, Preis, Produktionsmenge und Kosten zusammen.[329] Wenn Leistungssteigerungen erreicht werden sollen, wird als Maßgröße häufig der Kundennutzen als Quotient von Qualität und Preis oder die Produktivität, die aus dem Verhältnis von Produktionsmenge und Ressourceneinsatz abgeleitet wird, verwendet. Im Rahmen dieser Untersuchung wird von besonderem Interesse sein, wie nachhaltige Leistungen messbar gemacht werden können, da ökologisch oder sozial relevante Entscheidungen alle vier Bestandteile der Leistung beeinflussen können.

5.1.2 Definition und Abgrenzung des Benchmarking

Im Rahmen dieser Arbeit wird zwar nicht die Vielzahl der unterschiedlichen Auffassungen von Benchmarking in der Tiefe beleuchtet. Trotzdem ist es nötig ein einheitliches Begriffsverständnis zu entwickeln, bei dem einerseits eine geeignete Definition zu fixieren ist und andererseits festgestellt wird, wodurch sich das Benchmarking von ähnlichen Managementmethoden abhebt.

In der Literatur sind zahlreiche Definitionen des Benchmarking entwickelt worden. Auch die einzelnen Komponenten, die der Begriff enthält, fallen unterschiedlich aus.[330] Ulrich (1998, S. 205ff.) hat insgesamt 15 strukturell unterschiedliche Definitionen aus dem Schrifttum identifiziert. Um einen Überblick über die verschiedenen Variationen zu erhalten, kann man sich an dem in Abbildung 35 dargestellten Benchmarking-Tableau orientieren, in dem Spendolini (1992, S. 9ff.) 49 untersuchte Definitionen zusammengefasst hat.

---

[329] Vgl. Karlöf / Östblom (1994), S. 4.

[330] Vgl. Camp (1994), S. 7.

Abbildung 35: Benchmarking-Tableau
Quelle: In Anlehnung an Spendolini (1992), S. 10.

Mit dieser Darstellung und einem zweckmäßig weit gefassten Verständnis von Benchmarking ist nunmehr eingängig, dass der in diesem Kapitel vorgenommene überbetriebliche Vergleich der Effizienz von Umwelt- und Sozialmanagement mit einer Identifizierung von Stärken und Schwächen gegenüber den anderen untersuchten Unternehmen unter den Begriff Benchmarking zu subsumieren ist.

Da jedoch die abnehmende Trennschärfe der Bezeichnungen ähnlicher Management-Methoden vor allem in der betrieblichen Praxis aber auch in der Literatur zunehmend verwischt, soll an dieser Stelle noch eine Abgrenzung zu den nahe stehenden Begriffen Betriebsvergleich, Konkurrenzanalyse und Kontinuierliche Verbesserungs-Prozesse (KVP) vorgenommen werden.

Der Betriebsvergleich wurde bereits seit Beginn der industriellen Revolution in Frankreichs Manufakturen praktiziert. In die Literatur ging die Beschreibung des Betriebsvergleichs allerdings erst Anfang des zwanzigsten Jahrhunderts ein.[331] Unter einem Betriebsvergleich wird die systematische vergleichende Betrachtung betrieblicher Daten verstanden, die wirtschaftlicher, technischer, sozialer und organisatorischer Art sein können. Dabei werden die Daten eines Betriebes denen anderer Unternehmen oder einem Durchschnitt gegenübergestellt. Die grundsätzliche Aufgabenstellung des Betriebsvergleichs besteht darin, wirtschaftliche Tatbestände und Entwicklungstendenzen offen zu legen, um Entscheidungen zu ermöglichen bzw. zu erleichtern.[332]

Der Betriebsvergleich ist aus historischer Sicht der Vorläufer des Benchmarking.[333] Für ein Unternehmen kann eine sinnvolle Zielsetzung darin bestehen, den Betriebsvergleich zu einem Benchmarking-System weiterzuentwickeln.[334] Beim Betriebsvergleich steht die Betrachtung von Kennzahlen im Vordergrund, während das Benchmarking ein stärkeres Augenmerk auf die Prozesse legt, die zu diesen Zahlen führten. Wegen der nahezu ausschließlichen Orientierung an Kennzahlen zielt der klassische Betriebsvergleich auch fast nur auf konkret messbare Merkmale ab, wohingegen das Benchmarking auch andere Merkmale wie Einstellungen und unternehmenskulturelle Aspekte als Vergleichsobjekte in Betracht zieht. Der Betriebsvergleich orientiert sich meist am Branchendurchschnitt, während im Benchmarking stets der „Klassenbeste" als Vergleichsmaßstab ausgewählt wird.

Die Konkurrenzanalyse ist ein Instrument aus dem Marketing, das darauf abzielt, potenzielle Stärken und Schwächen gegenüber der Konkurrenz zu identifizieren. Dabei werden Informationen, die zumeist aus dem Rechnungswesen stammen, ausgetauscht, die dann als Grundlage zur Entscheidungsfindung im eigenen Unternehmen dienen. Voraussetzungen für die Anwendbarkeit dieser Methode sind ähnliche Strukturen bezüglich der Branche, Betriebsgröße, Betriebsform, Sortiment, Standortbedingungen und bilanziellen Bewertungsverfahren.[335] Nachdem zunächst die Wettbewerber identifiziert werden, müssen anschließend die Objekte der Wett-

---

[331] Vgl. Siebert (1998), S. 30.
[332] Vgl. Schott (1956), S. 11 und S. 15.
[333] Vgl. Ulrich (1998), S. 68.
[334] Vgl. Ringle (2000), S. 4.
[335] Vgl. Siebert (1998), S. 32.

bewerbsanalyse festgelegt werden. Dies können zum Beispiel personelle oder sachliche Ressourcen, Strategien, Marktstellung oder die Ertragssituation sein.[336]

Im Vergleich zum Benchmarking liefert die Konkurrenzanalyse nur Sollgrößen für einzelne Kennzahlen, aber keine Erkenntnisse darüber, mit welchen Prozessen diese Sollgrößen erreicht wurden.[337] Ein weiterer Mangel besteht darin, dass sich zahlreiche erfolgsrelevante Sachverhalte, wie zum Beispiel „Kundenzufriedenheit", nicht in betrieblichen Kennzahlen abbilden lassen. Der größte Nachteil der Konkurrenzanalyse gegenüber dem Benchmarking ist die fast ausschließliche Orientierung am Markt und an Produkten.[338] Ulrich (1998, S. 72) bezeichnet die im Rahmen einer Konkurrenzanalyse verwendeten Daten als „erbeutete Wettbewerberinformationen". Da im Gegensatz dazu beim Benchmarking ein Informationsaustausch zwischen den Benchmarking-Partnern stattfindet, können die zu analysierenden Daten hierbei als zuverlässiger eingestuft werden.

Der Notwendigkeit, die betrieblichen Prozesse zu jeder Zeit in kleinen Schritten an die Erfordernisse des Wettbewerbs anzupassen, trägt die Strategie der KVP Rechnung. Sie hat ihren Ursprung in Japan und wird daher auch „KAIZEN" genannt.[339] Da die KVP an bestehenden Prozessen ansetzt, ist das Misserfolgsrisiko vergleichsweise gering. Die Strategie hat nicht den Charakter eines Projektes mit festen Anfangs- und Endzeitpunkten, sondern ist als dauerhaftes Verhalten zu verstehen. Sie setzt arbeitskulturelle Strukturen bei den Beschäftigten voraus, von denen die Entwicklung der Produktionsprozesse ausgeht. Mit dem Ziel von Qualitätsverbesserungen und Kosteneinsparungen wird beim KVP stets nach verbesserten Produktionsmethoden gesucht. Die Strategie wird typischerweise in sechs Schritten ausgeführt:[340]

(1) Auswahl des zu verbessernden Problembereichs

(2) Analyse der Ist-Situation des zu verbessernden Problembereichs

(3) Entwicklung und Umsetzung von Verbesserungsmaßnahmen

---

[336] Vgl. Nieschlag et al. (1998), S. 624.
[337] Vgl. Pieske (1997), S. 21.
[338] Vgl. Siebert (1998), S. 33.
[339] Vgl. Hansmann (2006), S. 224f.
[340] Vgl. Hansmann (2006), S. 224f.

(4) Wirkungsanalyse der umgesetzten Verbesserungsmaßnahmen

(5) Endgültige Implementierung und Standardisierung der Maßnahmen

(6) Rücksprung zu 1.

Bei dieser Verbesserungsstrategie werden lediglich (betriebs-)interne Vergleiche durchgeführt.[341] Als Gemeinsamkeit von KVP und dem Benchmarking ist festzustellen, dass beide Managementinstrumente prozessorientiert sind. Dabei hat KVP allerdings den Nachteil, dass im Rahmen dieser Strategie kaum Zugriff auf unternehmensexterne Daten möglich ist, da sie eher intern mitarbeitergetrieben funktioniert. Ein weiterer Unterschied ist, dass die Veränderungen im Rahmen eines Benchmarking-Projektes im Vergleich zum KVP sprunghafter sind.

5.1.3 Benchmarking-Objekte

Obwohl die Menge der potenziell mit Benchmarking analysierbaren Vergleichsobjekte im Grunde uneingeschränkt ist,[342] muss man sich im Rahmen eines Benchmarking-Projektes sehr genau vergegenwärtigen, welche Objekte leistungskritisch sind und wo Verbesserungen anzustreben sind. Grundsätzlich aber kann man in eine derartige Untersuchung jeden Unternehmensgegenstand einbeziehen, insbesondere auch das Unternehmen als Ganzes.[343]

Konkret können die Benchmarking-Objekte in Produkte, Geschäftsprozesse und Strategien eingeteilt werden.[344] Wenn man Waren und Dienstleistungen vergleicht, ist es wichtig, zunächst die Kundenbedürfnisse zu erheben, um dann mit Hilfe von Herstellungskosten und zuzuordnenden Geschäftsprozessen Vergleichsergebnisse ableiten zu können.[345] In der Praxis werden im Rahmen des Benchmarkings häufig die Geschäftsprozesse fokussiert. Bei deren Gegenüberstellung ist es wichtig, die Abläufe bei den Vergleichspartnern sehr genau zu beleuchten. Sonst können die kritischen Leistungsfaktoren nicht identifiziert werden. Ein Benchmarking-Projekt zur Prozessanalyse kann gut in ein Total Quality Management und das Business Pro-

---

[341] Vgl. Hansmann (2006), S. 225.
[342] Vgl. Pieske (1997), S. 57.
[343] Vgl. Patterson (1996), S. iii.
[344] Vgl. Mertins / Siebert (1997), S.78.
[345] Vgl. Karlöf / Östblom (1994), S. 96ff.

cess Reengineering integriert werden.[346] Wenn man ganze Unternehmen miteinander vergleicht, sind häufig die strategischen Betriebsinhalte von Interesse. Einen Überblick über typische Analyseinhalte der hier ausgewählten Benchmarking-Objekte liefert Tabelle 6.

Benchmarking-Objekt	Analyseinhalt
Produkte	Erfassung der Produktparameter
	Ermittlung der technologischen Parameter
	Beschreibung der dem Produkt zugrunde liegenden technischen Prinzipien
	Analyse der Erfüllung der Kundenanforderungen
Prozesse	Darstellung des Prozessablaufs
	Ermittlung der Prozessparameter
	Identifikation von Ineffizienzen
Unternehmen	Mengengerüst der Tätigkeiten
	Kapazitätsbindung
	Erfassung und Bewertung der Erfüllung der Kundenanforderungen
	Analyse der Kernprozesse

Tabelle 6: Typische Analyseinhalte von Benchmarking-Objekten
Quelle: In Anlehnung an Pieske (1997), S. 101.

Trotz der großen Unterschiede von potenziellen Benchmarking-Objekten ist aber darauf zu achten, dass die Analyse sich nicht auf den Vergleich von Zielgrößen be-

---

[346] Vgl. Ulrich (1998), S. 18f.

schränkt, sondern auch die vorgelagerten Zusammenhänge, die zu den erhobenen Ergebnissen geführt haben, in das Bechmarking-Projekt einbezogen werden.

5.1.4 Benchmarking-Subjekte und -Arten

Aus der Vielzahl an Versuchen, Benchmarking-Arten nach den Benchmarking-Subjekten zu strukturieren[347], wurde an dieser Stelle zielführend eine Ordnung gewählt, die für die in den folgenden Abschnitten durchzuführende Benchmark-Untersuchung des Nachhaltigkeitsmanagements geeignet ist.

Benchmarking-Partner können nach dem in Abbildung 36 dargestellten Schema ausgewählt werden.

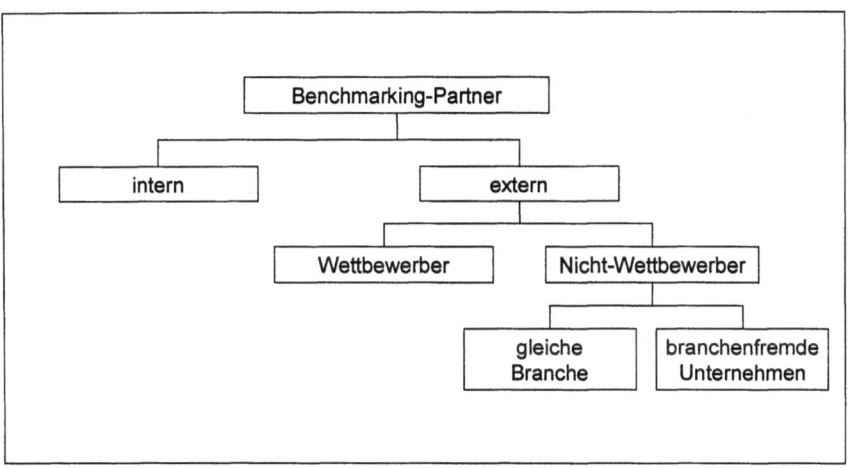

Abbildung 36:   Subjekte des Benchmarking im Überblick
Quelle: Eigene Darstellung

Die Entscheidung, ob unternehmensinterne oder -externe Benchmarking-Partner auszuwählen sind, ist naturgemäß maßgeblich vom Benchmarking-Objekt abhängig.[348] Interne Vergleiche bieten sich dann an, wenn gleiche oder ähnliche Arbeiten mehrfach im Unternehmen durchgeführt werden. So werden interne Benchmarking-Projekte typischerweise zum Vergleich von Geschäftsbereichen, Filialen oder Organisationseinheiten zur Analyse des Leistungsangebots, von Geschäftsprozessen

---

[347] Vgl. z. B. Ringle (2000), S. 15, Ulrich (1998), S. 205f. oder Mertins / Siebert (1997), S. 79.

[348] Vgl. Pieske (1997), S. 153.

oder Vorgehensweisen durchgeführt.[349] Wenn sich im Unternehmen derartige Vergleichsmöglichkeiten bieten, wäre es eine Verschwendung des internen Potenzials, sich sofort nach außen zu orientieren. Wenn jedoch das Unternehmen nicht die erforderliche Größe aufweist, die nötig ist, um intern einen qualifizierten Benchmarking-Partner zu finden, müssen externe Partner gesucht werden.[350] Bedingung dafür ist allerdings ein vertrauensvolles Verhältnis der Vergleichssubjekte, denn es sollte ein offener Austausch von Informationen stattfinden, bei dem häufig auch Betriebsgeheimnisse offen gelegt werden müssen. Insofern weist das interne gegenüber dem externen Benchmarking erhebliche Vorteile bezüglich der Datenerhebung auf, auch weil die Wahrscheinlichkeit gleicher Erhebungsmethodik innerbetrieblich höher ist.

Beim externen Benchmarking können im Kreis der direkten Konkurrenten oder der Nicht-Wettbewerber geeignete Benchmarking-Partner gesucht werden. Hinsichtlich einer Verbesserung der Marktposition scheint es besonders attraktiv, sich mit Wettbewerbern zu messen. In diesem so genannten "Competitive Benchmarking"[351] lassen sich Anhaltspunkte für den Markterfolg der Konkurrenten finden. Da aber in der Regel das notwendige partnerschaftliche Verhältnis zwischen den Benchmarking-Subjekten schwerlich herzustellen ist, müssen die Daten mit Hilfe von Veröffentlichungen und Umfragen im Kundenkreis erhoben werden. Dadurch sind die Ergebnisse einer konkurrenzorientierten Benchmark-Analyse limitiert.

Wenn man sich dafür entscheidet, Unternehmen einzubinden, mit denen die eigene Organisation nicht konkurriert, muss man sich darüber klar werden, ob ein branchenbezogenes oder ein branchenübergreifendes Benchmarking sinnvoll ist. Ziel eines Vergleichs mit einer Gruppe von Unternehmen, die im gleichen Geschäftsfeld operieren, ist häufig die Suche nach Trends.[352] Probleme kann auch hierbei das partnerschaftliche Verhältnis zwischen den Benchmarking-Partnern bereiten, da es schwierig ist, einen Anreiz zu schaffen, die Unternehmen dazu bewegen, internes Wissen mit anderen zu teilen.

---

[349] Vgl. Ringle (2000), S. 16.

[350] Vgl. Pieske (1997), S. 154f.

[351] Töpfer / Mann (1997), S.35.

[352] Vgl. Siebert (1998), S. 42f.

Von allen bisher dargestellten Benchmarking-Arten hat das branchenunabhängige Benchmarking den weitesten Betrachtungshorizont und das größte Potenzial für Verbesserungen. Der Zugang zu den Benchmarking-Partnern gestaltet sich in der Regel unproblematisch, da keine Wettbewerbssituation besteht. Dennoch gibt es auch hier vereinzelt sensible Bereiche wie zum Beispiel die Forschung und Entwicklung eines Unternehmens. Beim branchenunabhängigen Benchmarking ist es erforderlich, Prozesse und Zusammenhänge zwischen den Subjekten herauszuarbeiten, die Übertragungsmöglichkeiten bieten.[353]

Für die Benchmarking-Analyse des Nachhaltigkeitsmanagements muss nun ermittelt werden, welche Alternative für diesen Bereich am besten geeignet ist. Als Grundlage dafür bietet die Tabelle 7 einen Überblick über die Vorzüge und Nachteile der einzelnen Benchmarking-Arten.

---

[353] Vgl. Siebert (1998), S. 43f.

Benchmarking-Art	Stärken	Schwächen
internes Benchmarking	Offener Zugang zu den Daten; einfache Erfassung; geringe Kosten Förderung der internen Kommunikation Erste Erfahrungen mit Benchmarking als Basis für weiterführende Benchmarking-Studien	auf das eigene Unternehmen eingeengter Blickwinkel; begrenzter Wissensfundus
konkurrenzorientiertes Benchmarking	Möglichkeit einer detaillierteren Bestimmung der eigenen Position im Konkurrenzfeld Einblick in die Erfolgsfaktoren der wichtigsten Wettbewerber	Schwierige Datenerfassung bei mangelnder Kooperationswilligkeit der Wettbewerber; relativ hohe Kosten Erfolgstatbestände nicht immer übertragbar
branchenweites Benchmarking	größere Anzahl potenzieller Vergleichsunternehmen relativ hohe Akzeptanz; Erkennen branchenweiter Trends	schwierige Kontaktherstellung und Datenrecherche teilweise andersartiges Umfeld mit nicht übertragbaren Erfolgskonzepten

branchenübergreifendes Benchmarking	weitester Betrachtungshorizont; umfangreichste Chance zur Entdeckung nutzbaren Verbesserungspotenzials	mangelnde Verfügbarkeit geeigneter Benchmarking-Partner
	Wegfall von "Branchenblindheit"; neuartige Impulse möglich	schwierige Transformation in anderen Branchen erfolgreich angewandter Praktiken und Verfahren

Tabelle 7: Mögliche Stärken und Schwächen verschiedener Benchmarking-Arten
Quelle: In Anlehnung an Ringle (2000), S.26.

5.1.5 Evaluation des Benchmarking

Bei der Auswertung der erhobenen Informationen ist die erste Aufgabe, sich einen systematischen, zielführenden Überblick über die Fülle der Daten zu verschaffen. Es müssen dabei die differenzierenden Leistungskriterien gefunden werden, die einen aussagekräftigen Vergleich zulassen. Die ausgewählten Kenngrößen sollen dem profunden Verständnis für die Leistungsunterschiede dienen. Die Resultate gehen in Form von Zahlen oder Rankings, aber auch als Ideen, Alternativen oder Informationen über „Best Practices", also auch qualitativ, in die Benchmarking-Analyse ein.[355] Zur Evaluation des Benchmarking kann eine vierschrittige Systematik verwendet werden. Zunächst muss die eigene Leistungslücke identifiziert werden, die in einem nächsten Schritt quantifiziert wird. In Anbetracht der Prozesse, die zur Leistungslücke geführt haben, werden dann die zugehörigen Betriebsinhalte beleuchtet, um daraufhin die Ursachen für die besseren Ergebnisse der Benchmarking-Partner herausarbeiten zu können.

Die Vielzahl an potenziellen Evaluierungsstrukturen können hier nicht im Einzelnen erörtert werden. Im Hinblick auf die Auswahl einer geeigneten Methode ist es aber angebracht, auf die im Schrifttum genannten kritischen Faktoren bei der Auswertung einer Benchmarking-Untersuchung hinzuweisen. Häufig gibt ein Vergleich von Prozessen mit unterschiedlichen Betriebsinhalten Anlass zu Negativkritik. Es gibt be-

---

[355] Vgl. Pieske (1997), S. 227.

triebliche Prozesse, die so stark voneinander abweichen, dass sie nicht ohne weiteres miteinander verglichen werden können, obwohl sie dem ersten Anschein nach die gleiche Funktion in den verglichenen Betrieben einnehmen. Karlöf / Östblom (1994, S. 176f.) nennen als Beispiel ein Benchmarking der Lagerzugriffszeiten, bei dem ein Bekleidungsunternehmen deutlich besser abgeschnitten hat als ein Großhändler für Fernsehgeräte. Der Grund für die besseren Ergebnisse war aber nicht im analysierten Prozess, sondern in der Beschaffenheit der Produkte zu finden. Solche Sachverhalte sind auch im Nachhaltigkeitsmanagement zu erwarten. Beispielsweise ist bei einem Vergleich von End-of-Pipe Technologien die Branche, in der das Unternehmen agiert, wesentlicher Erfolgsfaktor.

Ein weiterer Gesichtspunkt beim Vergleich von Prozessen ist deren Leistungsumfang. Wie in Kapitel 2.6.1 beschrieben, ist die Auswahl von Lieferanten nach ökologischen und sozialen Kriterien ein wesentlicher Bestandteil einer nachhaltigen Strategie. Wenn nun aber zwei Unternehmen verglichen werden, von denen eines wegen der Konzentration auf das Kerngeschäft sehr stark von zugekauften Vorprodukten abhängig ist und das andere im Rahmen einer vertikalen Integration viele Schritte der Wertschöpfungskette selbst durchführt und deshalb weniger von anderen abhängt, dann ist die Lieferantenauswahl offenbar unterschiedlich relevant.

Auch die Marktbedingungen von Benchmarking-Partnern können erheblich voneinander abweichen. Karlöf / Östblom (1994, S. 168f.) gehen in diesem Zusammenhang beispielhaft auf einen Zusammenhang zwischen der Marktgröße und der Produktivität der Unternehmen ein. Sie stellen bei einer Untersuchung von Einzelhändlern fest, dass mit abnehmender Anzahl der bedienten Haushalte die Produktivität der Ladengeschäfte sinkt. Dieser Marktgegebenheit muss in der Interpretation der Ergebnisse Rechnung getragen werden.

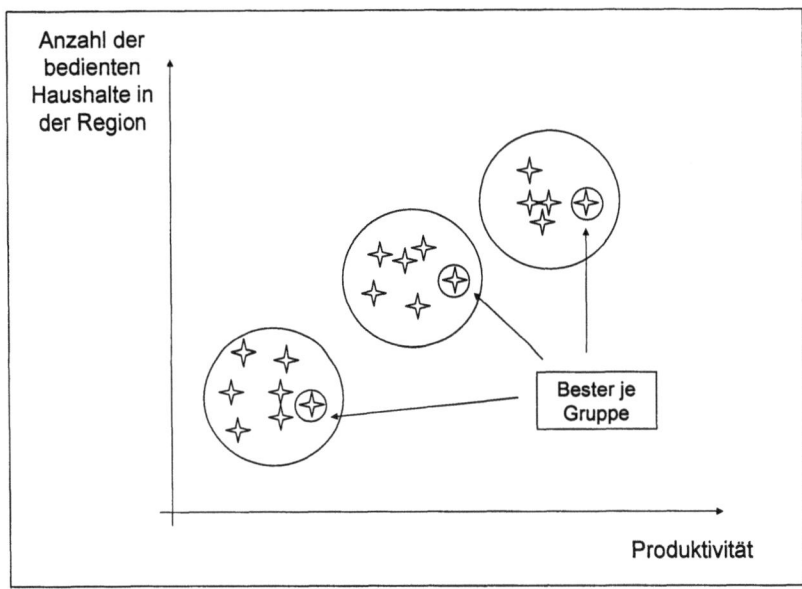

Abbildung 37:	Zusammenhang zwischen Produktivität und Anzahl der potenziellen Kunden
Quelle:	In Anlehnung an Karlöf / Östblom (1994), S. 169.

Ein Vergleich ist in einer solchen Situation nur möglich, wenn man gemäß den Marktbedingungen Gruppen bildet, um dann deren besten Benchmarking-Partner zu ermitteln. Solche Markteinflüsse gibt es auch im Nachhaltigkeitsmanagement, wenn man zum Beispiel an die Standortauswahl nach sozialen Gesichtspunkten denkt, die umso wichtiger wird, je mehr die Region von den Arbeitsplätzen, die von dem Unternehmen angeboten werden, abhängig ist.

Insbesondere bei Benchmarking-Projekten, die die Effizienz des Betriebes verbessern sollen, muss ein Augenmerk auf möglicherweise unterschiedliche Kostensituationen der Partner gelegt werden. Wenn man also eine Wirtschaftlichkeitsanalyse mit dem Ziel einer konkreten Verbesserung nach dem Vorbild des besten Vergleichssubjekts durchführen möchte, muss beachtet werden, dass es Größen gibt, in denen sich die Unternehmen unterscheiden, die durch Prozessoptimierung nicht verändert werden können. Solch externe Faktoren sind etwa Miet- und Grundstückspreise. Bei der Analyse des Nachhaltigkeitsmanagements ist in diesem Zusammenhang an alle Kosten zu denken, die keinen ökologischen oder sozialen Bezug haben.

Bedenken gegenüber einem Benchmarking werden auch geäußert, wenn sich die Vergleichspartner unterschiedlichen länderspezifischen Gegebenheiten gegenüber sehen. Dieses ist im Nachhaltigkeitsmanagement besonders relevant, da tatsächlich sehr große Unterschiede in der Umwelt- und Sozialgesetzgebung der verschiedenen Länder festzustellen sind.

In der Literatur herrscht aber Einigkeit, dass es möglich ist, all die genannten Einflussfaktoren, die einen Vergleich im Rahmen eines Benchmarking verfälschen können, mit Hilfe von Gruppenbildungen, wie im Falle der unterschiedlichen Marktbedingungen dargestellt, oder durch Korrekturfaktoren so zu modifizieren, dass die Ziele des Benchmarking-Projekts dennoch erreicht werden können.[356]

Die hier genannten Bedenken gegenüber einer aussagekräftigen Benchmarking-Analyse sind bei der Auswahl der Evaluationsmethode sehr ernst zu nehmen. Im Kontext des Nachhaltigkeitsmanagements muss überlegt werden, inwiefern die Kritikpunkte in der vorliegenden Untersuchung greifen. Vor diesem Hintergrund ist der folgende Abschnitt den Besonderheiten eines Benchmarking im Nachhaltigkeitsmanagement gewidmet.

5.1.6 Benchmarking im Nachhaltigkeitsmanagement

Nachhaltigkeitsmanagement zeichnet sich, wie im Rahmen dieser Arbeit mehrfach erläutert, durch eine große Vielfältigkeit sowohl in der Umsetzung in Betrieben als auch in methodischen und konzeptionellen Ansätzen aus. Gerade wegen dieser Heterogenität ist es wichtig für Unternehmen auch überbetriebliches Wissen zu erschließen. Dazu benötigen sie ein Verfahren, das eine flexible Bewertung beim Vergleich von Geschäftsprozessen ermöglicht.[357] Es hat sich in der Praxis gezeigt, dass die Konzepte des Nachhaltigkeitsmanagements nur dann erfolgreich sind, wenn sie dauerhaft im Unternehmen verankert sind. Sie dürfen nicht isoliert bleiben, sondern sollten in bestehende Führungssysteme integriert werden. Benchmarking ermöglicht diese zielorientierte, ganzheitliche Sichtweise. Da die Grundsätze und Strukturen einer Nachhaltigkeitsstrategie allgemeingültig und nur in geringem Maße produktspezifisch sind, bietet es sich an, mit Hilfe eines branchenübergreifenden Benchmarking einen möglichst großen Fundus an Erfahrungen aufzubauen.

---

[356] Vgl. z. B. Karlöf / Östblom (1994), S. 164ff.

[357] Vgl. best (2002), S. 1.

Es ist bei Benchmarking-Projekten im Nachhaltigkeitsmanagement darauf zu achten, dass ein besonderes Augenmerk auf die ökologisch und sozial besonders relevanten Geschäftsprozesse gelegt wird.[358] Damit kann sich für die Benchmarking-Partner eine Reihe von Vorteilen ergeben. Sie erschließen sich Möglichkeiten zum Kennenlernen und Anwenden der vielen innovativen Methoden und Konzepte des Benchmarking, sie erhalten eine Selbstbewertung, die Prozessorientierung im Unternehmen wird geschärft, die relevanten Geschäftsprozesse werden optimiert und es wird eine Zusammenarbeit mit branchenfremden Unternehmen ermöglicht.

Ein weiteres wesentliches Kennzeichen nachhaltigen Wirtschaftens ist der Ausgleich ökonomischer, ökologischer und sozialer Ziele. Dieser Grundsatz muss auch in der Evaluation des Benchmarking Ausdruck finden. In den folgenden Abschnitten wird gezeigt werden, dass die Data Envelopment Analysis (DEA) ein Verfahren ist, das diesem Grundsatz gerecht wird und dabei auch die im vorherigen Kapitel erläuterten Bedenken gegenüber Benchmarking-Analysen entkräftet werden.

5.2 Benchmarking mit Hilfe der Data Envelopment Analysis

Dieser Abschnitt ist dem methodischen Ansatz der DEA, mit der die Benchmarking-Untersuchung evaluiert werden soll, gewidmet. Da dieses Verfahren aus der Produktionstheorie entstammt[359], muss an dieser Stelle eine Brücke geschlagen werden, die die Grundgedanken des Nachhaltigkeitsmanagements in Strukturen überführt, die mit Hilfe der DEA verarbeitet werden können. Dies gilt insbesondere für den in Kapitel 2.2 entwickelten Begriff der Nachhaltigkeit, für den gezeigt werden muss, wie er in die Effizienzbegriffe der DEA Modelle überführt werden kann.

Die Darstellung der verschiedenen DEA-Grundmodelle zur Auswahl eines geeigneten Ansatzes für die vorliegende Untersuchung bildet dann den Schwerpunkt dieses Kapitels.

5.2.1 Nachhaltigkeitseffizienz als Benchmarking-Objekt

5.2.1.1 Grundidee und Annahmen

Der Erfolg eines Unternehmens ist im Allgemeinen durch das Verhältnis der erbrachten Leistung zu den dazu benötigten Faktoren gegeben. Der ökonomische Er-

---

[358] Vgl. best (2002), S. 3.

[359] Vgl. Kleine (2002), S. 66ff.

folg, der zuvor in der Kausalanalyse als erklärte Variable verwendet wurde, stellt nun im Rahmen einer Untersuchung der Effizienz des Nachhaltigkeitsmanagements die Outputgröße dar, deren quantitative Ermittlung wie gesehen wenig Probleme bereitet. Es können wieder die in Kapitel 3 dargestellten Erfolgsgrößen verwendet werden.

Die Inputgrößen sind dagegen häufig nicht monetär messbar, ein Problem, das häufig auch bei Wirtschaftlichkeitsanalysen im Non-Profit Bereich auftritt. In ähnlicher Weise trifft man auch im Rahmen der Messung der Effizienz von Nachhaltigkeitsmanagement auf eine Reihe von Faktoren, denen man nur schwer einen Geldnutzen zuordnen kann. Im ökologischen Bereich ist dies beispielsweise die Emission von Schadstoffen, deren volkswirtschaftlicher Schaden bisher nicht erfolgreich in Geldeinheiten beziffert werden konnte. Genauso problematisch ist es, soziale Aspekte in der Unternehmung nach dem gleichen Kriterium zu bewerten, wie den ökonomischen Erfolg. Die Definition von Nachhaltigkeitseffizienz aus Kapitel 2.2 erfordert aber die Einbindung aller potenziellen Input- und Outputgrößen in die Analyse. Ein in der Literatur vorgeschlagenes Verfahren, das die genannte Problematik umgeht, ist die DEA.

Die DEA ist ein Modell, das Inputfaktoren und Outputgrößen zueinander in Beziehung setzt und mit Hilfe einer linearen Programmierung eine Schätzung der relativen Effizienz von so genannten Entscheidungseinheiten (EE) liefert. EE können dabei ganze Unternehmen oder öffentliche Organisationen aber auch Unternehmensteile sein.

Da wie erläutert eine einfache Quotientenbildung Output/Input kaum sinnvoll ist, wird die DEA gewöhnlich als Aktivitätsanalyse verstanden. Alle untersuchten EE sind in einer so genannten Produktionsmöglichkeitenmenge enthalten. Aus dieser Menge erzeugt man eine Produktionsfunktion, die beschreibt, welcher Output sich aus einem gegebenen Input maximal erzielen lässt beziehungsweise wie viel Inputfaktoren minimal benötigt werden, um einen gegebenen Output zu erreichen. Eine Schätzung der relativen Effizienz erhält man, indem die Elemente in der Produktionsmöglichkeitenmenge mit so genannten Referenzpunkten auf der Produktionsfunktion in Beziehung gesetzt werden. Die Abbildung 38 illustriert die Idee der DEA anhand einer grafischen Darstellung eines Beispiels mit einem Input und einem Output.

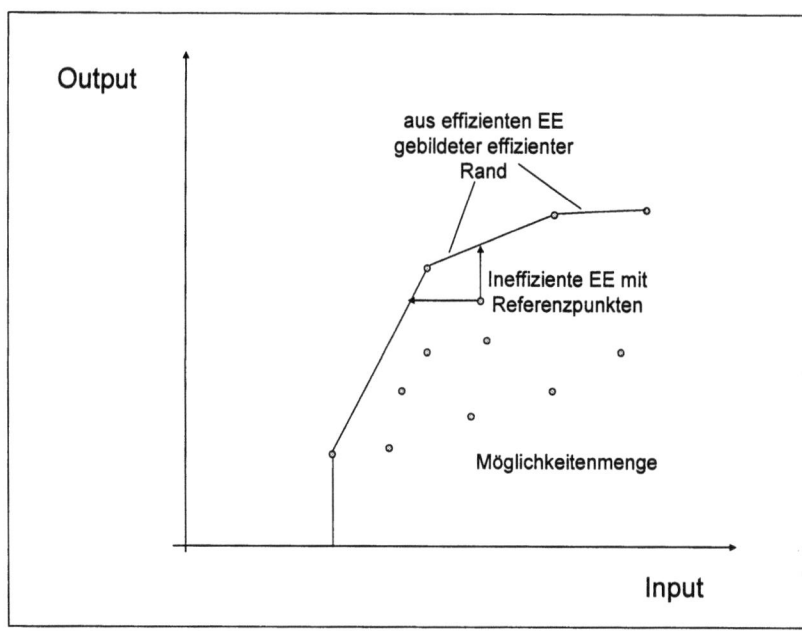

Abbildung 38: Grundidee der DEA
Quelle: Eigene Darstellung

5.2.1.2 Grundlagen der Data Envelopment Analysis

Die verschiedenen Modelle der DEA lassen sich nach einer Reihe von Kriterien katogorisiorcn. Zunächst muss eine dem Problem adäquate Annahme darüber getroffen werden, ob es sich um eine Produktionsfunktion mit konstanten oder variablen Skalenerträgen handelt. Die erstgenannte Möglichkeit liegt den so genannten CCR-Modellen zu Grunde, während variable Skalenerträge eine Annahme der BCC-Modelle sind. Die in Kapitel 5.2.1.2.3 dargestellten additiven Modelle können beide Annahmen berücksichtigen.

Eine weitere Möglichkeit der Kategorisierung ist die Differenzierung nach Inputorientierung oder Outputorientierung. In einem inputorientierten Modell wird bei gegebenem Input der Output maximiert, während umgekehrt in outputorientierten Modellen der Input bei gegebenem Output minimiert wird. CCR- und BCC-Modelle können sowohl input- als auch outputorientiert formuliert werden. Die additiven Modelle optimieren Input- und Outputgrößen simultan.

Obwohl in der späteren empirischen Betrachtung nur das outputorientierte BCC-Modell mit variablen Skalenerträgen verwendet wird, sollen im Folgenden auch die anderen genannten Modelle beschrieben werden, da sie als Grundlage für die benötigte algebraische Formulierung der Problemstellung dienen.

Alle in dieser Arbeit vorgestellten Modelle haben einige identische Annahmen, die an dieser Stelle angeführt werden sollen, ehe dann die modellspezifischen Annahmen gesondert hinzugefügt werden. Zunächst einmal kann fest gehalten werden, dass Effizienz im Sinne einer Pareto-Optimalität Kriterium für DEA-Modelle ist. Damit das Verfahren auch in Fällen angewendet werden kann, in denen keine theoretisch denkbare Effizienz ermittelt werden kann, sondern nur eine relative Effizienz, die an vergleichbaren EE gemessen wird, wird das Ziel „100% relative Effizienz" angestrebt. Wegen dieser empirisch vergleichenden Herangehensweise erfährt das Verfahren im Rahmen von Benchmarking-Analysen große Beachtung.

Aus der Menge der effizienten Input-Output Kombinationen wird eine Produktionsfunktion geschätzt, die in Abbildung 38 den effizienten Rand der so genannten (Produktions-)Möglichkeitenmenge T bildet, die alle empirischen Input-Output Kombinationen enthält.[360] Es ist

$$T = \{(X,Y)|Y \geq 0 \text{ kann erstellt werden aus } X \geq 0\}.$$

Dabei werden die empirisch ermittelten Inputfaktoren der EE j durch den Vektor $X_j = (x_{1j}, ..., x_{mj})$ und deren Outputgrößen als $Y_j = (y_{1j}, ..., y_{mj})$ beschrieben. Für die Menge T gilt die Annahme, dass es sich um eine konvexe Menge handelt, was inhaltlich dem so genannten „Ineffizenzpostulat" entspricht, das besagt, dass eine Erhöhung der Inputs den Output nicht verringern darf. Umgekehrt darf eine Erhöhung der Outputs nicht durch eine Verringerung der Inputs zustande kommen.

5.2.1.2.1 Das CCR-Modell

Das 1978 von Charnes, Cooper und Rhodes entwickelte Grundmodell der DEA fügt den oben angeführten Prämissen die Annahme konstanter Skalenerträge hinzu, die besagt, dass die Multiplikation der Inputs mit einem positiven Skalar λ eine Veränderung der Outputgrößen um das λ-fache zur Folge hat. Im Folgenden sollen nun for-

---

[360] Man bezeichnet die Eigenschaft, dass die Möglichkeitenmenge alle empirischen Input-Output Kombinationen enthält, auch als Forderung der minimalen Extrapolation.

mal die input- und outputorientierten Varianten des CCR-Modells dargestellt werden.[361]

5.2.1.2.1.1 Das inputorientierte CCR-Modell

Charnes et al. (1978) haben das Effizienzoptimierungs-Problem zunächst einmal in einem nicht-linearen Programm formuliert. Darin fassen sie die Inputfaktoren und Outputgrößen zu virtuellen skalaren Summen zusammen, die als virtuelle Inputs und Outputs bezeichnet werden.[362] Der die Effizienz der EE 0 messende und zu maximierende Quotient ist damit $h_0 = \dfrac{\sum_{r=1}^{q} u_r y_{r0}}{\sum_{i=1}^{m} v_i x_{i0}}$. Dabei stellen u und v die Vektoren der Gewichte dar, die im Optimierungsmodell die Variablen sind. Zur Vereinfachung späterer Darstellungen sei hier auch die äquivalente Matrixschreibweise angegeben. Es ist $h_0 = \dfrac{u^T Y_0}{v^T X_0}$. Die Formulierung als Problem der Quotientenprogrammierung in beiden möglichen Schreibweisen hat dann folgende Gestalt:

$$\max\ h_0 = \frac{\sum_{r=1}^{q} u_r y_{r0}}{\sum_{i=1}^{m} v_i x_{i0}} \qquad \text{(CCR-I Z1)} \qquad \max\ h_0 = \frac{u^T Y_0}{v^T X_0}$$

u. d. N. \qquad\qquad u. d. N.

$$\frac{\sum_{r=1}^{q} u_r y_{rj}}{\sum_{i=1}^{m} v_i x_{ij}} \leq 1 \quad \text{für } j=1,\ldots,n \qquad \text{(CCR-I 1)} \qquad \frac{u^T Y_j}{v^T X_j} \leq 1 \quad \text{für } j=1,\ldots,n$$

$$\frac{u_r}{\sum_{i=1}^{m} v_i x_{i0}} \leq \varepsilon \quad \text{für } r=1,\ldots,q \qquad \text{(CCR-I 2)} \qquad \frac{u_r}{v^T X_0} \leq \varepsilon \quad \text{für } r=1,\ldots,q$$

---

[361] Vgl. Charnes et al. (1978).

[362] Vgl. Schefczyk (1996), S. 168.

$$\frac{v_i}{\sum_{i=1}^{m} v_i x_{i0}} \leq \varepsilon \quad \text{für } i = 1,...,m \quad \text{(CCR-I 3)} \quad \frac{v_i}{v^T X_0} \leq \varepsilon \quad \text{für } i = 1,...,m$$

Neben der oben dargestellten Funktionsweise der Zielfunktion kann das CCR-Modell mit Hilfe von drei Nebenbedingungen formuliert werden. Die erste normiert das Effizienzmaß auf das Intervall (0,1]. Die Nebenbedingungen (CCR-I 2) und (CCR-I 3) stellen sicher, dass sowohl die Gewichtungsfaktoren der Outputs (u_r) als auch die der Inputs (v_i) eine bestimmte Mindesthöhe ε annehmen und somit über alle Inputs und Outputs optimiert wird.

Zur Lösung des Modells ist eine Transformation in ein lineares Programm notwendig. Dazu definiert man $\mu_r = \frac{u_r}{\sum_{i=1}^{m} v_i x_{i0}}$ und $\upsilon_i = \frac{v_i}{\sum_{i=1}^{m} v_i x_{i0}}$, womit sich das folgende duale inputorientierte CCR-Modell ergibt:

$$\max \ w_0 = \sum_{r=1}^{q} \mu_r y_{r0} \quad \text{(CCR-I Z2)} \quad \max \ w_0 = \sum_{r=1}^{q} \mu_r y_{r0}$$

u. d. N. \qquad\qquad\qquad\qquad u. d. N.

$$\sum_{i=1}^{m} \upsilon_i x_{i0} = 1 \quad \text{(CCR-I 4)} \quad \upsilon^T X_0 = 1$$

$$\sum_{r=1}^{q} \mu_r y_{rj} - \sum_{i=1}^{m} \upsilon_i x_{ij} \leq 0 \quad (j=1,...,n) \quad \text{(CCR-I 5)} \quad \upsilon^T Y - \upsilon^T X \leq 0$$

$$-\mu_r \leq -\varepsilon \quad (r=1,...,q) \quad \text{(CCR-I 6)} \quad -\mu^T \leq -\varepsilon \cdot 1^T$$

$$-\upsilon_i \leq -\varepsilon \quad (i=1,...,m) \quad \text{(CCR-I 7)} \quad -\upsilon^T \leq -\varepsilon \cdot 1^T$$

In diesem Modell wird in (CCR-I Z2) der Gesamtoutput maximiert. Die Normierung der Inputs leistet die Nebenbedingung (CCR-I 4). Die Nebenbedingungen (CCR-I 4), (CCR-I 5) und (CCR-I 6) entsprechen inhaltlich den Nebenbedingungen (CCR-I 1), (CCR-I 2) und (CCR-I 3).

Die dargestellte Formulierung des CCR-Modells wird auch als *duales* Problem bezeichnet. Die Berechnung des Problems erfolgt allerdings einfacher anhand des *primalen* Modells, da es weniger Nebenbedingungen benötigt.[363] Dieses kann folgendermaßen formuliert werden:

$$\min z_0 = \theta - \varepsilon \cdot \sum_{r=1}^{q} s_r^+ - \varepsilon \sum_{i=1}^{m} s_i^- \qquad \textbf{(CCR-I Z3)} \quad \min z_0 = \theta - \varepsilon \cdot 1^T s^+ - \varepsilon \cdot 1^T s^-$$

u. d. N.   u. d. N.

$$\sum_{j=1}^{n} y_{rj} \lambda_j - s_r^+ = y_{r0} \ (r = 1,...,q) \qquad \textbf{(CCR-I 8)} \quad Y\lambda - s^+ = Y_0$$

$$\theta \cdot x_{i0} - \sum_{j=1}^{n} x_{ij} \lambda_j - s_i^- = 0 \ (i = 1,...,m) \qquad \textbf{(CCR-I 9)} \quad \theta \cdot X_0 - X\lambda - s^- = 0$$

$$\lambda_j, s_r^+, s_i^- \geq 0 \quad (i = 1,...,m; j = 1,...,n; r = 1,...,q) \qquad \textbf{(CCR-I 10)} \quad \lambda, s^+, s^- \geq 0$$

In dieser Darstellung ist θ eine reelle Zahl, die 1 wird, sofern die EE 0 CCR-effizient ist. Der Skalar ε ist eine sehr kleine Zahl.[364] Die Variablen s_i^- und s_r^+ sind als Input-Verschwendung bzw. Output-Defizite zu interpretieren und werden als Slackvariable bezeichnet. Da die ε sehr klein sind, wird im Modell zunächst θ minimiert, ehe die s_i^- und s_r^+ optimiert werden. In den Nebenbedingungen (CCR-I 8) und (CCR-I 9) wird die 0. EE mit einer virtuellen mit den Variablen λ_j gewichteten optimalen Referenzeinheit verglichen. Diese Referenzeinheit ist eine Linearkombination aller EE. Die Nebenbedingung (CCR-I 8) stellt sicher, dass die Referenz-Outputkombination $Y\lambda$ den Output Y_0 nicht unterschreiten kann, während analog die Gleichung (CCR-I 9) keine gewichtete Referenz-Inputkombination zulässt, die das θ-fache von X_0 überschreitet. In Z3 wird sichergestellt, dass die untersuchte EE 0 mit der bestmöglichen virtuellen Referenzeinheit verglichen wird.

5.2.1.2.1.2 Das outputorientierte CCR-Modell

Im outputorientierten CCR-Modell werden im Gegensatz zum vorherigen Modell die Outputgrößen auf 1 normiert und die Gewichtungen der Inputs optimiert.

---

[363] Vgl. Tietze (1996), S. 10ff.

[364] Schefczyk (1969, S. 171) schlägt 10^{-6} vor.

Dementsprechend handelt es sich bei dieser Variante um ein Minimierungsproblem, das wie folgt formuliert werden kann:

(CCR-O Z1) $\quad \min f_0 = h_0^{-1} = \dfrac{v^T X_0}{u^T Y_0}$

u. d. N.

(CCR-O 1) $\quad \dfrac{v^T X_j}{u^T Y_j} \geq 1 \quad j = 1,\ldots,n$

(CCR-O 2) $\quad \dfrac{u_r}{u^T Y_0} \geq \varepsilon \quad r = 1,\ldots,q$

(CCR-O 3) $\quad \dfrac{v_i}{u^T Y_0} \geq \varepsilon \quad i = 1,\ldots,m$

In dieser Modellformulierung erhält man (CCR-O Z1) und (CCR-O 1) durch Äquivalenzumformungen von (CCR-I Z1) und (CCR-I 1). Die Nebenbedingungen (CCR-O 2) und (CCR-O 3) entsprechen inhaltlich den Nebenbedingungen (CCR-I 2) und (CCR-I 3). Sie unterscheiden sich im Modell durch die Multiplikation der Gewichtungsfaktoren mit dem Skalar $(u^T Y_0)^{-1}$, so dass sie in Relation zum gesamten virtuellen Input eine sehr kleine Mindestgewichtung nicht unterschreiten können.

Wie in der Darstellung des inputorientierten Modells ist auch hier eine Transformation des Quotientenprogramms in ein lineares Programm nötig. Das lineare duale outputorientierte Modell kann mit Hilfe der Definitionen von $\mu_r = \dfrac{u_r}{u^T Y_0}$ und $\upsilon_i = \dfrac{v_i}{u^T Y_0}$ wie folgt formuliert werden:

(CCR-O Z2) $\quad \min \quad g_0 = \upsilon^T X_0$

u. d. N.

(CCR-O 4) $\quad \mu^T Y_0 = 1$

(CCR-O 5) $\quad -\mu^T Y + \upsilon^T X \geq 0$

(CCR-O 6) $\quad \mu^T \geq \varepsilon \cdot 1^T$

(CCR-O 7) $\quad \upsilon^T \geq \varepsilon \cdot 1^T$

Die Interpretation des Modells ist analog zum linearen dualen inputorientierten Modell. In der Zielfunktion wird der virtuelle Input minimiert, während der Output auf 1 normiert wird. Wieder darf keine Input- oder Outputgröße einen kleinen Mindestwert nicht unterschreiten.

Ebenfalls in Anlehnung an die Darstellung in 5.4.2.1.1 kann das Modell zur einfacheren Berechnung in das primale Problem umgeformt werden.

(CCR-O Z3)   max $z_0 = \phi + \varepsilon \cdot 1^T \cdot s^+ + \varepsilon \cdot 1 \cdot s^-$

u. d. N.

(CCR-O 8) $\phi Y_0 - Y\lambda + s^+ = 0$

(CCR-O 9) $X\lambda + s^- = X_0$

und (CCR-I 10).

Wieder wird im Modell wegen des infinitesimal kleinen Skalars ε (CCR-O Z3) zunächst über ϕ maximiert. ϕ gibt an, welches Vielfache des aktuell erreichten Outputs bei Einsatz des eingesetzten Inputs erreicht werden könnte. Demnach nimmt ϕ den Wert 1 an, wenn die EE 0 effizient ist. Ansonsten wird ein Effizienzmaß durch $\phi > 1$ angegeben. In den Nebenbedingungen (CCR-O 8) und (CCR-O 9) wird sichergestellt, dass die EE mit der bestmöglichen virtuellen Referenzeinheit verglichen wird.

s^+ und s^- sind Output-Verbesserungspotenziale der untersuchten Entscheidungseinheit (EE). Es wird die Entfernung zum effizienten Rand betrachtet. Durch Addition der Vektoren es$^+$ und es$^-$ in der zu maximierenden Zielfunktion findet das Modell die größte Entfernung der EE zum effizienten Rand auf. In den Nebenbedingungen wird sichergestellt, dass der Referenzpunkt in der Möglichkeitsmenge bleibt. Man kann zeigen, dass die maximale Entfernung von der EE zum effizienten Rand immer das Maximum aus s^+ und s^- sein muss.[365] In diesem Modell ist eine EE offenbar effizient, wenn $s^- = s^+ = 0$ gilt.

---

[365] Vgl. Cooper et al. (2000), S. 45.

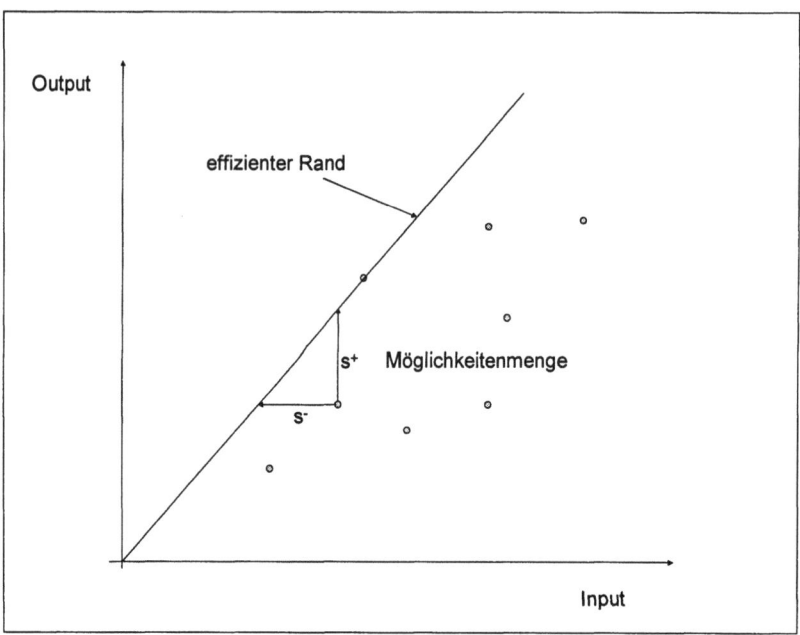

Abbildung 39: CCR-Modell
Quelle: Eigene Darstellung

5.2.1.2.2 Das BCC-Modell

BCC-Modelle zeichnen sich durch die Annahme variabler Skalenerträge aus. Es sind dabei sowohl steigende wie fallende als auch konstante Skalenerträge möglich. Damit stellen diese Modelle eine Verallgemeinerung der CCR-Modelle dar. Die BCC-Modelle schätzen grundsätzlich gleich viele oder mehr EE als effizient ein. In diesen Modellen werden EE als effizient betrachtet, obwohl sie möglicherweise nicht skaleneffizient arbeiten, d.h. nicht konstante Skalenerträge realisieren.[366]

---

[366] Vgl. Banker et al. (1984), S. 1084 und S. 1088.

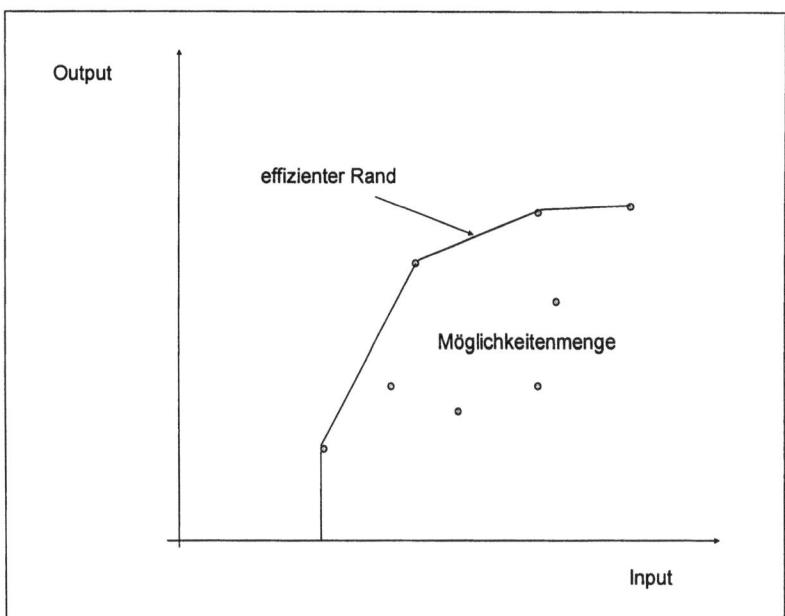

Abbildung 40: **BCC-Modell**
Quelle: **Eigene Darstellung**

Im Folgenden werden nur die Erweiterungen der Modelle explizit dargestellt. Die Vorgehensweise ist analog zu den CCR-Modellen aufgegliedert in die input- und outputorientierte Formulierung.

5.2.1.2.2.1 Das inputorientierte BCC-Modell

Die Grundidee des inputorientierten BCC-Modells ist, wie auch im CCR-Modell, die Optimierung des Quotienten Input / Output. Damit der Übergang von einem Modell mit konstanten Skalenerträgen zu einem mit variablen erreicht wird, erweitert man das Modell um den Skalar u_0, so dass sich folgende Modellformulierung für das Quotientenmodell ergibt:[367]

(BCC-I Z1) $\quad \max \dfrac{u^T Y_0 - u_0}{v^T X_0}$

u. d. N.

---

[367] Das Modell wurde von Banker et al. (1984) entwickelt. Die nachstehende Formulierung ist aber an Charnes et al. (1994), S. 31ff. angelehnt.

(BCC-I 1) $\quad \dfrac{u^T Y_j - u_0}{v^T X_0} \geq 1 \quad (j=1,\ldots,n)$

(BCC-I 2) $\quad v \geq 0,\ u \geq 0,\ u_0$ frei

Analog zum CCR-Modell geschieht auch hier die Umwandlung vom Quotientenmodell zu einem Problem der linearen Optimierung durch Normierung des Nenners in der Zielfunktion, so dass sich folgende Formulierung ergibt:

(BCC-I Z2) $\quad \max\ u^T Y_0 - u_0$

u. d. N.

(BCC-I 3) $\quad v^T X_0 = 1$

(BCC-I 4) $\quad u^T Y_j + v^T X_0 - u_0 e \leq 0 \quad (j=1,\ldots,n)$

(BCC-I 5) $\quad v \geq 0,\ u \geq 0,\ u_0$ frei

Auch in dieser Modellvariante ist wegen einer besseren Lösungseffizienz das duale Modell (BCC-O) zu bilden:

(BCC-I Z3) $\quad \min\ \theta_B$

u. d. N.

(BCC-I 6) $\quad \theta_B X_0 - X\lambda \geq Y_0$

(BCC-I 7) $\quad e\lambda = 1$

(BCC-I 8) $\quad \lambda \geq 0$

Die Interpretation der Variablen und Nebenbedingungen dieser Modellformulierungen ist analog zu denen des CCR-Modells.

5.2.1.2.2.2 Das outputorientierte BCC-Modell

Ebenfalls analog zum CCR-Modell gibt es auch im Rahmen der BCC-Modelle die Möglichkeit den Output der Entscheidungseinheiten bei gegebenem Input zu optimieren. Das Quotientenmodell wird dann wie folgt formuliert:

(BCC-O Z1)   min $\dfrac{vX_0 - v_0}{uY_0}$

u. d. N.

(BCC-I 1) $\dfrac{vX_j - v_0}{uY_0} \geq 1$ $(j = 1,\ldots,n)$

(BCC-I 2) $v \geq 0, u \geq 0, v_0$ frei

Wie in den vorherigen Modellen nimmt man auch hier die Umformung zu einem linearen Problem vor:

(BCC-O Z2)   min $vX_0 - v_0$

u. d. N.

(BCC-O 3) $uY_0 = 1$

(BCC-O 4) $v^T X_j - u^T Y_j - v_0 e \geq 0$ $j = 1,\ldots,n$

(BCC-O 5) $v \geq 0, u \geq 0, v_0$ frei

Weiterhin folgt die Darstellung des dualen Modells:

(BCC-O Z3)   max η

u. d. N.

(BCC-O 6) $X\lambda \leq X_0$

(BCC-O 7) $\eta Y_0 - Y\lambda \leq 0$

(BCC-O 8) $e\lambda = 1$

(BCC-O 9) $\lambda \geq 1$

Wie in der Modellformulierung im Fall konstanter Skalenerträge gibt auch hier der Zielfunktionswert das Effizienzmaß $0 \leq \eta \leq 1$ an.

5.2.1.2.3 Das additive Modell

Während in den beiden vorhergehenden Modellvarianten eine Unterscheidung in Input- bzw. Outputorientierung, die auch in der inhaltlichen Interpretation eine wesentliche Rolle spielt, vorgenommen werden musste, ist das hier vorgestellte additive Modell das Grundmodell, in dem Output- und Inputgrößen simultan optimiert werden. Die Idee in dieser Variante ist, die Differenz aus Input- und Outputgrößen zu minimieren. Auch hier ist eine Unterscheidung von Problemen mit konstanten und variablen Skalenerträgen möglich.

5.2.1.2.3.1 Das additive Modell mit konstanten Skalenerträgen

Das additive Modell mit konstanten Skalenerträgen kann folgendermaßen formuliert werden:[368]

(ADD Z1)   min $vX_0 - uY_0$
     u. d. N.

(ADD 1) $vX - uY \geq 0$
(ADD 2) $v \geq e, u \geq e$

In der Zielfunktion dieses Modells wird die Differenz aus gewichteten Inputs und Outputs der untersuchten Entscheidungseinheit minimiert. In der Nebenbedingung (ADD 1) wird eine Normierung sichergestellt, deren Plausibilität sich in der folgenden Formulierung des dualen Problems erschließt.

(ADD Z2)   max $es^- + es^+$
     u. d. N.

(ADD 3) $X\lambda + s^- = x_0$
(ADD 4) $Y\lambda - s^+ = y_0$
(ADD 5) $\lambda \geq 0, s^+ \geq 0, s^- \geq 0$

5.2.1.2.3.2 Das additive Modell mit variablen Skalenerträgen

Unter Berücksichtigung variabler Skalenerträge ergibt sich folgende Formulierung:

(ADD Z3)   min $vX_0 - uY_0 + u_0$
     u. d. N.

(ADD 6) $vX - uY + u_0 e \geq 0$
(ADD 7) $v \geq e, u \geq e, u_0$ frei

---

[368] Die Formulierung des additiven Modells orientiert sich an Charnes et al. (1994, S. 24ff.).

In der Zielfunktion wird wieder die Differenz aus gewichteten Inputs und Outputs minimiert. Das Skalar u_0 ist wie im BCC-Modell Ausdruck der Annahme variabler Skalenerträge. Die Nebenbedingung dient der Normierung der Gewichte. Auch in diesem Modell greift man mit Hilfe des dualen Problems auf die Maximierung der Abstände s^- und s^+ zum Optimum zurück.

(ADD Z4)   max $es^- + es^+$
u. d. N.

(ADD 8) $X\lambda + s^- = x_0$

(ADD 9) $Y\lambda - s^+ = y_0$

(ADD 10) $e\lambda = 1$

(ADD 11) $\lambda \geq 0, s^- \geq 0, s^+ \geq 0$

In dieser Modellformulierung wird die Summe der Abstände zum Optimum maximiert unter den Nebenbedingungen, dass die Referenzpunkte aller Entscheidungseinheiten noch auf der Effizienzlinie liegen.

5.2.1.3 Eigenschaften der DEA-Modelle

5.2.1.3.1 Einheiteninvarianz

Die Einheiteninvarianz der DEA-Modelle besagt, dass der optimale Wert für jede EE unabhängig ist von den Einheiten, in denen Outputs und Inputs gemessen werden. Voraussetzung dafür ist, dass alle EE in gleichen Einheiten bewertet werden.[369] Diese Eigenschaft kann allerdings nur für die CCR- und BCC-Modelle konstatiert werden. Die additiven Modelle sind nicht einheiteninvariant. Anders als in den beiden anderen vorgestellten Modellen werden hier verschiedene Inputs und Outputs addiert. Die Zielfunktion $Z = es^- + es^+$ führt offenbar bei Veränderung der Einheiten zu unterschiedlichen Ergebnissen. In den CCR- und BCC-Modellen werden solche Operationen nicht benötigt, sie sind also einheiteninvariant.

5.2.1.3.2 Translationsinvarianz

Ein DEA-Modell ist translationsinvariant, wenn sich nach Umwandlung des Problems durch eine additive Operation bei Input- oder Outputgrößen in ein neues Problem für

---

[369] Vgl. Cooper et al. (2000), S. 24.

alle EE die gleichen Lösungen ergeben wie im ursprünglichen Problem. Diese Translation entspricht anschaulich einer Parallelverschiebung der Achsen. Formal wird die Datenmenge (X, Y) umgewandelt in das Problem (X', Y'), indem die Inputgrößen i der EE j ersetzt werden durch

$$x'_{ij} = x_{ij} + \alpha_j \quad (\alpha_i \in \Re)$$

bzw. für die Outputgröße r

$$y'_{rj} = y_{rj} + \beta_r \quad (\beta_r \in \Re)$$

gesetzt wird.

Zur Analyse der Translationsinvarianz der CCR- und BCC-Modelle sollen hier grafische Betrachtungen genügen, die auch zum Verständnis der Ausführungen in 5.4.2 nützlich sind. Formale Beweise liefern beilspielsweise Cooper et al. (2000, S. 94ff.). Die CCR-Modelle sind nicht translationsinvariant. Um das zu zeigen, genügt es, ein Beispiel zu finden, für das sich nach der Translation eine andere Lösung ergibt.

Anschaulich kann das anhand eines Problems mit zwei Inputs und einem Output dargestellt werden.

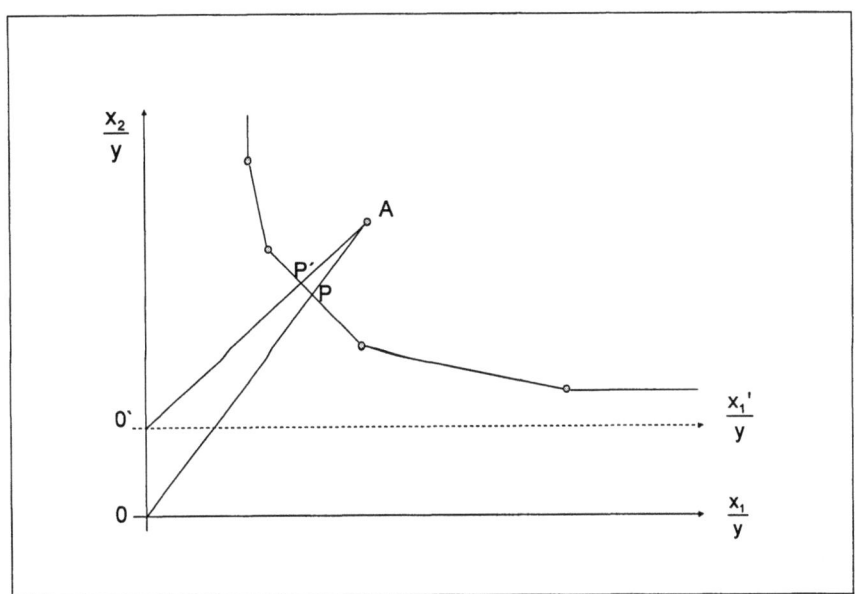

Abbildung 41: CCR-Modell ist nicht translationsinvariant
Quelle: Eigene Darstellung

In der Abbildung 41 ist das Effizienzmaß θ im inputorientierten Modell durch das Verhältnis der Strecken 0P und 0A gegeben:[370]

$$\theta = \frac{0P}{0A}$$

Nach Translation mit

$$x'_2 = x_2 + \alpha$$

ergibt sich ein neues Effizienzmaß θ'. Es ist

$$\theta' = \frac{0'P'}{0'A}.$$

Anschaulich wird sofort deutlich, dass θ' ≠ θ gilt. Damit ist gezeigt, dass das inputorientierte CCR-Modell translationsinvariant in Inputgrößen ist. Analog kann man

---

[370] Vgl. Cooper et al. (2000), S. 8.

dies anhand des Falls mit einem Input und zwei Outputs für die Outputgrößen und das outputorientierte CCR-Modell zeigen.

Ähnlich wird im Folgenden auch für BCC-Modelle vorgegangen. Das inputorientierte Modell ist translationsinvariant in Outputgrößen. In der Zeichnung wird das anhand des ein Input / ein Output-Falls dargestellt. Dazu ist es hilfreich, das Effizienzmaß der BCC-Modelle zunächst grafisch zu veranschaulichen.

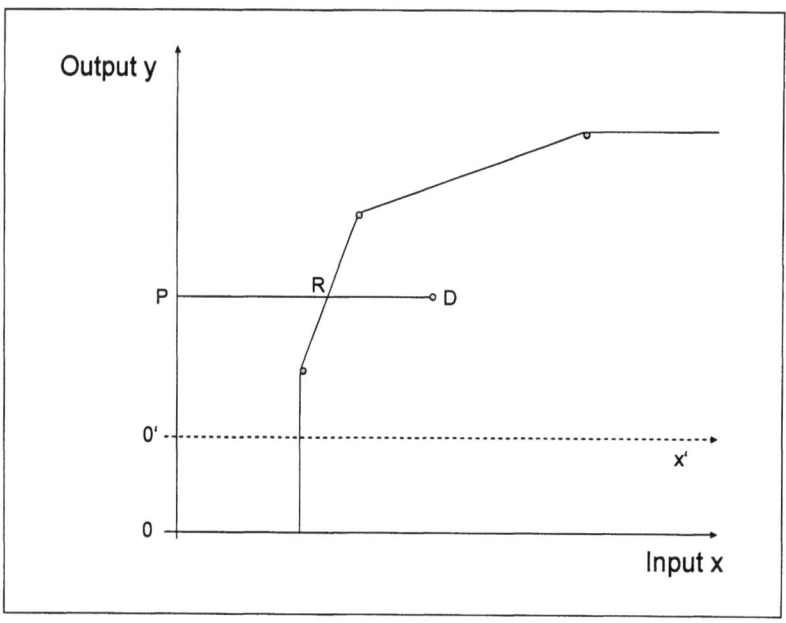

Abbildung 42:   Das Effizienzmaß im BCC-Modell
Quelle: Eigene Darstellung

In dieser Modellvariante ist das Effizienzmaß θ für die EE D:

$$\theta = \frac{PR}{PD}$$

Offenbar führt eine Translation der Outputgröße y zu einer Verschiebung der x-Achse. Die Strecken PR und PD werden durch diese Umformung nicht beeinflusst. Das umgewandelte Modell führt also zu den gleichen Ergebnissen wie das ursprüngliche. Wenn man allerdings die Ordinate parallel verschiebt, was einer Translation der Inputgrößen gleichkommt, wird sich θ verändern. Analog lässt sich die

Translationsinvarianz in Inputgrößen für das outputorientierte BCC-Modell nachweisen.

Die additiven Modelle sind translationsinvariant in Output- und Inputgrößen. Die Lösungen für die EE ändern sich also bei Verschiebung der Achsen nicht. Leider ist bei den additiven Modellen keine hilfreiche anschauliche Darstellung möglich, so dass hier auf den formalen Beweis, der beispielsweise bei Cooper et al. (2000, S. 95) geführt wird, verwiesen sei.

5.2.1.3.3 Daten in den DEA-Modellen

In einigen DEA-Modellen müssen gewisse Anforderungen an die zugrunde liegenden Daten erfüllt sein. Zunächst einmal kann man feststellen, dass translationsinvariante Modelle offenbar auch negative Inputs und Outputs zulassen. Das gilt auch für die Outputdaten der CCR-Modelle, die Outputdaten des inputorientierten BCC-Modells sowie für die Daten der additiven Modelle.

Betrachtet man die Abbildungen 41 und 42, die zur Veranschaulichung der Effizienzmaße dienen, wird sofort ersichtlich, dass die angegebenen Strecken bei negativen Werten nicht mehr sinnvoll in ein Verhältnis gesetzt werden können. Als Folge bleibt festzuhalten, dass die Inputdaten der CCR-Modelle, die Inputdaten des inputorientierten BCC-Modells sowie die Outputdaten des outputorientierten BCC-Modells semi-positiv, also nicht negativ, sein müssen.

Die Eigenschaften der Modelle werden in der folgenden Tabelle zur Übersicht zusammengefasst.

Modell	Einheiten-invarianz	Translationsinvarianz		Daten	
		Input	Output	Input	Output
CCR-I	ja	nein	nein	semi-pos.	frei
CCR-O	ja	nein	nein	semi-pos.	frei
BCC-I	ja	nein	ja	semi-pos.	frei
BCC-O	ja	ja	nein	frei	semi-pos.
ADD	nein	ja	ja	frei	frei

Tabelle 8: Eigenschaften der DEA-Modellvarianten
Quelle: Eigene Darstellung

5.2.1.4 Referenzmenge und Projektion

Die Referenzmenge E_0 einer ineffizienten Entscheidungseinheit EE_0 besteht aus den Entscheidungseinheiten EE_j, die durch eine Linearkombination aus Reduktion der Inputs und Erhöhung der Outputs erreicht werden können. Formal lässt sich die Referenzmenge durch

$$E_0 = \{j \| \lambda_j^* > 0\} (j \in \{1,...,n\})$$ [371]

definieren.

Die optimale Lösung für ein inputorientiertes Modell kann dargestellt werden als

$$\theta^* x_0 = \sum_{j \in E_0} x_j \lambda_j^* + s^{-*} \text{ und}$$

$$y_0 = \sum_{j \in E_0} y_j \lambda_j^* - s^{+*}.$$ [372]

---

[371] Vgl. Cooper et al. (2000), S. 47. Die mit einem * versehenen Variablen kennzeichnen dabei, dass sie der optimalen Lösung angehören.

Zur besseren Interpretation können die Gleichungen umgeformt werden zu

$$x_0 \geq \theta^* x_0 - s^{-*} = \sum_{j \in E_0} x_j \lambda_j^* \text{ und}$$

$$y_0 \leq y_0 - s^{+*} = \sum_{j \in E_0} y_j \lambda_j^*.$$

Diese Gleichungen machen die gemischte Ineffizienz aus überschüssigen Inputs und fehlenden Outputs der Entscheidungseinheiten deutlich.

Inhaltlich sind die Elemente der Referenzmenge die effizienten EE, an denen sich die untersuchte EE orientieren sollte, um die eigene Effizienz zu verbessern. Die Bestimmung der Referenzmenge für die ineffizienten EE ermöglicht die Bestimmung eines für jede EE individualisierten Klassenbesten im Rahmen der Benchmarking-Analyse, was als wesentlicher Vorzug der DEA bezeichnet werden kann.

Aufbauend auf der Formulierung für die Referenzmenge gibt es nun Möglichkeiten durch Reduktion der Inputs und Steigerung der Outputs den effizienten Rand der Möglichkeitenmenge zu erreichen. Dieser Weg der Effizienzsteigerung wird Projektion genannt.

Gemäß der Formulierung für inputorientierte Modelle gilt:[373]

$$\theta^* x_0 = \sum_{j \in E_0} \lambda_j^* x_j + s^{-*} \text{ und}$$

$$y_0 = \sum_{j \in E_0} \lambda_j^* y_j - s^{+*}$$

Damit ergeben sich dann die Verbesserungen für In- und Outputs Δx_0 und Δy_0 wie folgt:

$$\Delta x_0 = x_0 - \sum_{j \in E_0} x_j \lambda_j^* = x_0 - (\theta^* x_0 - s^{-*}) = (1 - \theta^*) x_0 + s^{-*}$$

$$\Delta y_0 = s^{+*}$$

---

[372] Analog können die Gleichungen für outputorientierte Modelle formuliert werden.

[373] Auch hier können die Beziehungen wieder analog für outputorientierte Modelle formuliert werden.

Die bestmöglichen Werte, die bei der Effizienzsteigerung der Entscheidungseinheit 0 erreicht werden können, werden dann als Projektionen $\hat{x}_0$ und $\hat{y}_0$ bezeichnet. Es ist

$$\hat{x}_0 = x_0 - \Delta x_0 = \theta^* x_0 - s^{-*} \leq x_0 \text{ und}$$

$$\hat{y}_0 = y_0 - \Delta y_0 = y_0 - s^{+*} \geq y_0.$$

Während die Referenzmenge die effizienten Entscheidungseinheiten beinhaltet, an denen man sich zur Verbesserung orientieren kann, liefern die Projektionen Informationen über realistisch erreichbare Zielgrößen für die In- und Outputs. Anhand der Projektionen kann man ablesen, in welchen Bereichen es lohnenswert ist, den Einsatz von Inputs zu optimieren und wo Steigerungen der Outputs erreicht werden können. Die Verfahren und Prozesse der Entscheidungseinheiten aus der Referenzmenge können Anregungen geben, wie die verbesserten Ergebnisse erreicht werden können. Sowohl die Referenzmenge als auch die Projektionen sind für die Auswertung des Benchmarkings besonders nützlich, wenn es darum geht, Handlungsempfehlungen abzuleiten.

5.2.1.5 Herleitung eines Effizienzmodells für das Nachhaltigkeitsmanagement

Mit den CCR-, BCC- und den additiven Modellen sind die grundlegenden DEA-Konzepte dargestellt. Im Folgenden muss nun festgestellt werden, welche Modellannahmen den Gegebenheiten im Nachhaltigkeitsmanagement am ehesten entsprechen. Dabei ist zunächst zu prüfen, ob es realistisch ist anzunehmen, dass ökologisch und sozial verantwortungsvolles Verhalten von Unternehmen positive Effekte auf dessen finanziellen Erfolg hat. Weiterhin muss geklärt werden, ob konstante oder variable Skalenerträge vorliegen. Im letzten Schritt werden dann die empirisch erhobenen Daten hinsichtlich ihrer Eignung untersucht. Die drei genannten Punkte dienen der Plausibilität der im Modell benötigten Prämissen. Sie sind also nicht beweisbar, vielmehr können nur Argumente gesammelt werden, die die gemachten Annahmen untermauern.

5.2.1.5.1 Skalenerträge

Wie in der Einführung in die grundlegenden DEA-Modelle beschrieben, ist zur Modellauswahl wesentlich festzustellen, ob die Inputgrößen mit konstanten oder variablen Skalenerträgen in die Outputgrößen eingehen.

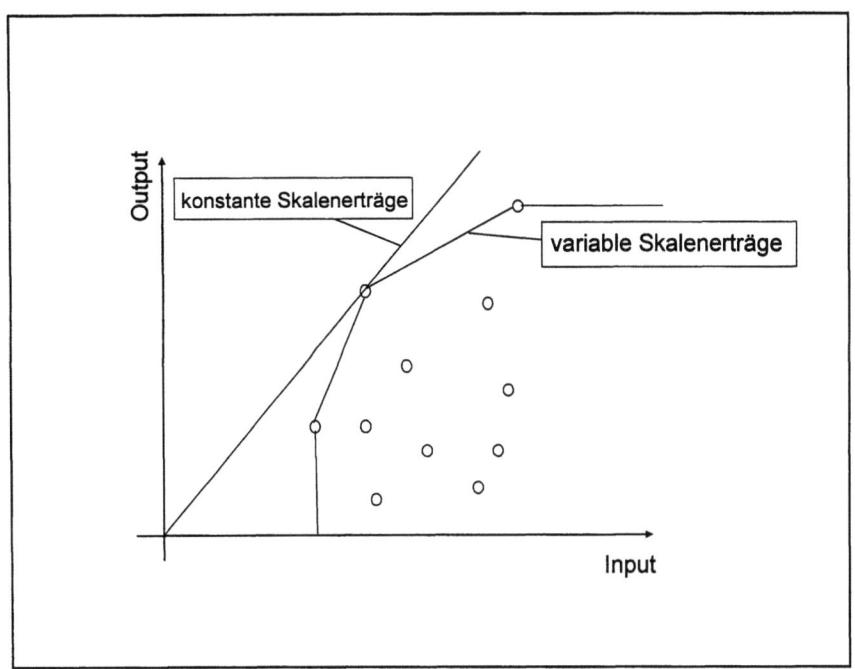

Abbildung 43: Konstante vs. variable Skalenerträge
Quelle: Eigene Darstellung

Im Rahmen der empirischen Studie wurde ein Modell mit variablen Skalenerträgen gewählt. Konstante Skalenerträge sind in Bezug auf das Nachhaltigkeitsmanagement als unrealistisch anzusehen. Zur Begründung ist zunächst einmal davon auszugehen, dass kein Unternehmen völlig ohne Nachhaltigkeitsmanagement existieren kann. Es muss ein gewisses Maß an ökologisch und sozial verantwortlichem Verhalten gegeben sein. Rechtliche aber auch marktökonomische Rahmenbedingungen stellen diesen Sachverhalt sicher. Aus diesem Grund kann eine Effizienzlinie, die im Raum von Input- und Outputgrößen linear aufgespannt wird und im Ursprung des Koordinatensystems beginnt, die Realität nicht abbilden.

Ein weiteres Argument für variable Skalenerträge liefert die Betrachtung von Unternehmen, die Nachhaltigkeitsmanagement auf einem sehr hohen Niveau betreiben. Es ist unwahrscheinlich, dass der positive Effekt nachhaltigen Wirtschaftens bei dessen Intensivierung fortlaufend gleich bleibt. Sicherlich gibt es Bereiche, in denen soziale und ökologische Zielsetzungen zu Synergieeffekten führen, die auch ökonomischen Erfolg bringen. Allerdings wird die Stärke der Synergie wegen der Vielfalt der Aspekte im Nachhaltigkeitsmanagement stark variieren, bis hin zu Maßnahmen, die ökonomisch nicht mehr gewinnbringend sind.

Insgesamt ist festzuhalten, dass es sinnvoll ist, von variablen, insbesondere fallenden Skalenerträgen auszugehen. Diese Variante hat zudem den Vorzug, dass sie allgemeiner anwendbar ist. Sollte eine spezielle Datenlage auf annähernd konstante Skalenerträge hinweisen, so umfasst das Modell mit variablen Skalenerträgen diese. Zur Analyse der Daten, die im Rahmen dieser Arbeit erhoben wurden, ist demnach eines der BCC-Modelle oder das additive Modell mit variablen Skalenerträgen auszuwählen.

5.2.1.5.2 Outputorientierung im Nachhaltigkeitsmanagement

Nach den Ausführungen der beiden vorhergehenden Abschnitte bleibt noch zu überlegen, ob es sinnvoll ist, als Modellannahme von einem input- oder outputorientierten Modell oder der additiven Variante auszugehen. Dazu muss das Bemühen im Nachhaltigkeitsmanagement als Inputgröße genauer beleuchtet werden. In den inputorientierten und additiven Modellen führt eine Verringerung der Inputgrößen zu einem verbesserten Effizienzwert. Eine Verringerung der Bemühungen in das Nachhaltigkeitsmanagement bedeutet nicht zwingend, dass das soziale und ökologische Verhalten der Unternehmen auf einem niedrigen Niveau ist, so hat beispielsweise das Umweltmanagement nur indirekten Einfluss auf die Emissionen. Allerdings kann eine Reduktion des Nachhaltigkeitsmanagements nicht die primäre Zielsetzung des Unternehmens sein. Vielmehr soll hier Effizienz im Sinne einer Renditemaximierung beim Status Quo der Bemühungen im Nachhaltigkeitsmanagement verstanden werden. Dies ist genau die Grundüberlegung der outputorientierten Modelle. Es ist hier also das outputorientierte BCC Modell (BCC-O) zu wählen.

5.2.1.5.3 Die Datenlage des Modells

Für die Verwendung des BCC-O Modells zur Effizienzanalyse des Nachhaltigkeitsmanagements müssen allerdings einige Restriktionen in Bezug auf die zugrunde liegende Datenlage gemacht werden. Zunächst kann man feststellen, dass die sehr vielfältigen Input- und Outputgrößen wegen der Einheiteninvarianz in der Form, in der sie erhoben wurden, in das Modell eingehen können. Die Translationsinvarianz der Inputgrößen ermöglicht, dass die Daten hinsichtlich ihrer Vorzeichen unbeschränkt sein können. Die Daten der Outputgrößen müssen allerdings semi-positiv sein. Konkret heißt das für die vorliegende Untersuchung, dass keine negativen ökonomischen Größen eingehen dürfen. Im Allgemeinen ist das eine maßgebliche

Einschränkung, denn selbstverständlich kann beispielsweise eine Kapitalrendite auch negative Werte annehmen. Im Datensatz der untersuchten Unternehmen ist solch eine Konstellation allerdings nicht aufgetreten. Zusammenfassend kann man also festhalten, dass die vorliegenden Daten die Annahmen des BCC-O Modells erfüllen.

5.3 Analyse der empirischen Erhebung mit Hilfe der DEA

5.3.1 Das Ineffizienzpostulat des Nachhaltigkeitsmanagement in der empirischen Betrachtung

Grundsätzlich kann die DEA hier nur angewendet werden, wenn im Nachhaltigkeitsmanagement von einem Input-Output Verhältnis im produktionstheoretischen Sinne auszugehen ist. Man spricht in diesem Zusammenhang auch vom „Ineffizienzpostulat".[374] Es besagt, dass eine Steigerung der Inputgrößen nicht zu einer Verringerung der Outputgrößen führen darf. In diesem Fall ist also der Frage nachzugehen, ob Bemühungen in den ökologischen und sozialen Aspekten der Nachhaltigkeit zu einer positiven ökonomischen Entwicklung der Unternehmen führen.

Hier sollen zwei Gründe angeführt werden, die eine entsprechende Annahme plausibel erscheinen lassen. Das erste Argument leitet sich vom Kapitalmarkt ab. Dort kann eine Tendenz hin zu Anlagen in Papiere nachhaltig wirtschaftender Unternehmen festgestellt werden. Es gibt in Europa zurzeit ca. 250 Investmentfonds, die ihren Fokus auf Gesellschaften legen, die ökologisch und sozial verantwortliches Handeln nachweisen konnten. So hat sich das Volumen derartiger Fonds in Deutschland von 1998 bis 2002 verachtfacht[375], allerdings mit einem Marktanteil von ca. 1% auf einem noch sehr niedrigen Niveau. In den USA dagegen ist der Marktanteil in den letzten Jahren schon auf 10 – 13% gewachsen.[376]

Die Entwicklung der genannten Anlagepapiere kann beispielsweise anhand des Dow Jones Sustainability Index World (DJSI World) gemessen werden. Der Basisindex dazu ist der Dow Jones Global Index (DJGI), der die 2500 weltweit größten Aktiengesellschaften beinhaltet. Im DJSI World werden hieraus die unter Nachhaltig-

---

[374] Vgl. Dyckhoff / Allen (1999), S. 425.

[375] Die Argumentation bezieht sich hier auf den Zeitraum 2002 / 2003, in dem die Erhebung zum Nachhaltigkeitsmanagement durchgeführt wurde.

[376] Vgl. SRI Compass (2003), auch hier ist wieder der Zeitraum von Interesse, in dem die anderen Unersuchungsbestandteile stattfinden.

keitsgesichtspunkten besten 10% zusammengefasst. Abbildung 45 macht ersichtlich, dass sich in der langfristigen Betrachtung von 8 Jahren der DJSI World besser entwickelt hat, als der DJGI.

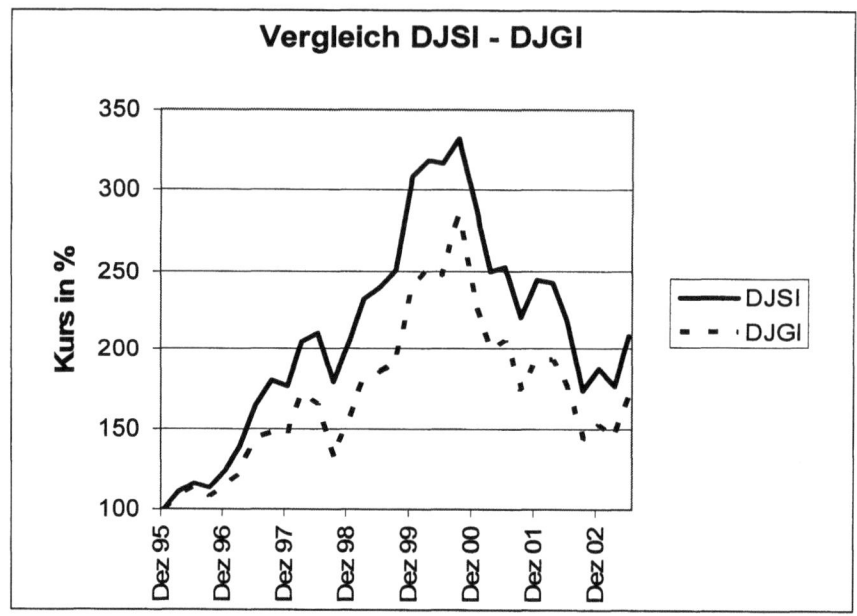

Abbildung 44:   Vergleich DJSI World – DJGI
Quelle: Eigene Darstellung

Kapitalanleger erwarten offenbar von nachhaltig wirtschaftenden Unternehmen eine höhere Rendite als vom Gesamtmarkt, der im DJGI abgebildet wird. Allerdings kann man vom Vergleich der Entwicklung der Indices nicht eindeutig auf die Renditeerwartungen der Kapitalanleger schließen. Es ist beispielsweise möglich, dass ethische Gesichtspunkte in die Anlageentscheidungen einbezogen werden, so dass neben der wirtschaftlichen Situation des Unternehmens auch das ökologisch und sozial verantwortliche Verhalten berücksichtigt wird. Setzt man allerdings voraus, dass Kapitalanleger ausschließlich die erwartete Rendite maximieren, dann kann eine positive Korrelation zwischen Bemühungen im Nachhaltigkeitsmanagement und ökonomischem Erfolg konstatiert werden.

Eine empirische Untersuchung der Universität Hamburg zum Erfolg von Nachhaltigkeitsmanagement liefert ebenfalls einen Nachweis für diesen angenommenen Zusammenhang.[377] Unternehmen, die sich als besonders nachhaltig wirtschaftend erwiesen haben, konnte häufig auch ein langfristiger Erfolg nachgewiesen werden. Eine hohe Korrelation zwischen Kapitalrendite und Nachhaltigkeit konnte sowohl für die Unternehmen als Ganzes festgestellt werden, als auch für die meisten einzelnen Funktionsbereiche. Einzig in der Produktion der Aktiengesellschaften scheint sich besonderes Engagement im Nachhaltigkeitsmanagement negativ auf den Erfolg auszuwirken. Dennoch unterstützt die Untersuchung die These, dass eine hohe Kapitalrendite mit Nachhaltigkeitsmanagement einhergeht. Untermauert durch die vorangegangenen Ausführungen soll hier im Weiteren davon ausgegangen werden, dass die verschiedenartigen Bemühungen im Nachhaltigkeitsmanagement als Inputgrößen und die Gesamt- und Eigenkapitalrenditen als Outputgrößen in das DEA-Modell eingehen können.

5.3.2 Darstellung der Ergebnisse der DEA

5.3.2.1 Vorüberlegungen zur Struktur der Evaluation des Benchmarking

In den folgenden Vorüberlegungen zur Benchmark-Evaluation muss erörtert werden, wie die Daten der Input- und Outputgrößen konkret strukturiert werden müssen, damit aussagekräftige und praktikable Ergebnisse erzielt werden können. Wie in den theoretischen Ausführungen zur DEA erläutert, ist es grundsätzlich möglich, jeden in der Empirie erhobenen Aspekt aus dem Umwelt- und Sozialmanagement als Input und jede mögliche Erfolgsgröße als Output zu verwenden, sofern sie den in Kapitel 5.2.1.3 erläuterten formalen Restriktionen entsprechen.

Mit der Anzahl der verwendeten Input- und Outputgrößen sowie der Anzahl der Datensätze verändert sich allerdings die Aussagekraft der Effizienzanalyse. Bei den BCC Modellen wird der effiziente Rand der Möglichkeitenmenge von mehreren Unternehmen aufgespannt. Die Abbildung 39 bildet den Fall von einem Input und einem Output ab. Mit steigender Anzahl der Größen, die in das Modell eingehen, steigt aber auch die Dimension des Möglichkeitenraums und dessen effizienten Randes. Naturgemäß werden dann tendenziell mehr Unternehmen den effizienten Rand aufspannen und damit als effizient gelten. Im Extremfall können auch alle EE

---

[377] Vgl. Hansmann et al. (2003).

den Effizienzwert θ = 1 erhalten. Dann hätte die Benchmark-Analyse keine Aussage mehr.

Da der Vielzahl der erhobenen Aspekte des Nachhaltigkeitsmanagements in der vorliegenden Untersuchung mit 21 befragten Unternehmen ein relativ kleiner Datensatz gegenübersteht, müssen die Daten zunächst sinnvoll strukturiert und zusammengefasst werden, ehe sie mit dem BCC-O Modell ausgewertet werden können. Dazu werden hier zwei Ansätze verfolgt.

Im ersten Schritt werden genau die Daten evaluiert, die sich auch im Rahmen der PLS als sinnvoll erwiesen haben. Grundsätzlich sind die beiden in Kapitel 4.3.4 verwendeten Erfolgskennzahlen die Outputgrößen und je drei Aspekte aus dem Umwelt- und Sozialmanagement liefern die Inputgrößen. Dieser Ansatz folgt damit der Grundidee der Nachhaltigkeit, dass die drei Säulen Ökonomie, Soziales und Ökologie in ein ausgewogenes Verhältnis gebracht werden sollen. In der Interpretation dieses Modells sind dann Aussagen darüber möglich, ob die Ineffizienzen eines Unternehmens eher im Umwelt- oder dem Sozialmanagement des Unternehmens zu finden sind.

In Kapitel 2.6.5 konnte nun aber festgestellt werden, dass das Nachhaltigkeitsmanagement in bestehende Funktionsbereiche integriert wird oder werden muss. Dementsprechend sind Handlungsempfehlungen für die untersuchten Unternehmen besonders dann praktikabel, wenn sie sich auf die verschiedenen Organisationseinheiten im Unternehmen beziehen. Der zweite Evaluationsansatz baut auf diesen Überlegungen auf, indem zunächst Ratings für Nachhaltigkeit in den verschiedenen Funktionsbereichen gebildet werden, die dann als Inputgrößen in das Modell eingehen.

5.3.2.2 Umwelt- und Sozialmanagement als Inputgrößen

Die DEA mit den Daten, die auch bei der Kausalanalyse mit PLS verwendet wurden, führt mit sechs Input- und zwei Outputgrößen zu einem achtdimensionalen Möglichkeitenraum.

Erwartungsgemäß werden in Tabelle 9 trotz der Reduzierung auf die wesentlichen Aspekte des Nachhaltigkeitsmanagements mit elf Unternehmen recht viele Entscheidungseinheiten als effizient (θ=1) ausgewiesen. Offenbar setzen viele Unternehmen in verschiedenen Bereichen Maßstäbe hinsichtlich der Effizienz ihres Öko- und Sozialmanagements.

Von besonderem Interesse sind nun die ineffizienten Unternehmen. Neben dem Maß der Ineffizienz liefert die DEA mit der Referenzmenge außerdem die effizienten Unternehmen, die für die ineffizienten Entscheidungseinheiten eine Vorbildfunktion haben können. Weiterhin kann mit Hilfe der Projektion auch das Verbesserungspotenzial der ineffizienten Unternehmen abgeleitet werden.

Unternehmen	Effizienzwert θ	Referenzunternehmen	Potenzial von dEK in Prozentpunkten	Potenzial von dGK in Prozentpunkten
UntA	1		0	0
UntB	0,80	UntA, UntM	15,4	2,6
UntC	0,96	UntA, UntJ	2,0	2,0
UntD	1		0	0
UntE	0,64	UntA, UntN, UntO,	25,5	5,8
UntF	0,99	UntA, UntK	0,5	0,2
UntG	0,60	UntA, UntK, UntN	23,5	7,3
UntH	0,81	UntA, UntK, UntN	12,0	3,6
UntI	0,61	UntA, UntK, UntN	24,2	7,3
UntJ	1		0	0
UntK	1		0	0
UntL	0,92	UntA, UntM, UntO,	4,8	1,6
UntM	1		0	0
UntN	1		0	0
UntO	1		0	0
UntP	0,40	UntA, UntK	43,4	9,3
UntQ	1		0	0
UntR	1		0	0
UntS	0,99	UntA, UntK, UntM,	0,8	0,2
UntT	1		0	0
UntU	1		0	0

Tabelle 9: **Ergebnisse der Benchmark-Analyse nach Nachhaltigkeitsdimensionen**
Quelle: **Eigene Darstellung**

Anhand der Entscheidungseinheit UntH soll an dieser Stelle nun beispielhaft dargestellt, welche Aussagekraft die DEA im Detail für ein ineffizientes Unternehmen hat. Der errechnete Effizienzwert liegt bei θ = 0,81. Für 15 der 21 untersuchten Unternehmen wird eine höhere Nachhaltigkeitseffizienz ausgewiesen. Aus dem Effizienzwert ergibt sich zusammen mit den ermittelten Outputgrößen ein Verbesserungspotenzial der durchschnittlichen Eigenkapitalrendite von 12,0 Prozentpunkten. Das entspricht einer Steigerung der Gesamtkapitalrendite um 3,6 Prozentpunkte. Diese Werte können als Zielhorizont für die Verbesserung der Prozesse im Nachhaltigkeitsmanagement dienen. Referenzunternehmen sind UntA, UntK und UntN. Die Höhe der Input-Slacks s⁻ liefert nun Hinweise, in welchen Bereichen des Nachhaltigkeitsmanagements besonders große Ineffizienzen feststellbar sind. In Tabelle 10 sind die Slacks der Inputgröße angegeben.

Inputgröße	Slack
Umwelt im Zielsystem	1,52
Ökologische Materialflussoptimierung	0
Ökologische Lieferantenauswahl	0,50
Soziales im Zielsystem	1,25
Förderung der Mitarbeiterzufriedenheit	2,48
Standortauswahl nach sozialen Kriterien	0,76

Tabelle 10: Ineffizienzen im dimensional aufgebauten Modell
Quelle: Eigene Darstellung

Anhand dieser Ergebnisse ist erkennbar, dass Ineffizienzen besonders stark im Sozialmanagement auftreten. Dort wiederum sticht die Förderung der Mitarbeiterzufriedenheit hervor, die offenbar in Vergleichsunternehmen ertragsfördernder eingesetzt wird. Dem Unternehmen UntH ist mit diesem Ergebnis zu empfehlen, sein Sozialmanagement zu optimieren. Vorbildhafte Anregungen dazu können die Referenzunternehmen liefern, die hinsichtlich der Prozesse, die zu der hohen Nachhaltigkeitseffizienz führen, näher beleuchtet werden müssen. Im Rahmen der Kausalanalyse in Kapitel 4.5.3 konnte festgestellt werden, dass großes Engagement im Sozialmanagement einen direkten positiven Einfluss auf den ökonomischen Erfolg des Unternehmens hat. Insofern kann die Aussage, dass es erfolgversprechend ist, an der Effizienz des Sozialmanagements zu arbeiten, gestützt werden.

Wie beispielhaft für das Unternehmen UntH dargestellt, können mit Hilfe dieses Ansatzes auch für alle anderen Entscheidungseinheiten mit $\theta < 1$ Ineffizienzen nach Art und Größe identifiziert und Hinweise, wie das Verbesserungspotenzial zu erreichen ist, gegeben werden. Allerdings gibt diese Herangehensweise noch keine Auskunft darüber, wo im Unternehmen Verbesserungen erzielt werden können. Dieser Frage soll im Folgenden beim zweiten Ansatz der Benchmarking-Analyse, der sich an den organisatorischen Funktionsbereichen in den Unternehmen orientiert, nachgegangen werden.

5.3.2.3 Nachhaltigkeitsmanagement in den Funktionsbereichen als Inputgrößen

In diesem Ansatz der Benchmarking-Analyse wurden die Daten durch Bildung des arithmetischen Mittels zusammengefasst zu den Kernfunktionen Einkauf und Logistik, Produktion, Marketing, Forschung und Entwicklung, Controlling sowie Personalmanagement. Mit diesen sechs Inputgrößen und den auch zuvor verwendeten zwei Outputgrößen wird wieder ein achtdimensionaler Möglichkeitsraum gebildet. Damit werden wie zuvor 11 Unternehmen als effizient ausgewiesen.

Unter-nehmen	Effi-zienz-wert θ	Referenz-unternehmen	Potenzial von dEK in Prozent-punkten	Potenzial von dGK in Prozent-punkten
UntA	1		0	0
UntB	0,83	UntA, UntD, Unt R,	12,7	1,8
UntC	0,80	UntA, UntM, UntN,	15,1	2,7
UntD	1		0	0
UntE	0,67	UntA, UntD, UntF, UntN, UntO	22,0	5,0
UntF	1		0	0
UntG	0,58	UntA, UntN, UntO	25,27	7,9
UntH	0,80	UntA, UntN, UntO	12,2	3,7
UntI	0,59	UntA, UntN, UntO	25,5	7,7
UntJ	0,84	UntA, UntK, UntM,	9,8	2,2
UntK	1		0	0
UntL	0,99	UntA, UntN, UntR	0,4	0,1
UntM	1		0	0
UntN	1		0	0
UntO	1		0	0
UntP	0,43	UntA, UntK, UntM, UntO UntR, UntS	36,9	8,0
UntQ	1		0	0
UntR	1		0	0
UntS	1		0	0
UntT	1		0	0
UntU	0,93	UntA, UntN, UntS	4,2	1,1

Tabelle 11: Ergebnisse der DEA im funktionsorientierten Modell
Quelle: Eigene Darstellung

Anhand des ineffizienten Unternehmens UntH soll wieder erläutert werden, wie die Ergebnisse der Berechnung genutzt werden können. Mit einem Effizienzwert von θ = 0,80 liegt das Unternehmen in einem ähnlichen Bereich wie bei der Analyse im vorherigen Kapitel. Daraus ergeben sich auch ganz ähnlich Werte für das Verbesserungspotenzial der Ergebnisgrößen. Die Referenzmenge enthält wiederum UntA und UntN. Das Unternehmen UntK wurde allerdings durch UntO ersetzt.[378]

Ein Blick auf die Slacks der Inputgrößen gibt Aufschluss darüber, in welchen Unternehmensteilen eine Effizienzsteigerung erreicht werden kann:

Inputgröße	Slack
Nachhaltigkeit in der Beschaffung	0,37
Nachhaltigkeit in der Produktion	0,42
Nachhaltigkeit im Marketing	0
Nachhaltigkeit in Forschung und Entwicklung	1,46
Nachhaltigkeit im Informationsmanagement	1,19
Nachhaltigkeit im Personalmanagement	1,36

Tabelle 12: Ineffizienzen im funktional aufgebauten Modell
Quelle: Eigene Darstellung

Es zeigt sich, dass es offenbar fast in allen Bereichen Unternehmen gibt, die bei gleichem Engagement im Nachhaltigkeitsmanagement bessere ökonomische Ergebnisse erzielen. Besonders in Forschung und Entwicklung, im Controlling und Personalmanagement gibt es Potenzial, das mit Blick auf die Referenzunternehmen ausgeschöpft werden sollte. Die Schwerpunkte des Verbesserungsprozesses können mit den Ergebnissen aus dem vorherigen Kapitel weiter spezifiziert werden. Dort konnte gezeigt werden, dass insbesondere im Sozialmanagement Defizite vorlagen, die zu einer Beeinträchtigung des ökonomischen Erfolges führten. Offenbar sind

---

[378] Die Elemente der Referenzmenge können zusätzlich mit den errechneten Faktoren λ_i gewichtet werden, die angeben, wie wesentlich die Referenzunternehmen für die betrachtete Entscheidungseinheit sind. Das Unternehmen UntK (λ_{UntK} = 0,005) der Analyse im vorherigen Kapitel sowie UntO (λ_{UntO} = 0,11) in dieser Betrachtung sind dabei mit Abstand die unwichtigsten Referenzunternehmen, so dass dieser Unterschied als vernachlässigbar gering eingeschätzt werden kann.

diese Mängel in den Organisationseinheiten zu suchen, die sich hier als besonders ineffizient erwiesen haben.

Ein Vergleich der Effizienzwerte der beiden Benchmarking-Analysen zeigt in Tabelle 13, dass bei beiden Ansätzen sehr ähnliche Ergebnisse erzielt werden konnten. Damit kann die Befürchtung, dass die Manipulation der Rohdaten durch Auswahl bestimmter Aspekte beziehungsweise durch Bildung des arithmetischen Mittels zu einer wesentlichen Veränderung der Ergebnisse führt, entkräftet werden.

Unternehmen	Effizienzwert θ Dimensionen	Effizienzwert θ Funktionen
UntA	1	1
UntB	0,80	0,83
UntC	0,96	0,80
UntD	1	1
UntE	0,64	0,67
UntF	0,99	1
UntG	0,60	0,58
UntH	0,81	0,80
UntI	0,61	0,59
UntJ	1	0,84
UntK	1	1
UntL	0,92	0,99
UntM	1	1
UntN	1	1
UntO	1	1
UntP	0,40	0,43
UntQ	1	1
UntR	1	1
UntS	0,99	1
UntT	1	1
UntU	1	0,93

Tabelle 13: Vergleich der Ergebnisse der DEA-Ansätze
Quelle: Eigene Darstellung

Der Vergleich weist lediglich für die Entscheidungseinheiten UntC und UntJ eine größere Veränderung auf. Offenbar erreichen beide Unternehmen in einigen Aspekten des Nachhaltigkeitsmanagements ein optimales, also effizientes Niveau. Bei der Bildung von Durchschnittswerten sind dann aber doch Mängel festzustellen.

5.3.2.4 Kritische Würdigung der Benchmarking-Untersuchung

Benchmarking-Analysen sind in der Vergangenheit häufig erfolgreich in Theorie und Praxis in die Optimierung von Produktionsprozessen eingegangen. In diesem Abschnitt wurde nun der Versuch unternommen, die Verfahrensweisen auf das Nachhaltigkeitsmanagement zu übertragen.

Mit Rückgriff auf die im Schrifttum vorgefundenen Benchmarking-Arten, wurde ein Vergleich von Partnern aus branchenübergreifenden Unternehmen für geeignet erachtet, da sich daraus ein möglichst großer Fundus an potenziellen Erkenntnissen erschließt. Dabei muss dann allerdings ein besonderes Augenmerk auf die verfahrensinhärenten Nachteile hinsichtlich der Vergleichbarkeit der Benchmarking-Objekte gelegt werden.

Aus diesem Blickwinkel ist die DEA für die vorliegende Benchmarking-Untersuchung besonders geeignet, da sie zunächst die ähnlich operierenden Unternehmen identifiziert und diese dann in Bezug auf ihre Effizienz vergleicht. Ein Nachteil der DEA als Instrument zur Effizienzbeurteilung ergibt sich daraus, dass nur das empirische Optimum aus der Grundgesamtheit der Benchmarking-Objekte abgeleitet wird und daraus im Weiteren Schlüsse zu möglichen Verbesserungen gezogen werden. Die Methode zeigt keine Wege zum theoretisch Machbaren auf.

Die Qualität der Ergebnisse kann als fundiert bezeichnet werden, da die beiden durchgeführten Ansätze zu ähnlichen Ergebnissen geführt haben. Aus der Untersuchung mit funktional strukturierten Inputfaktoren können nun Aussagen über die Effizienz einzelner Bereiche getroffen werden. Bei identifizierten Ineffizienzen wäre aber über die Funktion hinausgehend interessant, wodurch diese Unzulänglichkeiten im Detail zustande gekommen sind. Auch für eine Untersuchung der einzelnen Aspekte der Funktionsbereiche auf deren Erfolgswirkung wäre die DEA geeignet. Man ginge dann einem zweischrittigen Ansatz nach, in dem man zunächst die einzelnen Maßnahmen in den Funktionen als Inputs in ein Verhältnis mit dem jeweiligen Erfolg des Bereichs setzt, der als Output aufgefasst würde. Dieser Erfolg der Funktion könnte dann als Input in den finanzwirtschaftlichen Erfolg des gesamten Unternehmens eingehen. Dazu müssten allerdings die Erfolgsgrößen der einzelnen Bereiche zunächst abgeleitet und erhoben werden, was Inhalt von weiteren größeren Untersuchungen sein kann.

Insgesamt liefert die vorliegende Benchmarking-Untersuchung sowohl inhaltlich wertvolle Informationen für eine effizientere Handhabung des Nachhaltigkeitsmanagements in den untersuchten Unternehmen als auch methodisch ein allgemein verwendbares Verfahren zur Analyse des Sustainable Development, das der Anforderung der gleichwertigen Integration der Dimensionen der Nachhaltigkeit sehr gut gerecht wird.

6 Schlussbetrachtung und Ausblick

Das Leitbild einer nachhaltigen Entwicklung ist aus umwelt- und sozialpolitischen Diskussionen heute kaum mehr wegzudenken. In Kapitel 2 ist dargestellt, dass das Nachhaltigkeitskonzept im Laufe seines Entwicklungsprozesses immer umfassender wurde, indem viele verschiedene Denkansätze darunter subsumiert wurden, die naturgemäß eine Reihe unterschiedlicher Interessengruppen aufeinander treffen lassen. Die Konsequenz hieraus ist, dass auch 14 Jahre nach der Rio-Konferenz und neun Jahre nach Erstellung des Kyoto-Protokolls noch kein internationaler Konsens über realisierbare Ziele und Umsetzungsschritte der Nachhaltigkeit besteht. Dennoch belegen zahlreiche Programme und Maßnahmen das Engagement und den Optimismus der Politik, einen Umdenkungsprozess in Richtung Nachhaltigkeit einleiten zu können. Unumstritten ist ferner, dass der Umsetzungsprozess nicht nur auf die politische Ebene beschränkt bleiben kann, sondern in einem "top-down"-gerichteten Ansatz auf die Betriebswirtschaft heruntergebrochen und in traditionelle Mikrosysteme integriert werden muss. Hierbei sind global tätige Großunternehmen als Hauptakteure gefordert. In Kapitel 2 konnte gezeigt werden, dass Nachhaltigkeitskonzepte sowohl in die Zielsysteme als auch in die betrieblichen Funktionsbereiche der Unternehmen Einzug gehalten haben.

Der Vielschichtigkeit der nachhaltigkeitsorientierten Unternehmensführung steht die singuläre Zielsetzung des Shareholder Value Managements gegenüber. In Kapitel 3 wird dargestellt, wie die Entwicklung des Unternehmenswertes am besten durch Kenngrößen dargestellt werden kann. Dieser Abschnitt dient vorbereitend den Abschnitten 4 und 5, in denen Größen aus Umwelt- und Sozialmanagement mit finanziellen Erfolgskennzahlen in Beziehung gesetzt werden.

Die Kausalanalyse im vierten Kapitel weist nach, dass Nachhaltigkeitsmanagement und Shareholder Value Orientierung nicht in einem Konfliktverhältnis stehen, sondern vielmehr, dass aus dem Umwelt- und Sozialmanagement sogar positive Impulse für den ökonomischen Erfolg entspringen können. Dieser Ursache-Wirkungs-Zusammenhang liefert allerdings noch keine Aussage über das ökonomische Optimum des Einsatzes natürlicher und sozialer Ressourcen.

Der Frage, wann Nachhaltigkeitsmanagement als effizient bezeichnet werden kann und wie man diese Effizienz messen kann, wird im Kapitel 5 nachgegangen. Die Benchmarking-Analyse, die dort mit Hilfe der DEA durchgeführt wurde, trägt der

Vielschichtigkeit der Anforderungen nachhaltiger Entwicklung Rechnung, indem für jedes untersuchte Unternehmen eine individualisierte "Best-Practise-Lösung" abgeleitet wurde. Das führte dazu, dass auch Handlungsempfehlungen für Effizienzverbesserungen gegeben werden konnten.

Über die zahlreichen Erkenntnisse, die die vorliegenden Ausführungen liefern, hinaus, besteht weiterhin Bedarf, das Thema Nachhaltigkeit in Theorie und Praxis zu vertiefen. So konnten die Effizienzbetrachtungen des fünften Kapitels zwar erste Hinweise geben, wie die Unternehmen zu besseren Ergebnissen gelangen können. Die Prozesse, die zu der angestrebten Effizienzerhöhung führen, können aber erst bei genauerer Analyse der Referenzunternehmen identifiziert werden, was im Rahmen dieser Arbeit nicht möglich ist. Wenn diese Prozesse spezifiziert sind, können weitere allgemeingültige Erkenntnisse zur Funktionsweise eines erfolgreichen Nachhaltigkeitsmanagements erzielt werden.

Eine Eingrenzung dieser Arbeit ist durch die Beschränkung der empirischen Untersuchung auf große Aktienunternehmen aus dem westeuropäischen Wirtschaftsraum geschehen, für die erhoben werden konnte, inwieweit Nachhaltigkeitsmanagement effizient in die Unternehmensführung eingebunden ist. Ein weitaus größerer Teil der Wertschöpfung wird aber von kleinen und mittelständischen Betrieben erbracht. Somit stehen diese Unternehmen ebenfalls in der Pflicht, ökologisch und sozial verantwortlich zu handeln. Aufgrund der geringeren Betriebsgröße und der damit einhergehenden Betriebsorganisation sind hier auch andere Strukturen des Nachhaltigkeitsmanagements zu erwarten.

Weiterführende Forschungsergebnisse könnten sich auch aus globalen Vergleichen ergeben. Diesbezüglich ist zum einen der offenen Frage nachzugehen, inwieweit in anderen hoch entwickelten Industriestaaten wie den USA oder Japan Nachhaltigkeitskonzepte erfolgreich angewendet werden und ob sich in diesem globalen Kontext Möglichkeiten des organisationalen Lernens ergeben. Zum anderen besteht auch besonderer Bedarf, die Ideen der Nachhaltigkeit in Ländern zu etablieren, die aktuell heftige wirtschaftliche und gesellschaftliche Veränderungen durchleben, wie es etwa in China und Indien der Fall ist. Natürlich ist wegen der wachsenden Bedeutung dieser Volkswirtschaften auch ein besonderes Augenmerk auf deren globale Verantwortung zu legen. Dennoch fehlt es an Konzepten und Strukturen, die es ermöglichen, die ökonomische Entwicklung in nachhaltige Bahnen zu führen.

Diese Arbeit soll einen Beitrag dazu liefern, Nachhaltigkeit auf der betriebswirtschaftlichen Ebene zu etablieren. Als wesentliche Aufgabe stellt sich dabei die Vereinbarung ökonomischer, ökologischer und sozialer Ziele heraus. Die vorliegenden Ausführungen helfen dabei, natürliche und gesellschaftliche Ressourcen effizient einzusetzen und liefern damit einen wichtigen Beitrag zur Operationalisierung der politischen und volkswirtschaftlichen Ziele wie sie im Kyoto-Protokoll festgehalten sind. Aus betriebswirtschaftlicher Sicht ungewiss bleibt aber die Frage, ob die Effizienzbetrachtungen mit dem Vorsatz gleichwertiger Beachtung der nachhaltigen Zieldimensionen ausreichen, um ein Leben ausschließlich von den ökonomischen, ökologischen und sozialen Zinsen zu ermöglichen.

Anhang

Unternehmen der Otto-Gruppe

Systain Unternehmensberatung GmbH
Geschäftsführung
Wandsbeker Straße 3-7
D-22179 Hamburg

Universität Hamburg
Institut für Industrielles Management
Von-Melle-Park 5
D-20146 Hamburg

Sehr geehrte Damen und Herren,

die **Universität Hamburg** führt mit Unterstützung der **Systain Unternehmensberatung GmbH** eine breit angelegte Befragung zu **Erfolgswirkungen des Nachhaltigkeitsmanagements** durch. Hierfür benötigen wir **Ihre Unterstützung**, um ein repräsentatives Ergebnis für unsere **europaweit angelegte Studie** zu erhalten.

Im Zentrum unseres Interesses steht dabei Ihr momentanes Nachhaltigkeitsmanagement allen wesentlichen Funktionen Ihres Unternehmens. **Ziel der Befragung ist es, den Stand des Nachhaltigkeitsmanagements** differenziert nach Branchen und Größenkategorien der befragten Unternehmen zu ermitteln. Zudem soll die Befragung Aufschluss darüber geben, welche **Trends** bezüglich unterschiedlicher Funktionsbereiche bestehen und inwieweit diese Maßnahmen und Aktivitäten sich auf die Unternehmenswerte, die unabhängig von dieser Befragung aufgrund der veröffentlichten Bilanzdaten anhand einer **Shareholder Value Analyse** ermittelt werden.

Wir würden uns freuen, wenn **Sie uns** aktiv bei der Erstellung der Studie **unterstützen** könnten, indem Sie den beiliegenden Fragebogen ausgefüllt an die **Universität Hamburg** zurücksenden. Selbstverständlich werden Ihre Informationen **vertraulich behandelt.**

Allen **teilnehmenden Unternehmen** senden wir nach der Auswertung der Daten und Erstellung der Studie den **Abschlußbericht zu. Hierdurch erhalten Sie die Möglichkeit, sich über Trends und Standards in Ihrer Branche zu informieren.**

Vielen Dank für Ihre Unterstützung

Prof. Dr. K.-W. Hansmann
Fachbereich Wirtschaftswissenschaften
Institut für Industriebetriebslehre und Organisation
- Geschäftsführender Direktor -

A. Unternehmensangaben

1. Wie viele Mitarbeiter sind in Ihrem Unternehmen beschäftigt? _____

2. Wie hoch war der Gesamtumsatz Ihres Unternehmens in Ihrem letzten Geschäftsjahr?
   _____ Mrd. €

3. In welcher Branche ist Ihr Unternehmen tätig?

☐ Chemie, Pharma
☐ Nahrung und Genussmittel
☐ Maschinen- und Fahrzeugbau
☐ Handel
☐ Technologie/Elektronik
☐ sonstige, nämlich _____

| B: Angaben zum Zielsystem Ihres Unternehmens |

Bitte geben Sie an, welche Bedeutung die folgenden Ziele in Ihrem Unternehmen haben.

	sehr gering					sehr groß
Umsatzwachstum	o	o	o	o	o	o
Langfristiger Gewinn	o	o	o	o	o	o
Kurzfristiger Gewinn	o	o	o	o	o	o
Kostensenkung	o	o	o	o	o	o
Rentabilität	o	o	o	o	o	o
Shareholder Value	o	o	o	o	o	o
Stakeholder Value	o	o	o	o	o	o
Liquidität	o	o	o	o	o	o
Marktanteil	o	o	o	o	o	o
Kapazitätsauslastung	o	o	o	o	o	o
Produktivität	o	o	o	o	o	o
Angebotsqualität	o	o	o	o	o	o
Kundenloyalität	o	o	o	o	o	o
Ansehen in der Öffentlichkeit	o	o	o	o	o	o
Schaffung von Arbeitsplätzen	o	o	o	o	o	o
Nachhaltiges Wirtschaften	o	o	o	o	o	o
Soziale Verantwortung	o	o	o	o	o	o
Umweltschutz	o	o	o	o	o	o
Corporate Governance*	o	o	o	o	o	o
Mitarbeiterzufriedenheit	o	o	o	o	o	o

*Unter **Corporate Governance** verstehen wir Leitlinien für die verantwortliche Unternehmensführung, verantwortlich und fair sowohl gegenüber den Anteilseigner als auch gegenüber anderen Interessen (-gruppen) und der Öffentlichkeit.

| C1: Angaben zur Nachhaltigkeit in Ihrem Einkauf |

Inwieweit sind folgende Aspekte des Einkaufs für Ihr Unternehmen relevant?

	kaum relevant					sehr relevant
Lieferantenauswahl nach ökologischen Gesichtspunkten	o	o	o	o	o	o
Lieferantenauswahl nach sozialen Gesichtspunkten (Menschen- und Arbeitsrechte)	o	o	o	o	o	o
Materialauswahl nach ökologischen Gesichtspunkten	o	o	o	o	o	o

| C2: Angaben zur Nachhaltigkeit in Ihrem Logistikmanagement |

Inwieweit sind folgende Aspekte des Logistikmanagements für Ihr Unternehmen relevant?

	kaum relevant					sehr relevant
Transportplanung nach ökologischen Gesichtspunkten	o	o	o	o	o	o
Standortwahl nach ökologischen Gesichtspunkten	o	o	o	o	o	o
Distribution nach ökologischen Gesichtspunkten	o	o	o	o	o	o
Lagerhaltung nach ökologischen Gesichtspunkten	o	o	o	o	o	o
Durchführung von Materialflussanalysen nach ökologischen Gesichtspunkten	o	o	o	o	o	o

D: Angaben zur Nachhaltigkeit Ihrem Produktions- und Prozessmanagement

Inwieweit werden in Ihrer Produktion und Ihrem Prozessmanagement folgende Aktivitäten verfolgt?

	kaum relevant					sehr relevant
Vorzeitige Erfüllung (Übererfüllung) gesetzlicher Umweltschutzauflagen	o	o	o	o	o	o
Regelmäßige Umweltverträglichkeitsprüfungen der Anlagen	o	o	o	o	o	o
Installation von Krisenplänen im Falle von Störfällen	o	o	o	o	o	o
Einsatz präventiver Prozesse	o	o	o	o	o	o
Mess- und Regelungstechnik nach ökologischen Gesichtspunkten	o	o	o	o	o	o
Materialeinsatzoptimierung nach ökologischen Gesichtspunkten	o	o	o	o	o	o
Sekundärstoffverwertung	o	o	o	o	o	o
Energieverbrauchsoptimierung nach ökologischen Gesichtspunkten	o	o	o	o	o	o
Materialeinsatzoptimierung nach ökologischen Gesichtspunkten	o	o	o	o	o	o
Installation von Kreislaufprozessen	o	o	o	o	o	o

E: Angaben zur Nachhaltigkeit in der Absatz- und Kommunikationspolitik in Ihrem Unternehmen

Inwieweit werden in Ihrem Marketing folgende Aktivitäten verfolgt?

	kaum relevant					sehr relevant
Kundenberatung nach ökologischen Gesichtspunkten	o	o	o	o	o	o
Ökologische Preispolitik	o	o	o	o	o	o
Darstellung ökologischer Produkteigenschaften in der Werbung	o	o	o	o	o	o
Zertifizierung Ihrer Produkte nach Öko-Gütesiegeln	o	o	o	o	o	o
Zertifizierung Ihrer Produkte nach Sozialsiegeln	o	o	o	o	o	o
Verwendung von Öko-Markennamen	o	o	o	o	o	o
Durchführung von „Öko-Sponsoring"	o	o	o	o	o	o
Rücknahme der gebrauchten Produkte	o	o	o	o	o	o
Materialeinsatzoptimierung nach ökologischen Gesichtspunkten	o	o	o	o	o	o
Umweltberichterstattung	o	o	o	o	o	o
(Presse-)Veröffentlichung von Öko-Leitlinien	o	o	o	o	o	o

F: Angaben zur Nachhaltigkeit in Ihrem Entsorgungsmanagement

Inwieweit werden bei Ihrer Entsorgung folgende Aktivitäten betrieben?

	kaum relevant					sehr relevant
Innerbetriebliches Recycling	o	o	o	o	o	o
Beteiligung an Abfallbörsen	o	o	o	o	o	o
Detaillierte Rohstofftrennung	o	o	o	o	o	o
Detaillierte Bilanzierung von Abfallströmen und -mengen	o	o	o	o	o	o

G: Angaben zur Nachhaltigkeit in Ihrer Forschung und Entwicklung

Inwieweit werden folgende Ziele in Ihrer Forschung und Entwicklung vorangetrieben?

	kaum relevant					sehr relevant
Materielle Ressourcenschonung	o	o	o	o	o	o
Prozessoptimierung nach sozialen Gesichtspunkten	o	o	o	o	o	o
Vermeidung der verursachten Umweltbelastung	o	o	o	o	o	o
Erhöhung der Lebensdauer	o	o	o	o	o	o
Berücksichtigung ethischer Aspekte (Tierversuche, Gentechnik)	o	o	o	o	o	o

H: Angaben zum Nachhaltigkeitsmanagement in Ihrer Informationspolitik

Inwieweit werden folgende Aktivitäten und Methoden in Ihrer Informationspolitik betrieben?

	kaum relevant					sehr relevant
Erstellung von Öko-Bilanzen	o	o	o	o	o	o
sozialbezogene Kosten- und Leistungsrechnung	o	o	o	o	o	o
Umweltschutzbezogene Kosten- und Leistungsrechnung	o	o	o	o	o	o
Verwendung ökologischer Kennzahlen (z.B. Emissionskennzahlen)	o	o	o	o	o	o
Verwendung sozialer Kennzahlen (z.B. Schwerbehindertenquote)	o	o	o	o	o	o
Verwendung ökologischer Kalküle in der Investitionsrechnung	o	o	o	o	o	o
Verwendung ökonomischer Kennzahlen für nachhaltige Aktivitäten	o	o	o	o	o	o
Ökologisches, soziales Vorschlagswesen	o	o	o	o	o	o
Durchführung von Umweltaudits (z. B. nach ISO 14001)	o	o	o	o	o	o

I: Angaben zum Nachhaltigkeitsmanagement in Ihrem Personalmanagement

Inwieweit werden folgende Aktivitäten und Methoden in Ihrem Personalmanagement betrieben?

	kaum relevant					sehr relevant
Mitarbeiterschulungen mit ökologischen Schwerpunkten	o	o	o	o	o	o
Mitarbeiterschulungen mit gesellschaftlichen Schwerpunkten	o	o	o	o	o	o
Schulungen zur Entwicklung der Sozialkompetenz Ihrer Mitarbeiter	o	o	o	o	o	o
Ökologische Merkmale in Ihren Stellenausschreibungen	o	o	o	o	o	o
Installation eines umweltorientierten Vorschlagswesens	o	o	o	o	o	o
Gestaltung des Arbeitsumfelds nach ökologischen Gesichtspunkten	o	o	o	o	o	o
Gestaltung des Arbeitsumfeldes nach gesundheitlichen Aspekten	o	o	o	o	o	o
Messung der Mitarbeiterzufriedenheit	o	o	o	o	o	o

J: Angaben zum Nachhaltigkeitsmanagement in Ihrer Organisationsstruktur

Inwieweit sind folgende Aspekte des Nachhaltigkeitsmanagements in Ihre Organisationsstruktur einbezogen?

	kaum relevant					sehr relevant
Integration von Umweltmanagement in alle Funktionsbereiche	o	o	o	o	o	o
Projekte mit ökologieorientierter Zielsetzung	o	o	o	o	o	o
Anreiz-, Sanktionsmechanismen zur Zielerfüllung	o	o	o	o	o	o
Beschäftigung von Umweltbeauftragten	o	o	o	o	o	o
Einsetzung von Umweltausschüssen	o	o	o	o	o	o
Umweltbezogene Mitarbeiterzirkel	o	o	o	o	o	o
Installation von Umweltabteilungen	o	o	o	o	o	o
Ökologische Führungsgrundsätze	o	o	o	o	o	o
„Ökologie ist Chefsache"	o	o	o	o	o	o

K: Angaben zum gesellschaftlichen Engagement Ihres Unternehmens

Inwieweit sind folgende Aspekte ein Schwerpunkt ihres gesellschaftlichen Engagements?

	kaum relevant					sehr relevant
Sponsoring von gemeinnützigen Projekten	o	o	o	o	o	o
Kultursponsoring	o	o	o	o	o	o
Spenden an gemeinnützige Projekte	o	o	o	o	o	o
Nachbarschaftsmanagement	o	o	o	o	o	o
Beteiligung am politischen Willensbildungsprozess	o	o	o	o	o	o
Unterstützung sozialem, ökologischem Engagements der Mitarbeiter (Volunteering)	o	o	o	o	o	o
Maßnahmen zur Bekämpfung von Wirtschaftskriminalität	o	o	o	o	o	o
Dialog mit NGO	o	o	o	o	o	o

L: Angaben zum Sozialmanagement in Ihrem Unternehmen

Inwieweit sind folgende Aspekte ein Schwerpunkt ihres internen Sozialmanagements?

	kaum relevant					sehr relevant
Frauen in Führungspositionen	o	o	o	o	o	o
Angebot von sozialen Einrichtungen (Kindergärten, Betriebssport, ...)	o	o	o	o	o	o
Integration ausländischer Beschäftigter	o	o	o	o	o	o
Integration behinderter Beschäftigter	o	o	o	o	o	o
Umgang mit kultureller Vielfalt	o	o	o	o	o	o
Betriebliche Altersvorsorge	o	o	o	o	o	o
Zusätzliche Sozialleistungen	o	o	o	o	o	o
Flexible Arbeitszeit	o	o	o	o	o	o

M: Zertifizierungen Ihres Unternehmens

1. Ist Ihr Unternehmen zertifiziert nach ISO 14001? ☐ ja ☐ nein

2. Ist Ihr Unternehmen zertifiziert nach EMAS? ☐ ja ☐ nein

3. Bevorzugen Sie Lieferanten, die nach SA 8000 zertifiziert sind? ☐ ja ☐ nein

4. Ist Ihr Unternehmen zertifiziert nach AA 1000 ? ☐ ja ☐ nein

Literaturverzeichnis

Aaker, D. A. (1989)
Strategisches Markt-Management, Wiesbaden 1989.

Allensbach Institut (2001)
Spaß haben, das Leben genießen, in: Allensbacher Berichte Jg. 2001, Nr. 5.

Antes, R. (1992)
Die Organisation des betrieblichen Umweltschutzes, in: Steger, U. (Hrsg.), Handbuch des Umweltmanagements, München 1992, S. 487 – 509.

Antes, R. (1996)
Präventiver Umweltschutz und seine Organisation in Unternehmen, Wiesbaden 1996.

Antes, R. (1997)
Präventives Entscheiden und Handeln in Unternehmen: Das Beispiel Umweltschutz, in: Birke, M. et al. (Hrsg.), Handbuch Umweltschutz und Organisation, München 1997, S. 321 – 359.

Backhaus, K. / Büschken, J. (1998)
Einsatz der Kausalanalyse in der empirischen Forschung zum Investitionsgütermarketing, in: Hildebrandt, L. / Homburg, C. (Hrsg.) Die Kausalanalyse: ein Instrument der betriebswirtschaftlichen Forschung, Stuttgart, S. 149 – 168.

Backhaus et al. (2003)
Multivariate Analysemethoden, 10. Auflage, Berlin et al. 2003.

Balm, G. (2002)
Benchmarking: A Practitioner's Guide for Becoming and Staying Best of the Best, Schaumburg 2002.

Banker, R. D. et al. (1984)
Some models for estimating technical and scale inefficiencies in data envelopment analysis, in: Management Science, 1984, Vol. 30, S. 1078 – 1093.

Barclay, D. W. et al. (1995)
The partial least squares (PLS) approach to causal modeling: personal computer adaption and use as an Illustration, in: Technology Studies 2 Vol. 2, 1995, S. 286 – 309.

Basler Ausschuss für Bankenaufsicht (2003)
Überblick über die Neue Basler Eigenkapitalvereinbarung, Frankfurt 2003.

Baumast, A. / Pape J. (2001)
Betriebliches Umweltmanagement, Stuttgart 2001.
Belz , F.-M. (2001)
Integratives Öko-Marketing, Wiesbaden 2001.
Benkert, W. (2001)
Das Management ökologischer Risiken in Unternehmen, in: Lange, K. W. / Wall, F. (Hrsg.) Risikomanagement nach dem KonTraG, München 2001, S. 398 - 419.
Bentler, P. M. / Chou, C.-P. (1987)
Practical Issues in structural modeling, in: Sociological Methods & Research, 16, 1987, S. 78 – 117.
best (2002)
Unternehmen praktizieren Leistungsvergleich für Nachhaltiges Wirtschaften, Wuppertal, http://www.sustainable-benchmarking.de/ _download/newsletter/newsletter1_2002.pdf, Zugriff 24.04.2006.
best (2003)
Neues Instrument für Nachhaltigkeitsmanagement auf Prozessebene entwickelt, Wuppertal, http://www.sustainable-benchmarking.de/ _download/newsletter/newsletter3_2003.pdf, Zugriff 24.04.2006.
Beuermann, G. / Fassbender-Wynands, E. (2003)
Nachhaltigkeit im Kostenmanagement, in: Leisten, R. / Krcal, H.-C. (Hrsg.), Nachhaltige Unternehmensführung. Systemperspektiven, Wiesbaden 2003, S. 319 – 342.
Bickhoff (2000)
Erfolgswirkungen strategischer Umweltmanagementmaßnahmen, Wiesbaden 2000.
Bieker, T. et al. (2001)
Management unternehmerischer Nachhaltigkeit mit einer Sustainability Balanced Scorecard, St. Gallen 2001.
Blalock, H. M. (1985)
Causal models in panel and experimental designs, New York 1985.
BMBF (2001)
Umwelt- und Nachhaltigkeitstransparenz für Finanzmärkte, Berlin 2001.
Braunschweig, A. (2000)
Soziale Leistungsfähigkeit als unternehmerische Herausforderung, in: Schweizerische Vereinigung für ökologisch bewusste Unternehmensführung, Zürich 2000, S. 45 – 54.
Breidenbach, R. (2002)
Umweltschutz in der betrieblichen Praxis, 2. Auflage, Wiesbaden 2002.

Brockhoff, K. (1999)
Produktpolitik, 5. Auflage, Stuttgart 1999.
Bruhn, M. (1992)
Integration des Umweltschutzes in den Funktionbereich Marketing, in: Steger, U. (Hrsg.), Handbuch des Umweltmanagements, München 1992, S. 537 – 556.
Bühner, R. (1990)
Das Management-Wert-Konzept, Stuttgart 1990.
Bühner, R. (1992)
Shareholder Value Ansatz, in: Die Betriebswirtschaft, 1993, Nr. 6, S. 749 – 769.
Bühner, R. (1997)
Worauf es beim Shareholder Value ankommt, in: technologie & management, Jg. 46 Nr. 2, 1997, S. 12 – 15.
Bühner, R. / Weinberger, H.-J. (1991)
Cash Flow und Shareholder Value, in: Betriebswirtschaftliche Forschung und Praxis, Nr. 3, 1991, S. 187 – 208.
Bundesministerium für Umwelt, Naturschutz und Reaktorsicherheit (2002)
Umweltpolitik, Berlin 2002.
Bundesministerium für Umwelt, Naturschutz und Reaktorsicherheit (2002a)
Nachhaltigkeitsmanagement in Unternehmen, Berlin 2002.
Bundesregierung (2002)
Perspektiven für Deutschland. Unsere Strategie für eine nachhaltige Entwicklung, Berlin 2002.
Bundesumweltministerium (2002)
Umweltbewusstsein in Deutschland – Ergebnisse einer repräsentativen Umfrage, Berlin 2002.
Bundesumweltministerium (1995)
Handbuch Umweltcontrolling, München 1995.
Buzzell, R. D. / Gale B. T. (1989)
Das PIMS-Programm, Wiesbaden 1989.
Camp, R. (1994)
Benchmarking, München et al. 1994.
Cansier, D. (1996)
Ökonomische Indikatoren für eine nachhaltige Umweltnutzung, in: Kasten-holz, H. G. (Hrsg.): Nachhaltige Entwicklung Berlin et al. 1996, S. 61 – 78.
Charnes, A. et al. (1994)
Basic DEA Models, in: Charnes et al. (Hrsg.), Data Envelopment Analysis – Theory, Methodology and Applications, 1994, S. 23 – 47.

Charnes, A. et al. (1978)
Measuring the efficiency of decision making units, in: European Journal of Operational Research, 1978 Vol. 2, S. 429 – 444.

Chin, W. W. (1998)
The partial least squares approach to structural equation modeling, in: Marcoulides, G. A. (Hrsg.), Modern Methods for Business Research, Mahwah 1998, S. 295 – 336.

Coenenberg, A. G. (2003)
Jahresabschluss und Jahresabschlussanalyse, 19. Auflage, Stuttgart 2003.

Cohen, J. (1988)
Statistical power and analysis for behavioral sciences, 2. Auflage, Hillsdale 1988.

Cooper et al. (2000)
Data Envelopment Analysis, Boston 2000.

Deutscher Bundestag (14. Wahlperiode) (2003)
Nachhaltige Entwicklung, Drucksache 14/9200 vom 12 .12.2003.

Dirrigl, H. (1994))
Konzept, Anwendungsbereiche und Grenzen einer strategischen Unternehmensbewertung, in: Betriebswirtschaftliche Forschung und Praxis, 1994 Heft 5, S. 409 – 432.

Dyckhoff, H. (2000)
Umweltmanagement: Zehn Lektionen umweltorientierter Unternehmensführung, Berlin et al. 2000.

Dyckhoff, H. / Allen, K. (1999)
Theoretische Begründung einer Effizienzanalyse mittels Data Envelopment Analysis (DEA), in: Zeitschrift für betriebswirtschaftliche Forschung, 1999, Vol. 5, S. 411 – 436.

Eblinghaus, H. / Stickler, A. (1996)
Nachhaltigkeit und Macht, Frankfurt a. M. 1996.

Eggert, A. / Fassot, G. (2003)
Zur Verwendung formativer und reflektiver Indikatoren in Strukturgleichungs-modellen, Zürich 2003.

Enquete-Kommission „Schutz des Menschen und der Umwelt" (1994)
Die Industriegesellschaft gestalten – Perspektiven für einen nachhaltigen Umgang mit Stoff- und Materialströmen, Bonn 1994.

Figge, F. et al. (2001)
The Sustainability Balanced Scorecard, Lüneburg 2001.

Figge, F. / Hahn, T. (2002)
Sustainable Value Added, 2. Auflage, Lüneburg 2002.

Fischbach, S. (2001)
Instrumente zur ökologisch orientierten Unternehmenssteuerung, in: Freidank, C.-C. / Mayer, E. (Hrsg.), Controlling-Konzepte, Wiesbaden 2001.

Flotow, P. v. / Häßler R.-D. (2002)
Umwelt- und Nachhaltigkeitstransparenz für Finanzmärkte, Berlin 2002.

Fornell, C. / Bookstein, F. L. (1982)
Two structural equation models: LISREL and PLS applied to consumer exit-voice theory, in: Journal of Marketing Research, Vol. 19, 1982, S. 440 – 452.

Freese, E. / Kloock, J. (1989)
Internes Rechnungswesen und Organisation, in: Betriebswirtschaftliche Forschung und Praxis, 1989 S. 1 – 29.

Frei, M. (1999)
Öko-effektive Produktentwicklung, Wiesbaden 1999.

Freimann, J. (1996)
Betriebliche Umweltpolitik, Bern et al. 1996.

Friedemann, C. (1998)
Umweltorientierte Investitionsplanung, Wiesbaden 1998.

Gebhardt, G. / Mansch, H. (2005)
Wertorientierte Unternehmenssteuerung in Theorie und Praxis, Düsseldorf 2005.

Geisser, S. (1974)
A predictive approach to the random effect model, in: Biometrika 1974 Vol. 1, S. 101 – 107.

Gerybadze, A. (1992)
Umweltorientiertes Management von Forschung und Entwicklung, in: Steger, U. (Hrsg.), Handbuch des Umweltmanagements, München 1992, S. 395 – 416.

Gladen, W. (2001)
Kennzahlen- und Berichtssysteme, Wiesbaden 2001.

Gutenberg, E. (1971)
Grundlagen der Betriebswirtschaftslehre Band 1: Die Produktion, 23. Auflage, Berlin et al. 1971.

Günther, T. (1997)
Unternehmenswertorientiertes Controlling, München 1997.

Hahn T. / Wagner, M. (2002)
Wertorientiertes Nachhaltigkeitsmanagement mit einer Sustaina-bility Balanced Scorecard, in: Schaltegger, S. / Dyllick, D. (Hrsg.) Nachhaltig managen mit der Balanced Scorecard, Wiesbaden 2002.

Haasis, H.-D. (1996)
Betriebliche Umweltökonomie, Berlin et al. 1996.
Hardtke, A. / Prehn, M. (2001)
Perspektiven der Nachhaltigkeit, Wiesbaden 2001.
Hauff, V. (2002)
Nachhaltigkeitspolitik nach Johannesburg, Berlin 2002.
Haasis, H.-D. (1996)
Betriebliche Umweltökonomie, München et al. 1996.
Hachmeister, D. (2000)
Discounted Cash Flow als Maß der Unternehmenswertsteigerung, 4. Auflage, Frankfurt a. M. et al. 2000.
Hallay, H. (1990)
Die Ökobilanz – ein betriebliches Informationssystem, Berlin 1990.
Hansmann, K.-W. (2006)
Industrielles Management, 8. Auflage, München et al. 2006.
Hansmann, K.-W. (1998)
Umweltorientierte Produktionsplanung und -steuerung, in: Hansmann, K.-W. (Hrsg.), Umweltorientierte Betriebswirtschaftslehre, Wiesbaden 1998.
Hansmann K.-W. et al. (2003)
Der Erfolg von Nachhaltikeitsmanagement, Hamburg 2003.
Hansmann, K.-W. / Kehl M. (2000)
Studie zum Shareholder Value in deutschen Unternehmen, Hamburg 2000.
Henseler, J. (2005)´
Einführung in die PLS-Pfadmodellierung, in: Wirtschaftswissenschaftliches Studium, 34 (2). S. 70 – 75.
Hill, W. (1996)
Der Shareholder Value und die Stakeholder, in: Die Unternehmung, Nr. 6, 1996, S. 411 – 420.
Hill, W. et al. (1989)
Organisationslehre, 4. Auflage, Bern 1989.
Hirschman, A. O. (1974)
Abwanderung und Widerspruch, Tübingen 1974.
Homburg, C. / Baumgartner, H. (1998)
Beurteilung von Kausalmodellen: Bestandsaufnahme und Anwendungsempfehlungen, in: Hildebrandt, L. / Homburg, C. (Hrsg.) Die Kausalanalyse: ein Instrument der betriebs-wirtschaftlichen Forschung, Stuttgart, S. 343 – 370.

Homburg, C. / Hildebrandt, L. (1998)
Die Kausalanalyse: Bestandsaufnahme, Entwicklungsrichtungen, Problemfelder, in: Hildebrandt, L. / Homburg, C. (Hrsg.) Die Kausalanalyse: ein Instrument der betriebswirtschaftlichen Forschung, Stuttgart, S. 15 – 43.

Homburg, C. / Pflesser, C. (2000)
Strukturgleichungsmodelle in latenten Variablen: Kausalanalyse, in: Herrmann, A. / Homburg, C. (Hrsg.) Marktforschung: Methoden, Anwendungen, Praxisbeispiele, Wiesbaden 2000, S. 633 – 659.

Hopfenbeck, W. (1990)
Umweltorientiertes Management und Marketing, Landsberg 1990.

Hüttner, K.-L. (2001)
Inhaltliche und konzeptionelle Einordnung von Nachhaltigkeitsindikatoren des SFB 525, in: Kuckshinrich, W. / Hüttner K.-L. (Hrsg.), Nachhaltiges Management metallischer Stoffströme: Indikatoren und deren Anwendung, Kerkrade 2001, S. 43 – 63.

IFOK (1997)
Bausteine für ein zukunftsfähiges Deutschland, Wiesbaden 1997.

Janisch, M. (1993)
Das strategische Anspruchsgruppenmanagement, Bern et al. 1993.

Kaden et al. (1997)
Kritische Überlegungen zur Discounted Cash Flow-Methode, in Zeitschrift für Betriebswirtschaft, Nr. 1, 1997, S. 499 – 508.

Kaplan, R. / Norton, D. P. (1997)
Balanced Scorecard, Stuttgart 1997.

Kapp, K. W. (1950)
The social costs of private enterprise, Cambridge 1950.

Karlöf, B. / Östblom, S. (1994)
Das Benchmarking-Konzept: Wegweiser zur Spitzenleistung in Qualität und Produktivität, München 1994.

Kehl, M. (2002)
Strategische Erfolgsfaktoren in der Telekommunikation, Wiesbaden 2002.

Kern, W. / Schröder, H.-H. (1977)
Forschung und Entwicklung in der Unternehmung, Reinbek 1977.

Körnert, J. (2003)
Balanced Scorecard: Theoretische Grundlagen und Perspektivenwahl für Kreditinstitute, Berlin 2003.

Klein, N. (2002)
No Logo!, München 2002.

Kleine, A. (2002)
DEA-Effizienz, Wiesbaden 2002.

Kommission der Europäischen Gemeinschaften (1993)
Für eine dauerhafte und umweltgerechte Entwicklung, in: Amtsblatt der Europäischen Gemeinschaften vom 17.05.1993.

Kopfmüller, J (1996)
Die Leitidee einer zukunftsfähigen Entwicklung (Sustainable Development), in: Bechmann, G. (Hrsg.), Praxisfelder der Technikforschung, Frankfurt a. M. et al. 1996, S. 119 – 152.

Kruse-Graumann, L. (1996)
Psychologische Ansätze zur Entwicklung einer zukunftsfähigen Gesellschaft, in: Kastenholz, H. G. et al. (Hrsg.), Nachhaltige Entwicklung, Berlin et al. 1996, S. 119 – 139.

Kuckartz, U. / Schacht, K. (2002)
Umweltkommunikation gestalten, Opladen 2002.

Küker, S. (2003)
Kooperation und Nachhaltigkeit: ein prozessorientierter Gestaltungsansatz für eine Analyse der Beiträge von Kooperationen zum nachhaltigen Wirtschaften, Hamburg 2003.

Lasch, R. (1995)
Benchmarking in der Logistik, Augsburg 1995.

Laux, H. (2003)
Wertorientierte Unternehmensführung und Kapitalmarkt: Fundierung von Unternehmenszielen und Anreize für ihre Umsetzung, Berlin et al. 2003.

Leitschuh-Fecht, H. / Steger, U. (2003)
Wie wird Nachhaltigkeit für Unternehmen attraktiv? Business Case für nachhaltige Unternehmensentwicklung, in: Linne, G. / Schwarz, M., Handbuch Nachhaltige Entwicklung, Opladen 2003.

Lohmöller, J.-B. (1989)
Latent variable path modeling with partial least squares, Heidelberg 1989.

Mallin, C. A. (2004)
Corporate Governance, Oxford 2004.

Mandl, G. / Rabel, K. (1997)
Unternehmensbewertung, Wien 1997.

Mann, A.(2003)
Corporate Governance Systeme, Berlin 2003.

Markowitz, H. (1952)
Portfolio Selection, in: The Journal of Finance, Vol. 7, S. 77 – 91.

Marx, K. (1957)
Das Kapital, Stuttgart 1957.
Mathieu, P. (2002)
Unternehmen auf dem Weg zu einer nachhaltigen Wirtschaftsweise: Theoretische Grundlagen, Wiesbaden 2002.
Matten, D. / Wagner, G. R. (1998)
Konzeptionelle Fundierung und Perspektive des Sustainable Development-Leitbildes, in: Wagner G. R. / Steinmann, H. (Hrsg.), Umwelt und Wirtschaftsethik, Stuttgart 1998, S. 51 - 79.
Meadows et al. (1972)
The limits to growth: a report for the Club of Rome's project on the predicament of mankind, London 1972.
Meffert, H. (2000)
Marketing, 9. Auflage, Wiesbaden 2000.
Meffert, H. / Kirchgeorg, M. (1998)
Marktorientiertes Umweltmanagement, Stuttgart 1998.
Mertins, K. / Siebert, G. (1997)
Prozeßorientiertes Benchmarking – Vorgehensweise für die Durchführung effektiver Benchmarking-Projekte, in: Töpfer, A. (Hrsg.), Benchmarking, Berlin et al. 1997.
Mill, J. S. (1970)
Principles of Political Economy, Neudruck, Harmondsworth 1970.
Nieschlag et al. (1988)
Marketing, 15. Auflage, Berlin 1988.
Nutzinger, H. G. / Radke V. (1995)
Das Konzept der nachhaltigen Wirtschaftsweise, in: Nutzinger, H. G. Hrsg.), Nachhaltige Wirtschaftsweise und Energieversorgung, Marburg 1995, S. 13 – 50.
Oelsner, G. (2002)
Der Weltgipfel von Johannesburg: Ergebnisse und Umsetzung bei uns, Karlsruhe 2002.
Quennet-Thielen C. (1996)
Nachhaltige Entwicklung, in: Kastenholz, H. G. et al. (Hrsg.), Nachhaltige Entwicklung, Berlin et al. 1996, S. 9 – 21.
Patterson, J. G. (1996)
Grundlagen des Benchmarking: die Suche nach der besten Lösung, Wien 1996.
Peemöller, V. H. (2001)
Bilanzanalyse und Bilanzpolitik, Wiesbaden 2001.

Peridon, L. / Steiner, M. (1993)
Finanzwirtschaft der Unternehmung, München 1993.
Pfohl, H.-C. / Stötzle, W. (1992)
Entsorgungslogistik, in: Steger, U. (Hrsg.) Handbuch des Umweltmanagements, München 1992.
Pfriem, R. / Hallay, H. (1992)
Öko-Controlling als Baustein einer innovativen Unternehmenspolitik, in: Steger, U. (Hrsg.), Handbuch des Umweltmanagements, München 1992, S. 295 – 310.
Pieske, R. (1997)
Benchmarking in der Praxis, 2. Auflage, Landsberg (1997).
Plehn, M. (2002)
Bewertung umweltgerechter Produktkonzeptionen, Hamburg 2002.
Pümpin (1980)
Produkt-Markt-Strategien, Berlin 1980.
Radke, V. (1999)
Nachhaltige Entwicklung, Heidelberg 1999.
Rappaport, A. (1986)
Shareholder Value, Stuttgart 1986.
Rappaport, A. (1999)
Shareholder Value, 2. Auflage, Stuttgart 1999.
Rat der Europäischen Gemeinschaften (1992)
Vertrag über die Europäische Union, Luxemburg 2002.
Rat für nachhaltige Entwicklung (2003)
Auftrag des Rates für nachhaltige Entwicklung, Brüssel 2003.
Rat von Sachverständigen für Umweltfragen (1994)
Umweltgutachten 1994: Für eine dauerhaft-umweltgerechte Entwicklung, Bundestagsdrucksache 12/6995 vom 08.03.1994.
Reese J. (1997)
The Effects of Governmental Policy on JIT Logistics, Padua 1997.
Rehmer, A. / Sandholzer, U. (1992)
Ökologisches Management und Personalarbeit, in: Steger, U. (Hrsg.), Handbuch des Umweltmanagements, München 1992, S. 511 – 536.
Reichmann, T. (1995)
Controlling mit Kennzahlen und Managementberichten, München 1995.
Ringle, C. M. (2004)
Kooperation in virtuellen Unternehmen, Wiesbaden 2004.
Ringle, C. M. (2004)
Messung von Kausalmodellen, Hamburg 2004.

Ringle, C. M. et al. (2005)
SmartPLS 2.0 (beta), Hamburg 2005.
Ringle, G. (2000)
Benchmarking – ein Managementansatz zur Zukunftssicherung von Genossenschaften, Hamburg 2000.
Schaefer, C. (1997)
Quantitative Ansätze zur Planung der Aufbauorganisation, Wiesbaden 1997.
Schaltegger, S. / Dylilick, T. (2002)
Nachhaltig managen mit der Balanced Scorecard, Wiesbaden 2002.
Schaltegger, S. et al. (2002)
Nachhaltigkeitsmanagement in Unternehmen, Lüneburg 2002.
Schaltegger, S. / Figge, F. (1998)
Umwelt und Shareholder Value, Basel 1998.
Schaltegger, S. / Figge, F. (1997)
Environmental Shareholder Value, Lüneburg 1997.
Schefczyk, M. (1996)
Data Envelopement Analysis, in: Die Betriebswirtschaft 56, 2, S. 167 – 183.
Schott, G. (1996)
Die Praxis des Betriebsvergleichs, Düsseldorf 1956.
Schreiner, M. (1993)
Umweltmanagement in 22 Lektionen, 3. Auflage, Wiesbaden 1993.
Siebert, G. (1998)
Benchmarking: Leitfaden durch die Praxis, München et al. 1998.
Sinn, H. W. (2005)
Die Basar-Ökonomie, Berlin 2005.
Spendolini, M. J. (1992)
The Benchmarking Book, New York 1992.
Spremann, K. / Gantenbein, P. (2005)
Kapitalmärkte, Stuttgart 2005.
SRI Compass (2002)
The number of funds, http://www.sricompass.org/funds/default.asp?view=indexdetails&IndexFamilyID=1, Zugriff am 04.05.2003.
Staat, M. (2000)
Der Krankenhausbetriebsvergleich: Benchmarking vs. Data Envelopment Analysis, in: Zeitschrift für Betriebswirtschaft, Ergänzungsheft 4, 2000 S. 123 - 140.
Steger, U. (1988)
Umweltmanagement, Wiesbaden 1988.

Steger, U. (1993)
Umweltmanagement: Erfahrungen und Instrumente einer umweltorientierten Unternehmensstrategie, 2. Auflage, Frankfurt et al. 1993.

Steven, M. (1994)
Produktion und Umweltschutz, Wiesbaden 1994.

Steven, M. et al. (1997)
Umweltberichterstattung und Umwelterklärung nach der EG-Öko-Audit-Verordnung, Berlin et al. 1997.

Stone, M. (1974)
Cross-validatory choice and assessment of statistical predictions, in: Journal of the Royal Statistical Society, Series B, 1974 Vol. 2, S. 111 – 147.

Strebel, H. (1980)
Umwelt und Betriebswirtschaft, Berlin 1980.

Streitferdt, L. / Pfnür, A. (1998)
Öko-Controlling, in: Hansmann, K.-W. (Hrsg), Umweltorientierte Betriebswirtschaftslehre, Wiesbaden 1998, S. 371 - 418.

Tettamanti, T. (2003)
Die sieben Sünden des Kapitals, Zürich 2003.

Tietze, J. (1996)
Einführung in die angewandte Wirtschaftsmathematik, 6. Auflage, Braunschweig et al. 1996.

Töpfer, A. / Mann, A. (1997)
Benchmarking – Lernen von den Besten, in: Töpfer, A. (Hrsg.), Benchmarking, Berlin et al. 1997.

Troge, A. (1988)
Möglichkeiten zur Verbesserung der Gewinnsituation der Betriebe durch integrierten Umweltschutz, in: Pieroth, E., Wicke, L. (Hrsg.), Chancen der Betriebe durch Umweltschutz, Wiesbaden 1988.

Türck, R. (1991)
Das ökologische Produkt, Ludwigsburg 1991.

Ulrich (1998)
Organisationales Lernen durch Benchmarking, München 1998.

United Nations (1992)
Agenda 21, Rio de Janeiro 1992.

United Nations (1992a)
Rio Declaration on Environment and Development, Rio de Janeiro 1992.

United Nations (1997)
Protokoll von Kyoto zum Rahmenübereinkommen der Vereinten Nationen über Klimaänderungen, Kyoto 1997.

Universität Bonn (2003)
  Junge Verbraucher in Europa, Bonn 2003.
Varian, H. (2001)
  Grundzüge der Mikroökonomik, 5. Auflage, München et al. 2001.
Völckner, F. (2003)
  Empirische Analyse zum Markentransfererfolg bei kurzlebigen Konsumgütern, Wiesbaden 2003.
Weber, C. (2001)
  Nachhaltiger Konsum, in: Schrader U. / Hansen U. (Hrsg.), Nachhaltiger Konsum: Forschung und Praxis im Dialog, Frankfurt a. M. 2001, S. 63 – 76.
Wentges (2002)
  Corporate Governance und Stakeholder-Ansatz, Wiesbaden 2002.
Wicke, L. et al. (1992)
  Betriebliche Umweltökonomie, München 1992.
Weizsäcker, E. U. von (1997)
  Erdpolitik. Ökologische Realpolitik als Antwort auf die Globalisierung, 5. Auflage, Darmstadt 1997.
Wicke, L. (1993)
  Umweltökonomie, 4. Auflage, München 1993.
Wildemann, H. (1996)
  Lean Management: Methoden, Vorgehens weisen und Wirkungsanalysen, 3. Auflage, München 1996.
Winter, G. (1989)
  Das umweltbewusste Unternehmen, 3. Auflage, München 1989.
Wöhe, G. (2000)
  Einführung in die allgemeine Betriebswirtschaftslehre, 20. Auflage, München 2000.
Wold, H. (1982)
  Set modeling: the basic design and some extensions, in: Jöreskog, K. G. / Wold, H. (Hrsg.), Systems under indirect observations: causality, structure, prediction, 1982 part 2, Amsterdam S. 1 – 54.
World Commission on Environment and Development (1987)
  Our Common Future, Oxford 1987.
Wright, S. (1934)
  The method of path coefficients, in: The Annals of Mathematical Statistics, 5 (1934), S. 161 – 215.
WWF (2002)
  Der lange Weg nach Johannesburg, Frankfurt a. M. 2002.

Ziegler, A. et al. (2002)
Der Einfluss ökologischer und sozialer Nachhaltigkeit auf den Shareholder Value von europäischen Aktiengesellschaften, Mannheim 2002.

Betriebswirtschaftliche Forschung zur Unternehmensführung

Herausgegeben von Prof. Dr. Dr. h.c. Herbert Jacob (†),
Prof. Dr. Karl-Werner Hansmann, Prof. Dr. Manfred Layer,
Prof. Dr. Dieter Preßmar, Universität Hamburg
Prof. Dr. Kai-Ingo Voigt, Universität Erlangen-Nürnberg

Fortsetzung von S.II:

Band 37　**Fuzzy-PPS-Systeme**
　　　　　Von Dr. Frank Keuper

Band 38　**Erfolgswirkungen strategischer Umweltmanagementmaßnahmen**
　　　　　Von Dr. Nils Bickhoff

Band 39　**Ablaufplanung bei Chargenproduktion**
　　　　　Von Dr. Stefan Anschütz

Band 40　**Produktion und Controlling**
　　　　　Von Dr. Frank Keuper (Hrsg.)

Band 41　**Planungsverfahren für die Produktkonzeption**
　　　　　Von Dr. Miriam O'Shea

Band 42　**Strategische Erfolgsfaktoren in der Telekommunikation**
　　　　　Von Dr. Michael Kehl

Band 43　**Evolutionäre Algorithmen zur simultanen Losgrößen- und Ablaufplanung**
　　　　　Von Dr. Kai Brüssau

Band 44　**Strategisches Marketing von Online-Medienprodukten**
　　　　　Von Dr. Claudia Kröger

Band 45　**Integration in unternehmensinternen sozialen Beziehungen**
　　　　　Von Dr. Stefan Thode

Band 46　**Kooperation in Virtuellen Unternehmungen**
　　　　　Von Dr. Christian Marc Ringle

Band 47　**Beschaffung deutscher Maschinenbauunternehmen in der VR China**
　　　　　Von Dr. Li Song

Band 48　**Wissensmanagement und Unternehmenskooperationen**
　　　　　Von Dr. Christian Niemojewski

Band 49　**Variantenfließfertigung**
　　　　　Von Dr. Nils Boysen

Band 50　**Know-how-Management bei der Gründung innovativer Unternehmen**
　　　　　Von Dr. Stefan Landwehr

Band 51　**Dienstleistungsmanagement aus produktionswirtschaftlicher Sicht**
　　　　　Von Dr. Michael Höck

Band 52　**Call-Center-Management und Mitarbeiterzufriedenheit**
　　　　　Von Dr. Yvonne Scupin

Band 53　**Controlling in jungen Unternehmen**
　　　　　Von Dr. Verena Wittenberg

Band 54　**Riskomanagement für IT-Projekte**
　　　　　Von Dr. Jessica Wack

Band 55　**Businessplan und Markterfolg eines Geschäftskonzepts**
　　　　　Von Dr. Philipp Willer

Band 56　**Effizientes Nachhaltigkeitsmanagement**
　　　　　Von Dr. Stefan Wilkens

MIX
Papier aus verantwortungsvollen Quellen
Paper from responsible sources
FSC® C105338

If you have any concerns about our products,
you can contact us on
ProductSafety@springernature.com

In case Publisher is established outside the EU,
the EU authorized representative is:
**Springer Nature Customer Service Center GmbH
Europaplatz 3, 69115 Heidelberg, Germany**

Printed by Libri Plureos GmbH
in Hamburg, Germany